高等职业教育电子信息类专业系列教材

计算机组装与维护

项目化教程

第三版

Third Edition

孙承庭　陈　军　主　编

何光乾　瞿　江　马仕麟　副主编

程　波　主　审

化学工业出版社

·北京·

内容简介

本书采用项目化编写方式，内容全面且深入，广泛覆盖了当前计算机软硬件技术的核心领域，详细阐述了台式微型计算机与笔记本电脑的组装流程、维护保养、故障排查与维修、数据恢复技巧，以及计算机网络技术等方面内容。每个项目均设有针对核心技能点的评价与反馈环节，以及启发思考的练习题。

为了增强学习体验，本书配有丰富的微课视频资源，扫描二维码即可轻松观看。此外，本书还提供包括电子课件、课程标准、授课计划及习题答案等在内的全方位教学辅助材料，只需登录化工教育网站（http: //www.cipedu.com.cn）即可免费下载，助力学习者全面提升学习效果。

本书适合作为职业院校计算机类、电子信息类相关专业的教材，也非常适合作为初学者自学计算机组装与维护技能的入门指南。

图书在版编目（CIP）数据

计算机组装与维护项目化教程 / 孙承庭，陈军主编. 3版. -- 北京 ：化学工业出版社，2025. 7. --（高等职业教育电子信息类专业系列教材）. -- ISBN 978-7-122-48332-4

Ⅰ. TP30

中国国家版本馆CIP数据核字第2025YY8469号

责任编辑：葛瑞祎　　文字编辑：张　琳
责任校对：王鹏飞　　装帧设计：韩　飞

出版发行：化学工业出版社
（北京市东城区青年湖南街13号　邮政编码100011）
印　　装：河北鑫兆源印刷有限公司
880mm×1230mm　1/16　印张15½　字数430千字
2025年9月北京第3版第1次印刷

购书咨询：010-64518888　　售后服务：010-64518899
网　　址：http://www.cip.com.cn
凡购买本书，如有缺损质量问题，本社销售中心负责调换。

定　　价：56.00元

第三版前言

随着计算机技术的日新月异与职业教育改革的不断深化，高职教育对教材的实践性、技术前瞻性和教学适配性提出了更为严苛的标准。为积极响应这一趋势，我们依据前两版教材的坚实基础，深度融合行业最新动态、教学实践反馈等，对《计算机组装与维护项目化教程》（第二版）进行了全面而细致的修订与优化，现推出第三版，旨在更好地服务于高职教育的实际需求。

伴随着职业教育“产教融合、工学结合”理念的深化，要求教材内容与时俱进。本次修订以“强化实践能力、突出项目导向、紧跟技术前沿”为目标，力求将理论知识与岗位技能无缝对接，助力学生掌握计算机组装、调试、维护及故障排除的核心技能，并为考取相关职业技能证书奠定基础。

本书采用以工作过程为导向的项目化编写方式，系统地介绍了计算机组装与维护技巧，共分15个项目，每个项目均经过精心筛选与优化，确保紧跟计算机维护技术的最新进展。具体内容包括：认识计算机系统、认识主板与CPU、存储设备认识与选购、输入设备认识与选购、输出设备认识与选购、机箱与电源认识及选购、计算机组装与调试、BIOS设置与升级、硬盘规划和操作系统安装、计算机系统软件维护和优化、虚拟化技术及应用、计算机系统故障诊断与维护、数据恢复软件与应用、笔记本电脑维护等计算机维护与维修相关知识和技能。第三版不仅更新了各个项目内容，还特别新增了计算机网络搭建的项目。此外，每个项目均融入了针对核心技能点的评价与反馈机制，以及启发思考的练习题。

修订后的第三版主要特色如下。

（1）**思政元素融入：**积极响应党的二十大报告关于教育根本问题的指示，本书在传授国内外先进计算机软硬件知识的同时，融入思政元素，弘扬精益求精的工匠精神，旨在培养德智体美劳全面发展的社会主义建设者和接班人，使其树立正确的价值观和职业道德观。

（2）**校企合作，共创资源：**本书由校企联合编写，联合了连云港市人和电脑、连云港市意达电脑等企业的多位资深计算机维护工程师，结合其行业经验共同进行课程内容审定及微课视频等网络资源的建设。

（3）**配套立体化教学资源：**配套在线课程，丰富的微课视频、动画等多媒体资源，扫描书中二维码即可观看；还提供电子课件、课程标准、授课计划及习题答案等辅助教学资料。

（4）**特色提示：**项目关键节点设有【特别提示】与【知识贴士】，专为学习者或者计算机维护者提供难题解决参照，兼具提示作用与知识拓展功能。本书设有学习笔记栏，供学习者随时记录。

本书由常州机电职业技术学院孙承庭、连云港职业技术学院陈军担任主编，贵州交通职业技术学院何光乾、苏州信息职业技术学院瞿江、常州机电职业技术学院马仕麟担任副主编。具体编写分工如下：瞿江编写项目1、项目2；何光乾编写项目3、项目4；马仕麟编写项目5、项目6；陈军编写项目7～项目10，并负责配套视频的编辑修改；孙承庭编写项目11～项目14，并进行统稿；连云港市人和电脑科技有限公司程波编写项目15，并完成全书审稿工作；闫玉梅编写附录，并对全书专业英语进行翻译和校对。

本书在编写过程中，参阅了相关参考文献和网络资源，由于内容来源广泛，限于篇幅，恕不一一列出；另外，由于微机硬件技术发展日新月异，书中难免有不足和遗漏之处，恳请读者提出宝贵意见和建议。

编　者

目　录

项目1　认识计算机系统　1

项目2　认识主板与CPU　10

项目3　存储设备认识与选购 37

项目4　输入设备认识与选购 59

项目5　输出设备认识与选购 72

项目6 机箱与电源认识及选购 95

项目7 计算机组装与调试 104

项目11　虚拟化技术及应用　175

项目12　计算机系统故障诊断与维护　183

项目13　数据恢复软件与应用　192

项目14　笔记本电脑维护　209

项目15 计算机网络搭建 226

附录 计算机维护常用专业英语 236

参考文献 238

认识计算机系统

项目导入

要让计算机成为生活、工作的好助手，必须首先对计算机有一个基本的认识，了解计算机的基本配置和各部件的功能、性能参数，了解计算机的发展历史，掌握计算机的系统组成和不同计算机的维护与维修方式。

学习目标

知识目标：

① 了解计算机的组成部件；
② 了解计算机的发展、分类和应用；
③ 掌握计算机的系统组成。

能力目标：

① 能识别构成计算机的各硬件设备；
② 对于市场上的硬件设备具备鉴别选购能力。

素养目标：

① 通过资源学习，养成自主学习的习惯；
② 通过文件操作，培养开拓创新、勇于探究的精神；
③ 通过小组合作，提高团队协作意识及语言沟通能力；
④ 通过项目实施，形成吃苦奉献的良好品质。

任务1.1 认识计算机

【任务描述】

了解多媒体计算机系统组成、分类和常用名词术语；熟悉微型计算机的发展与应用；能够根据需求选购多媒体计算机部件。

多媒体计算机部件组成与工作原理

【必备知识】

1.1.1 计算机种类与常用名词术语

（1）计算机种类

计算机的种类很多，常用以下两种方式进行分类。

① 一般地，常将电子计算机分为数字计算机（Digital Computer）和模拟计算机（Analogue Computer）两大类。

② 按照计算机的用途可将其划分为专用计算机和通用计算机。

a. 专用计算机，具有单纯、使用面窄甚至专机专用的特点，它是为了解决一些专门的问题而设计制造的。因此，它可以增强某些特定的功能，而忽略一些次要功能，从而能够高速度、高效率地解决某些特定的问题。一般地，模拟计算机都是专用计算机。在军事控制系统中，广泛地使用了专用计算机。

b. 通用计算机，具有功能多、配置全、用途广、通用性强等特点。在通用计算机中，人们又按照计算机的运算速度字长、存储容量、软件配置等多方面的综合性能指标将计算机分为巨型机（超级计算机）、大型机、小型机、工作站、微型机等几类。本书介绍的台式机及笔记本维修都属于微型机（微机）的范畴。

超级计算机（Supercomputer）是一套庞大、复杂的计算机系统，通常拥有数千乃至数万个数据计算核心与图形处理核心，具备极为强大的数值运算和数据存储能力。超级计算机是一个国家科研实力的突出体现，对国家的战略发展与安全防护具有举足轻重的意义。2017年11月13日，全球超级计算机500强榜单发布，中国超级计算机“神威·太湖之光”和“天河二号”连续第四次分列冠亚军。2021年，我国超级计算机入围500强榜单数量位列世界第一。图1-1是我国“神威·太湖之光”超级计算机。

图1-1 “神威·太湖之光”超级计算机

（2）计算机中常用的名词

① 品牌机。由具有一定规模和技术实力的计算机厂商生产，并标有注册商标、拥有独立品牌的计算机整机称之为品牌机。其大多数部件由OEM（原始设备制造商）提供，很多是整体代工的，其特点是品质和售后有足够保证。

② 兼容机。由IBM最先提出此概念，按照IBM公司制定的各计算机模块标准而组装成的计算机统称为兼容机，主要采用了总线技术和开放标准。与兼容机有密切关系的词叫“DIY”，是英文名称“Do it yourself”的首字母的缩写，即“自己做”的意思，通常指有一定的计算机组装技术的人员在计算机配件市场上购买符合自己使用要求的配件后组装成计算机的过程。

③ 笔记本。笔记本分商用、设计用、民用、上网本等，起初主要为商业应用，随着微机便携化的进展，目前正逐步取代台式机而成为市场的主流。由于其结构的特殊性，个人要想组装笔记本难度还很大。

④ 服务器。服务器属资源共享的微机，主要有台式（塔式）、刀片式两种。组建局域网时，一般至少要有一台服务器作资源共享。

1.1.2 认识多媒体计算机

目前人们日常生活、工作中使用的多媒体计算机基本可以分成三类：一类是独立、相互分离的计算机，通常被称为台式机；一类是手提式电脑，又被称为笔记本电脑（简称笔记本）；还有一类叫一体机，它是将主机部分、显示器部分整合到一起的新形态电脑，内部元件高度集成。这三类计算机的外观如图1-2所示。

(a) 台式机

(b) 笔记本电脑

(c) 一体机

图1-2 三类计算机外观

台式机从外观上看，显示器和主机箱是相对分离的，一般要放置在电脑桌或者专用的办公桌上，故称之为台式机。相对于笔记本电脑而言，它具有散热好、扩展方便等优点。台式机比较知名的品牌有联想（Lenovo）、华硕（Asus）、戴尔（Dell）、方正、清华同方等。

(1) 主机

主机是安装在一个主机箱内所有部件的统一体。台式机主机的主要组成部分，通常包括CPU、内存、硬盘、光驱、电源以及其他输入输出控制器和接口，如USB控制器、显卡、网卡、声卡等，其中软驱已经淘汰，网卡和声卡大都集成到主板上。其结构如图1-3所示。

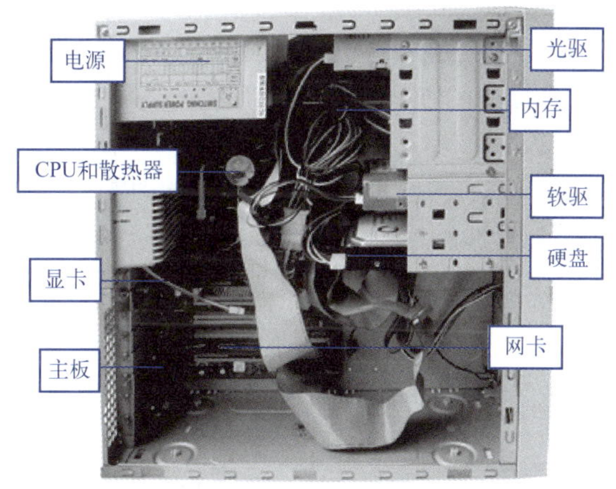

图1-3 主机内部结构

下面简单地介绍主机内各组成部分及功能。

① 机箱。主机的外壳，用于固定各个硬件。

② 电源。主机供电系统，用于给主机供电稳压。

③ 主板。连接主机内各个硬件的电路板。

④ CPU。主机的大脑，负责数据运算处理。

⑤ 内存。暂时存储电脑正在调用的数据。

⑥ 硬盘。主机的存储设备，用于存储数据资料。

⑦ 声卡。处理计算机的音频信号，有主板集成声卡和独立声卡。

⑧ 显卡。处理计算机的视频信号，有核心显卡（集成）及独立显卡。

⑨ 网卡。处理计算机与计算机之间的网络信号，常见个人主机都是集成网卡，多数服务器是独立网卡。

⑩ 光驱。用于读写光碟数据。

⑪ 散热器。主机内用于对高温部件进行散热的设备。

(2) 显示器

显示器通常也被称为监视器。显示器属于电脑的输出设备，比较常见的CRT和LCD显示器如图1-4所示。

（3）键盘和鼠标

键盘是最常见的计算机输入设备，它广泛应用于微型计算机和各种终端设备上，计算机操作者通过键盘向计算机输入各种指令、数据，指挥计算机的工作。

鼠标也是计算机的输入设备，分有线和无线两种。它是计算机显示系统横纵坐标定位的指示器，因形似老鼠而得名“鼠标”。

目前常用的键盘和鼠标（统称鼠键）按接口类型分为PS/2鼠键和USB鼠键。PS/2鼠键通过一个六针微型接口与计算机相连；USB鼠键通过一个USB接口，直接插在计算机的USB口上。图1-5为常见的鼠标和键盘。

（4）音箱和耳机

音箱是整个音响系统的终端，其作用是把音频电能转换成相应的声能，并把它辐射到空间去。在计算机系统中，音箱是重要的“发声器官”。通常情况下只需要把音箱的信号线插入声卡的Line Out（线路输出）孔中就可以使用了。图1-6为常见的台式电脑（台式机）音箱。

图1-4 CRT和LCD显示器

图1-5 常见鼠标、键盘

图1-6 常见台式电脑音箱

耳机是微型化的个人音箱，其选择完全出于个人的用途、习惯、好恶。根据其换能方式分类，主要有动圈方式、动铁方式、静电式和等磁式。从结构上可分为开放式、半开放式和封闭式。从佩戴形式上分类则有耳塞式、挂耳式、入耳式和头戴式。从音源上可以分为有源耳机和无源耳机，有源耳机也常被称为插卡耳机。

（5）摄像头

摄像头（Camera）又称为电脑相机、电脑眼等，是一种视频输入设备，被广泛运用于视频会议、远程医疗及实时监控等方面。另外，人们还可以将其用于当前各种流行的数码影像、影音处理。图1-7是部分常见的摄像头。

图1-7 常见摄像头

（6）计算机的常见周边设备

人们在计算机的使用过程中还会接触到一些其他设备，如打印机、扫描仪、数码相机等，后续内容会作详细介绍。

【任务实施】

对计算机的种类以及多媒体计算机的组成有所了解，形成一份报告上交。

任务1.2 了解计算机的发展

【任务描述】

了解计算机的发展及其应用领域，熟悉计算机的软硬件系统。

【必备知识】

1.2.1 计算机发展简史

计算机的发展到目前为止共经历了四个时代。从1946年到1958年这段时期称之为“电子管计算机时代”，第一代计算机的内部元件使用的是电子管。一台计算机需要几千个电子管，每个电子管都会散发大量的热量，因此，如何散热是一个令人头痛的问题。电子管的寿命最长只有3000h，计算机运行时常常发生由于电子管被烧坏而使计算机死机的现象。第一代计算机主要用于科学研究和工程计算。

从1959年到1964年，由于在计算机中采用了比电子管更先进的晶体管，所以将这段时期称为“晶体管计算机时代”。晶体管比电子管小得多，消耗能量较少，处理更迅速、更可靠。第二代计算机的程序语言从机器语言发展到汇编语言。接着，高级语言FORTRAN语言和COBOL语言相继开发出来并被广泛使用。这时，开始使用磁盘和磁带作为辅助存储器。第二代计算机的体积和价格都下降了，使用的人也多起来了，计算机工业迅速发展。第二代计算机主要用于商业、大学教学和政府机关。

从1965年到1970年，集成电路被应用到计算机中来，因此这段时期被称为“中小规模集成电路计算机时代”。集成电路是在晶片上的一个完整的电子电路，这个晶片比手指甲还小，却包含了几千个晶体管元件。第三代计算机的特点是体积更小、价格更低、可靠性更高、计算速度更快。IBM公司花费50亿美元开发的IBM 360系统是第三代计算机的代表。

从1971年到现在，被称为“大规模集成电路计算机时代”。第四代计算机使用的元件依然是集成电路，不过，这种集成电路已经大大改善，它包含着几十万到上百万个晶体管，人们称之为大规模集成电路（Large-Scale Integrated Circuit，LSI）和超大规模集成电路（Very-Large-Scale Integrated Circuit，VLSI）。1975年，美国IBM公司推出了个人计算机（Personal Computer，PC），从此，人们对计算机不再陌生，计算机开始深入人类生活的各个方面。

1.2.2 计算机的应用领域

计算机的应用已渗透到社会的各个领域，正在改变着人们的工作、学习和生活的方式，推动着社会的发展。中国科学院计算研究所给出的计算机应用领域分类如图1-8所示。

下面，对上述应用领域进行一些简单介绍。

（1）科学计算（或称为数值计算）

早期的计算机主要用于科学计算。目前，科学计算仍然是计算机应用的一个重要领域，如高能物理、工程设计、地震预测、气象预报、航天技术等。

（2）数据处理（信息管理）

用计算机来加工、管理与操作任何形式的数据资料，如企业管理、物资管理、报表统计、账目计算、信息情报检索，主要包括数据的采集、转换、分组、组织、计算、排序、存储、检索等。

（3）辅助工程

计算机辅助设计、制造、测试（CAD/CAM/CAT），如办公自动化、生产自动化、数据库应用、网络应用、计算机模拟等。

（4）过程控制

利用计算机对工业生产过程中的某些信号自动进行检测，并把检测到的数据存入计算机，再根据需要对这些数据进行处理。

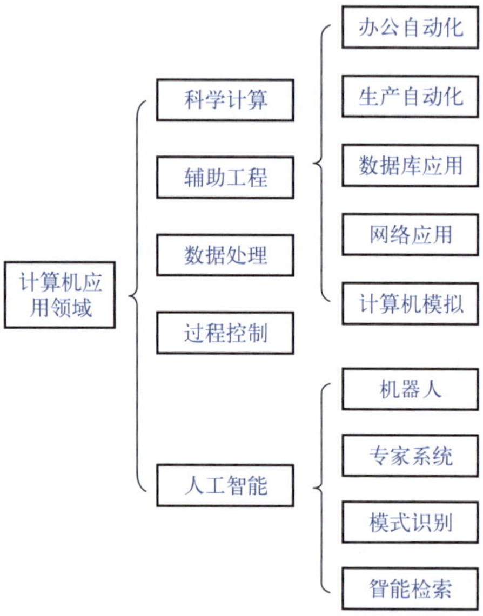

计算机应用领域
科学计算
辅助工程
数据处理
过程控制
人工智能
办公自动化
生产自动化
数据库应用
网络应用
计算机模拟
机器人
专家系统
模式识别
智能检索

图1-8 计算机的应用领域划分

（5）人工智能

开发一些具有人类某些智能的应用系统，如计算机推理、智能学习系统、模式识别、专家系统、机器人等。

认识计算机8大硬件及选购

【任务实施】

熟悉计算机硬件、软件系统的组成，然后根据实际应用需要选购合适的计算机。

第一步：熟悉计算机系统的组成

计算机系统由计算机硬件和软件两部分组成：硬件包括中央处理器、主存储器和外部设备等；软件是计算机的运行程序和相应的文档。计算机系统具有接收和存储信息、按程序快速计算和判断并输出处理结果等功能。微型计算机系统的组成如图1-9所示。

结合日常生活中经常遇到的设备，可以参考图1-10来进一步了解微型计算机的系统组成。

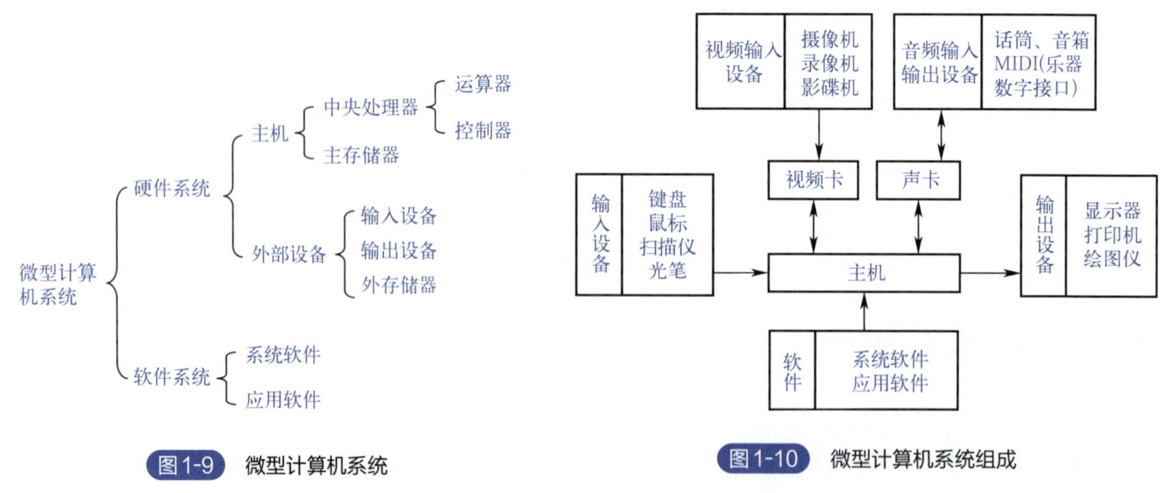

图1-9 微型计算机系统

图1-10 微型计算机系统组成

（1）计算机的硬件组成

组成计算机的硬件设备非常多，但大体上可以分为中央处理器（运算器和控制器）、存储器、输入/输出设备，这个划分是由数学家冯·诺依曼提出来的。冯·诺依曼理论的要点是：数字计算机的数制采用二进制；计算机应该按照程序顺序执行。

人们把冯·诺依曼的这个理论称为冯·诺依曼体系结构。从ENIAC（电子数字积分计算机）到当前最先进的计算机都采用的是冯·诺依曼体系结构。

根据冯·诺依曼体系结构构成的计算机，必须具有如下功能：把需要的程序和数据送至计算机中；必须具有长期记忆程序、数据、中间结果及最终运算结果的能力；具有能够完成各种算术、逻辑运算和数据传送等数据加工处理的能力；能够根据需要控制程序走向，并能根据指令控制机器的各部件协调操作；能够按照要求将处理结果输出给用户。

为了完成上述的功能，计算机必须具备五大基本组成部件，包括：输入数据和程序的输入设备、记忆程序和数据的存储器、完成数据加工处理的运算器、控制程序执行的控制器、输出处理结果的输出设备。现代计算机的工作原理如图1-11所示。

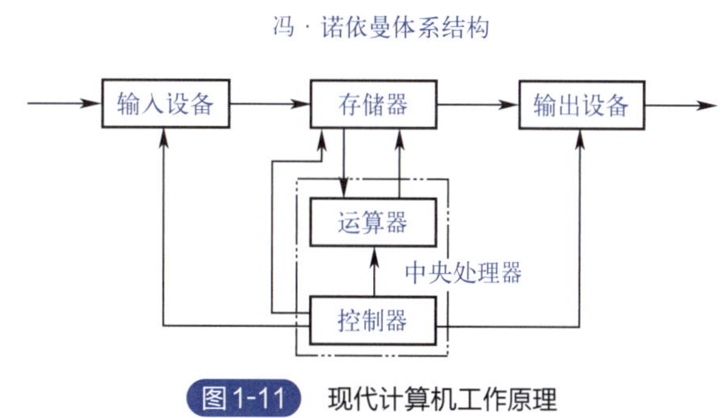

图1-11 现代计算机工作原理

（2）计算机的软件组成

计算机软件是根据解决问题的方法、思想和过程编写的程序的有机集合，可以分为系统软件和应用软件两大类。所谓程序指的是指令的有序集合，一台计算机中全部程序的集合，统称为这台计算机的软件系统。

① 系统软件。系统软件由一组控制计算机系统并管理其资源的程序组成，其主要功能包括：启动计算机，存储、加载和执行应用程序，对文件进行排序、检索，将程序语言翻译成机器语言等。实际上，系统软件可以看作用户与计算机的接口，它为应用软件和用户提供了控制、访问硬件的手段，主要包括以下内容。

a. 操作系统软件，如微软DOS、Windows、Unix、Linux、Solaris、苹果MacOS，以及我国的深度（Deepin）、银河麒麟（Kylin）、中标麒麟、中兴新支点和华为鸿蒙（HarmonyOS）等操作系统。Windows操作系统经历了Windows 1.0到Windows 95、Windows 98、Windows ME、Windows 2000、Windows 2003、Windows XP、Windows Vista、Windows 7、Windows 8、Windows 10、Windows 11和Windows Server服务器企业级操作系统等多个版本。

b. 语言处理程序，如低级语言、高级语言、编译程序、解释程序。

c. 服务型程序，如机器的调试、故障检查和争端程序、杀毒程序等。

d. 数据库管理系统，如SQL Server、Oracle、Informix、FoxPro等。

② 应用软件。为解决各类实际问题而设计的程序系统称为应用软件。从其服务对象的角度，又可分为通用软件和专用软件两类。

a. 通用软件。这类软件通常是为解决某一类问题而设计的，而这类问题是很多人都要遇到和解决的。例如：文字处理、表格处理、电子演示等。

b. 专用软件。在市场上可以买到通用软件，但有些具有特殊功能和需求的软件是无法买到的。比如某个用户希望有一个程序能自动控制车床，同时也能将各种事务性工作集成起来统一管理。因为它对于一般用户来说太特殊了，所以只能组织人力开发。当然开发出来的这种软件也只能专用于这种情况。

第二步：选购计算机

计算机现已成为人们工作、学习、生活的必备工具。选购计算机的关键是在经济允许的情况下，满足自己的使用要求，确定计算机的配置方案时，必须考虑以下几个要点。

（1）明确购买计算机的目的（需求分析）

① 家庭上网型：满足一般应用即可，高配置是浪费。

② 商务办公用型：以稳定、可靠、易操作、易维护、环保为原则。

③ 图形设计及图像处理型：宜选浮点运算速度快、整体配置高、性能好的计算机。

④ 游戏娱乐型：CPU、内存、显卡、显示器等性能要好。

（2）了解计算机的性能指标

需要掌握：CPU的主要性能指标；内存的主要性能指标；主板的主要性能指标；显卡的主要性能指标；显示器的主要性能指标；与使用业务有关的其他主要设备的性能指标。

（3）确定购买品牌机还是兼容机

品牌机和兼容机各有优缺点，用户可根据自己喜好或经济能力选购。

① 品牌机经过严格测试，并通过3C认证，稳定性较好；兼容机稳定性不高，不适合新手使用。

② 品牌机大都会使用一些专用配件，能够提供一些额外的便捷功能，操作起来更易上手，且一般都随机赠送正版操作系统；组装（兼容）机一般安装的是盗版软件，安装、使用、维护都必须要有足够的训练。

③ 品牌机的外观比较整齐统一；组装机更富有个性。

④ 组装机性价比相对较高；品牌机易误导普通消费者。

⑤ 兼容机可以根据用户需求，随意购买和搭配；品牌机硬件配置上没有特色。

⑥ 兼容机可以使用最新的硬件设备。

⑦ 品牌机都提供免费电话服务，并上门服务；组装机售后服务比较薄弱。

认识台式计算机硬件品牌

（4）确定购买台式机还是笔记本

一般来说，有以下几个因素必须考虑。

① 应用场合：为移动办公、外出使用或为日常使用。

② 价格承受能力：笔记本的价位在同性能的情况下，要比台式机高许多。

③ 对性能的需求程度：同价位的笔记本要比台式机性能低很多，并且笔记本的升级、部件更换性要比台式机复杂得多。

此外还存在以下几个需考虑的因素：防盗、显示效果、键盘、鼠标、用电、体积、便携、线缆、环境、辐射、舒适、噪声、应急能力、个人形象等。

【知识贴士】购买计算机，可以到较为权威的计算机产品的门户网站上查询目标硬件的性能指标和价格，还可以参考Intel和AMD的官网，各种权威的技术论坛、产品论坛上的用户反馈，从而选择性价比高的个人计算机。这里推荐部分信息较为全面、更新及时的门户网站，需要者可自行搜索，如电脑之家、中关村、太平洋电脑网、Intel官网中文版、AMD官网中文版。

项目评价与反馈

表1-1为认识计算机系统评分表。请根据表中的评价项和评价标准，对完成情况进行评分。学生完成评分后教师再根据学生完成情况进行评分。其中：学生自评占40%，教师评分占60%。

表1-1 认识计算机系统评分表

班级：		姓名：		学号：	
评价项	评价标准	项目占比	学生自评	教师评分	得分
多媒体计算机硬件组成	依据国内外权威的计算机门户网站及专业教材	45			
计算机选购和市场调研	依据国内外权威的计算机部件评测网站，结合当前市场品牌、技术指标、价格及需求等进行调研并综合评价	45			
专业素养	各项的完成质量	10			
总分		100			

思考与练习

1. 上网查阅有关资料，了解计算机的发展历史。
2. 根据所了解的知识，列出计算机的硬件和软件系统的组成。
3. 硬件市场调查：调研本市的计算机硬件市场完成下列题目。

① 简述本市计算机硬件市场主要分布。

② 写出本市影响较大的计算机公司（至少写出3个）。

③ 写出所走访的硬件销售实体店（至少写出3个）。

④ 谈一谈调研感受。

4. 配置合适的微型计算机。

小明是模具专业的学员，想买一台新电脑，用于学习专业课程，如CAD、SolidWorks等，平时也经常上网搜集资料，一般不玩游戏，预算经费4000元。请实地调研当地数码商城或者查找专业的电脑网站，为小明推荐一款品牌电脑或者组装电脑。给出选配的理由（最大特色）并完成表1-2的填写。

表1-2 配置表

序号	配件名称	规格、型号、品牌	技术指标	价格
1	CPU			
2	主板			
3	内存			
4	硬盘			
5	显卡			
6	电源			
7	机箱			
8	光驱			
9	鼠标			
10	键盘			
11	其他			

项目 2 认识主板与CPU

项目导入

购买计算机最优先选购的硬件是主板和CPU。它们有哪些主要性能指标？如何搭配性能最好呢？熟悉主板的组成、结构、部件功能及品牌，熟悉CPU的主要生产厂家、型号、采用的新技术，在此基础上才能进行选购和动手安装主板和CPU。

学习目标

知识目标：

① 了解主板上的部件及功能；
② 熟悉CPU及性能指标。

能力目标：

① 掌握主板、CPU的选购原则；
② 掌握主板、CPU的安装与拆卸。

素养目标：

① 通过资源学习，养成自主学习的习惯；
② 通过小组合作，提高团队协作意识及语言沟通能力；
③ 通过项目实施，形成吃苦奉献的良好品质；
④ 通过系统硬件安装与识别，树立精益求精的工匠精神。

任务2.1 认识主板

【任务描述】

知晓主板的结构与类型，认识主板上主要部件的作用及功能，熟悉主板的主要性能指标，能够根据客户工作需求选购市场上性价比高的主板。

【必备知识】

主板是计算机系统中最大的一块电路板，英文名字为“Main Board”“Mother Board”或“System Board”，又叫作主机板、母板或系统板，它为计算机的其他部件提供了接入计算机系统的通道，并协调各部件进行工作。主板是计算机系统的最重要的部件之一，是构成计算机系统的基础。主板的性能决定了接插在主板上的各个部件性能的发挥，主板的可扩充性决定了整个计算机系统的升级能力。

2.1.1 主板的结构及类型

主板是一块长方形的多层印刷的集成电路板，它是组成计算机系统的主要电路系统，电路板采用蛇形布线，分为四层和六层PCB（Printed Circuit Board，印制电路板），结构如图2-1所示。

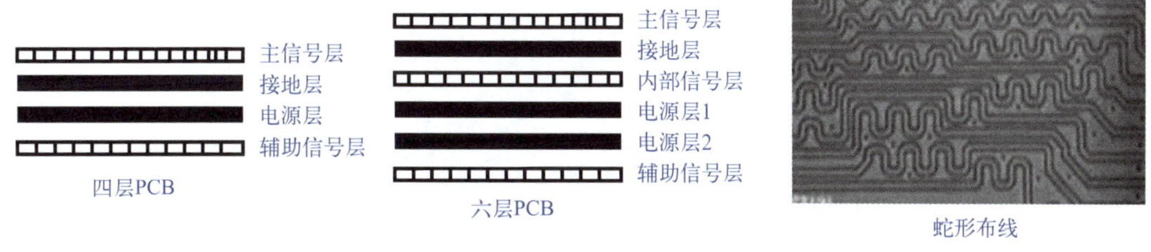

图2-1 四层和六层的印制电路板

在电路板上包括基本电路系统、各类芯片和接口，以满足计算机的各项功能及用户的硬件扩展需求。主板的结构如图2-2所示。

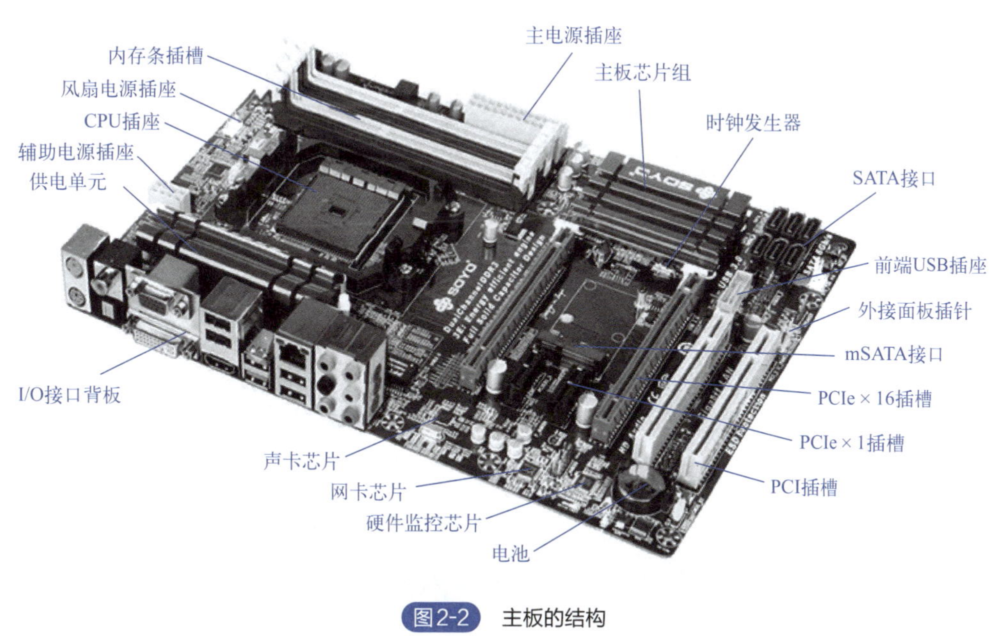

图2-2 主板的结构

现在的主板种类繁多，主板的分类方法也不相同，可以按照CPU插槽、支持平台类型、控制芯片组、功能、印制电路板的工艺等进行分类。比如根据主板上提供CPU插槽的不同，可以把主板分为支持Intel CPU的主板和支持AMD CPU的主板。

主板的尺寸和结构不同，对机箱及电源的要求也不相同，了解所选购主板的尺寸与结构，可以帮助用户选择合适的主机箱和电源。根据主板的尺寸和总体结构，可以把主板分为ATX主板、Micro ATX主板、E-ATX主板和Mini ITX主板等。

① ATX：俗称大板，是目前主流的主板类型，相比于以前的主板，其设计更先进合理。ATX主板如图2-3所示。

图2-3 ATX主板

② Micro ATX：是ATX主板的简化，其尺寸更小，俗称小板，电源电压更低。由于减少了扩展槽的数量，使计算机升级较困难。目前很多品牌机主板使用Micro ATX 主板。Micro ATX 主板如图2-4所示。

图2-4 Micro ATX 主板

③ E-ATX：也称为服务器或工作站主板，是专用于服务器或工作站的主板产品，板型为较大的ATX，通常使用专用的服务器机箱电源。E-ATX主板如图2-5所示。

图2-5 E-ATX主板

④ Mini ITX：是一种结构紧凑的主板，主要用于小空间的、相对低成本的计算机，如用在汽车、机顶盒、网络设备的计算机中，类似并向下兼容Micro-ATX和E-ATX主板。Mini ITX主板如图2-6所示。

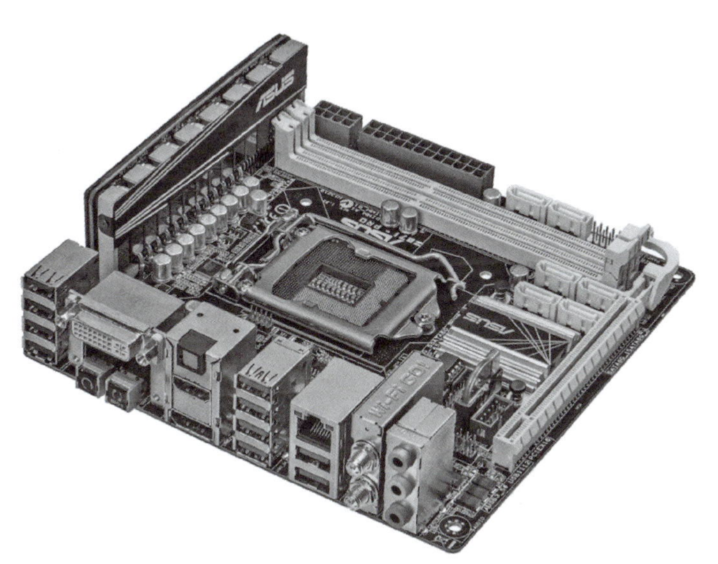

图2-6 Mini ITX主板

主板除了按结构分类外，还可以按功能分为PnP（即插即用）功能主板、节能（绿色）主板和免跳线主板等几种类型。

2.1.2 主板系统总线

总线是将数据从一个部件传输到另一个或多个部件的一组传输线，有多种总线类型。

（1）前端总线（Front Side Bus，FSB）

前端总线是CPU与主板北桥芯片之间连接的通道，前端总线也称为CPU总线，是PC（个人计算机）系统中最快的总线，也是芯片组与主板的核心。这条总线主要由CPU使用，用来与高速缓存、主存和北桥之间传送信息。Intel Core 2双核前端总线示意图如图2-7所示。

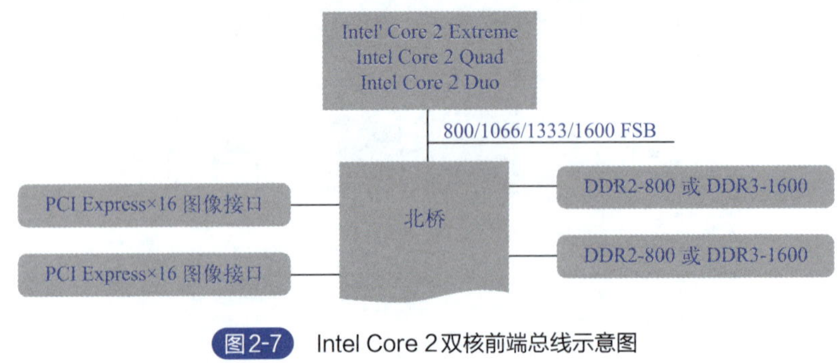

图2-7 Intel Core 2双核前端总线示意图

（2）超级传输通道（Hyper Transport，HT）总线

AMD Athlon 64、Athlon 64 X2、Athlon Ⅱ、Phenom Ⅱ等处理器，都在CPU内部集成有内存控制器，这样就取消了前端总线。2003年，AMD推出了HT总线来完成CPU与主板北桥芯片组之间的连接。HT作为AMD主板CPU上广为应用的一种端到端总线技术，它可在内存控制器、磁盘控制器以及PCIe总线控制器之间提供更高的数据传输带宽。AMD的HT总线示意图如图2-8所示。

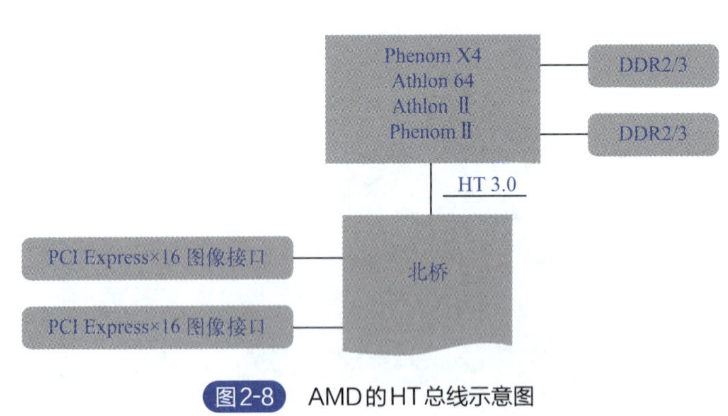

图2-8 AMD的HT总线示意图

（3）快速通道互连（Quick Path Interconnect，QPI）总线

CPU集成内存控制器后，Intel把CPU与主板北桥芯片组之间的连接总线命名为QPI（与AMD的HT总线相似）。QPI将取代FSB，成为Intel新一代CPU的总线，QPI为串行的点到点连接技术，也可以用于多处理器之间的互连。Intel的QPI总线示意图如图2-9所示。

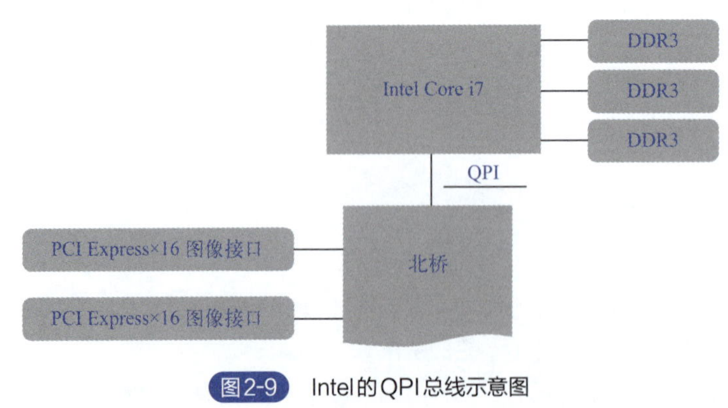

图2-9 Intel的QPI总线示意图

（4）直接媒体接口（Direct Media Interface，DMI）总线

从Intel第一代Core i系列处理器开始，已将内存控制器和PCIe控制器集成到CPU，即以往主板北桥芯片组的大部分功能都集成到CPU内部，在与外部接口设备进行连接的时候，需要有一条简洁快速的通道，就是DMI总线。Intel的DMI总线示意图如图2-10所示。

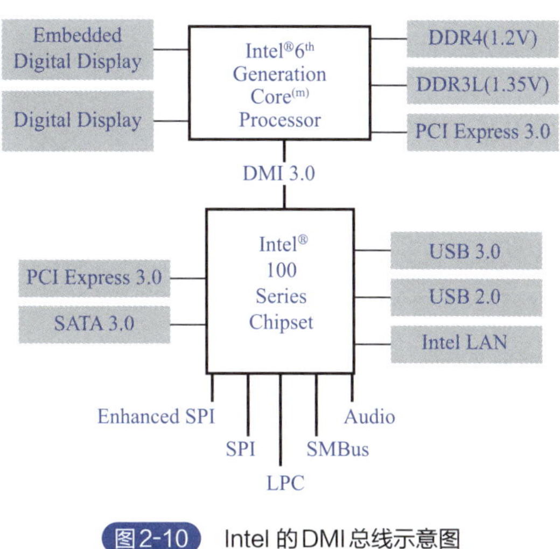

图2-10 Intel的DMI总线示意图

2.1.3 主板的主流芯片组

目前研发PC主板芯片组的厂家主要是Intel、AMD两家公司，各自不同的芯片组规格仅适合各自的平台。下面介绍Intel和AMD两大架构的主流芯片组。

（1）Intel芯片组

① Intel芯片组的命名。Intel芯片组的命名延续了过去的规则，X代表至尊，Z代表高端，H为主流，B为低端，Q为面向商务品牌机市场，同时数字越大则定位越高。

B系列（如B360、B250）属于入门级产品，不具备超频和多卡互联的功能，同时接口及插槽数量也相对要少一些。

H系列（如H370、H170）比B系列略微高端一些，可以支持多卡互联，接口及插槽数量有所增长。

Z系列（如Z370、Z270）除了具备H系列的特点支持，还能够对CPU进行超频，并且接口和插槽数量也非常丰富。

X系列（如X99、X299）支持至尊系列高端处理器，同时具备Z系列的各项功能。

Q系列（Q370、Q270）针对商务品牌机市场，不在零售市场销售。

② Intel 500系列芯片组。2021年3月，Intel第十一代Rocket Lake-S酷睿台式机处理器上市，与该处理器配套的主板芯片组是500系列，包括Z590、B560、H510等芯片组。Intel 500系列芯片组原生支持DDR4-3200内存、PCIe 4.0总线、USB 3.2 Gen 2×2 20Gbps接口、DLBoost深度学习指令集。其中Z590、B560还支持CPU超频、XMP（Extreme Memory Profile，极限内存配置）等。

（2）AMD芯片组

① AMD芯片组的命名。锐龙Ryzen处理器推出后，AMD公司将其主板芯片组以300、400、500型号命名。每个型号的芯片组有3个系列，分别是主流的B系列（例如B550）、入门级的A系列（例如A520）、发烧级的X系列（例如X570）。

② AMD 500系列芯片组。第四代锐龙Ryzen 5000系列台式机处理器继续采用AM4接口，可以使用AMD 500系列芯片组，包括X570、B550、A520、X470、B450等主板芯片组。

2.1.4 主板上的主要部件

虽然目前市场上主板的种类很多，但其组成基本相同，下面介绍主板上的各个组成部件。

（1）主板芯片组

芯片组是主板上仅次于CPU的第二大芯片，是主板的核心部件，决定了主板的功能，其性能影响整个电脑系统，是主板的“灵魂”。芯片组（Chipset）是保证系统正常工作的重要控制模块。芯片组有单片、两片结构。如果芯片组不能与CPU等良好地协同工作，将严重地影响计算机的整体性能，甚至不能正常工作。根据位置和功能不同可以分为北桥芯片和南桥芯片，北桥芯片和南桥芯片合称为芯片组。

① 北桥芯片（North Bridge Chipset）。北桥芯片是主板芯片组中起主导作用的组成部分，也称为主桥（Host Bridge），一般位于CPU插槽和PCIe插槽之间。

北桥芯片功能：负责与CPU的联系；控制内存、PCIe数据在北桥内部传输；提供对CPU的类型，主频，HT或QPI、DMI总线频率，内存的类型和最大容量，PCIe插槽等的支持；整合型芯片组的北桥芯片还集成了显示卡核心。北桥芯片组915如图2-11所示。

② 南桥芯片（South Bridge Chipset）。南桥芯片组又称为功能控制芯片组，它离CPU槽稍远，主要决定扩展槽种类与数量、扩展接口的类型和数量等。

南桥芯片功能：南桥芯片负责低速I/O总线之间的通信，如PCI总线、PCIe×1或×4、USB、LAN（局域网）、ATA、SATA（串行ATA）、音频控制器、键盘控制器、实时时钟控制器、高级电源管理等。由于这些设备的速度都比较慢，所以将它们分离出来让南桥芯片控制，这样北桥高速部分就不会受到低速设备的影响，可以全速运行。南桥芯片组ICH6R如图2-12所示。

图2-11 北桥芯片组915

图2-12 南桥芯片组ICH6R

芯片组的生产厂商：Intel（美国）、VIA（中国台湾）、SIS（中国台湾）、ALi（中国台湾）、AMD（美国）、NVIDIA（美国）、ATI（加拿大）等。

（2）CPU插座

目前主板上常见的CPU插座有两类：一类是Intel的LGA CPU插座；另一类是AMD的Socket CPU插座。主板上的CPU插座如图2-13所示。

Intel的LGA CPU插座

AMD的Socket CPU插座

图2-13 主板上的CPU插座

选择不同接口方式的CPU，就要选择与之配套的主板。由于CPU的种类很多，外观和针脚数也不尽相同，故主板上提供的CPU插座的样式也很多。目前比较流行的CPU插座有：Intel的LGA 775、LGA 1366、Socket 478等几种；AMD的Socket 940、Socket 939、Socket AM2等几种。

LGA 775（Land Grid Array，栅格阵列封装）又叫Socket T，是Intel公司用作取代Socket 478的接口。支持的CPU有Pentium 4、Pentium D、部分Prescott核心的Celeron（Celeron D）以及桌上型的Core 2 CPU。

LGA 1156又叫Socket H，是Intel Core i3/i5/i7处理器（Nehalem系列）的插座。LGA 1366支持Core i7系列CPU。

（3）内存插槽

内存插槽是主板上提供的用来安装内存条的插槽，它决定了主板所支持的内存类型和容量。常见的插槽有SIMM（Single In-Line Memory Module，单列直插内存模块）、DIMM（双列直插内存模块）、RIMM（Rambus直插内存模块）等几种。图2-14为SIMM内存插槽（已经淘汰），图2-15为DIMM内存插槽。

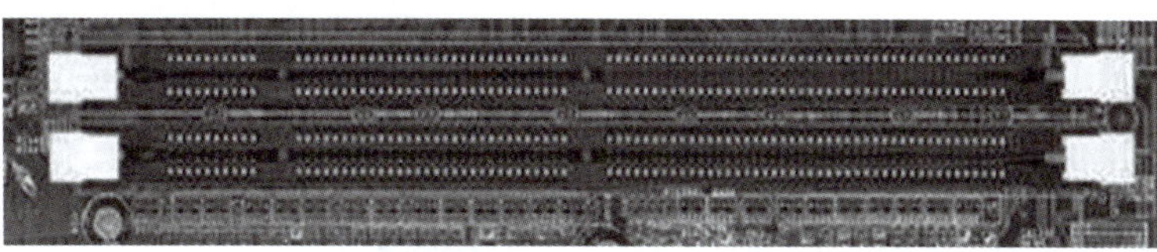

图2-14 SIMM内存插槽

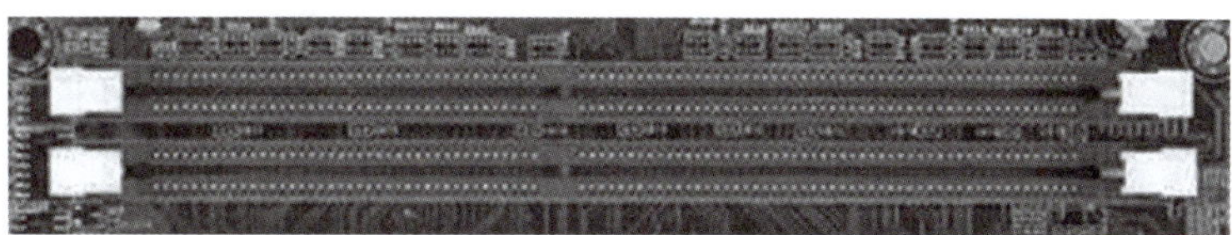

图2-15 DIMM内存插槽

内存与主板的通信是通过其端口的“金手指”[1]来实现的。SIMM是一种两侧“金手指”传输相同信号的内存结构，最初一次只能传输8位数据，后逐渐增至16位、32位，其中8位和16位的SIMM使用30线接口，32位使用72线接口。目前这种内存插槽已经淘汰，取而代之的是DIMM

[1] “金手指”指内存与主板插槽接触的金属接点部分的俗称。

插槽。DIMM插槽两侧的“金手指”可以传输各自独立的信号，能满足更多数据信号的传送需求。采用DIMM插槽的内存有两类：SDRAM和DDR SDRAM。

（4）扩展槽

扩展插槽是主板上用于固定扩展卡并将其连接到系统总线上的插槽，也叫扩展槽、I/O插槽。目前，新出的主板上只有PCI插槽和PCIe插槽。主板上的PCI和PCIe插槽如图2-16所示。

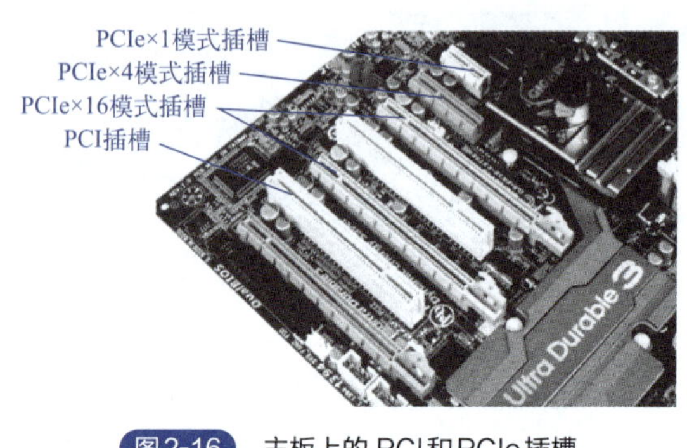

图2-16 主板上的PCI和PCIe插槽

① PCI插槽。是基于PCI（Peripheral Component Interconnection，外设部件互连）的局部总线扩展插槽，其颜色一般为乳白色。PCI总线是Intel公司开发的一套局部总线系统，用于连接PC各种板卡，如声卡、网卡、内置Modem、内置ADSL Modem、USB2.0卡、IEEE 1394卡、RAID卡、电视卡、视频采集卡以及其他种类繁多的扩展卡。PCI插槽是主板的主要扩展插槽，通过插接不同的扩展卡可以获得目前计算机能实现的几乎所有外接功能。PCI接口的数据宽度为32bit或64bit，工作频率为33.3MHz。它支持32或64位的总线宽度，最大数据传输率为266MB/s［（33.3MHz×64bit）/8≈266MB/s］。

② PCI Express（简称PCIe）插槽。PCIe是由Intel公司提出的总线和接口标准，这个标准用于取代PCI。PCIe是新一代的总线接口，根据其传输速度的不同可分为1×、4×、8×、16×，其中1×模式可为高级网卡或声卡提供255MB/s的传输速度。PCIe×16是目前主流的显卡插槽，采用了目前业内流行的点对点串行连接，不需要向整个总线请求带宽，而且可以把数据传输率提高到一个很高的频率。在北桥芯片当中添加对PCIe×16的支持，能够提供最快为8GB/s的带宽。

（5）IDE接口

IDE（Integrated Device Electronics，集成设备电子部件）接口又叫ATA接口（并行口），常用来接硬盘和光驱等IDE设备，目前新的主板已经淘汰该接口。

IDE的各种标准都具有向下兼容的特性，如ATA 133就兼容ATA 33/66/100/133标准，可提供33MB/s、66MB/s、100MB/s以及133MB/s的最大数据传输率。

ATA 66及以上的IDE接口传输标准都使用了80芯专门的IDE排线，比普通的40芯排线更能增加信号的稳定性。图2-17为IDE接口及数据线。

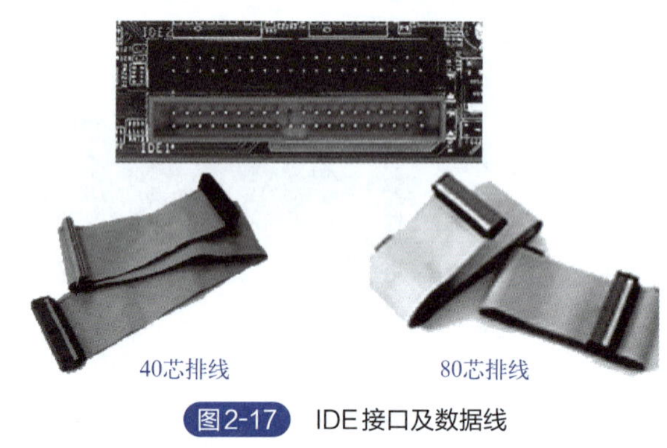

图2-17 IDE接口及数据线

（6）SATA接口

IDE接口是传统的并行ATA传输方式，SATA（Serial Advanced Technology Attachment，串行高级技术附件）接口传输速率更快。Serial ATA（简称SATA）仅用4根针脚就能完成所有的工作，4根针脚分别用于连接电源、连接地线、发送数据和接收数据。SATA1.0定义的数据传输率为1.5Gbit/s，SATA2.0为3.0Gbit/s，SATA3.0为6.0Gbit/s。而且SATA接口非常小巧，排线也很细，更有利于机箱内部空气流动而增强散热效果。SATA传输方式还有一个特点就是支持热插拔。SATA硬盘数据接口是7针，电源接口是15针。SATA接口及数据线如图2-18所示。

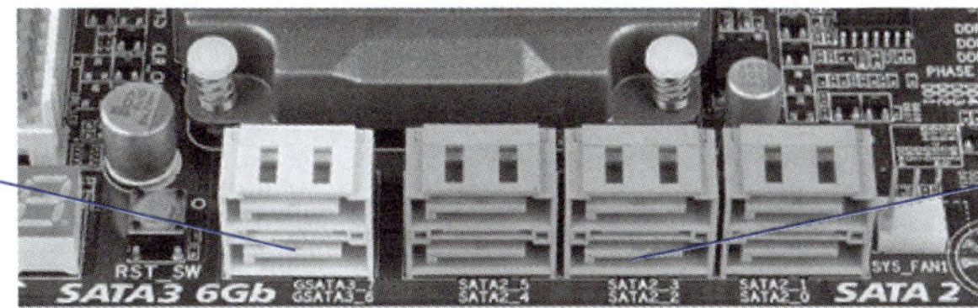

图2-18 SATA接口及数据线

（7）mSATA接口

有些主板提供了mSATA（小型SATA）接口，可以把固态硬盘（SSD，Solid State Drive）接在mSATA接口上。安装固态硬盘前后的mSATA接口如图2-19、图2-20所示。mSATA接口是SSD小型化的一个重要过程，不过mSATA依然没有摆脱SATA接口的一些缺陷，比如依然是SATA通道，速度也还是6Gbit/s。目前已被M.2 SSD所取代。

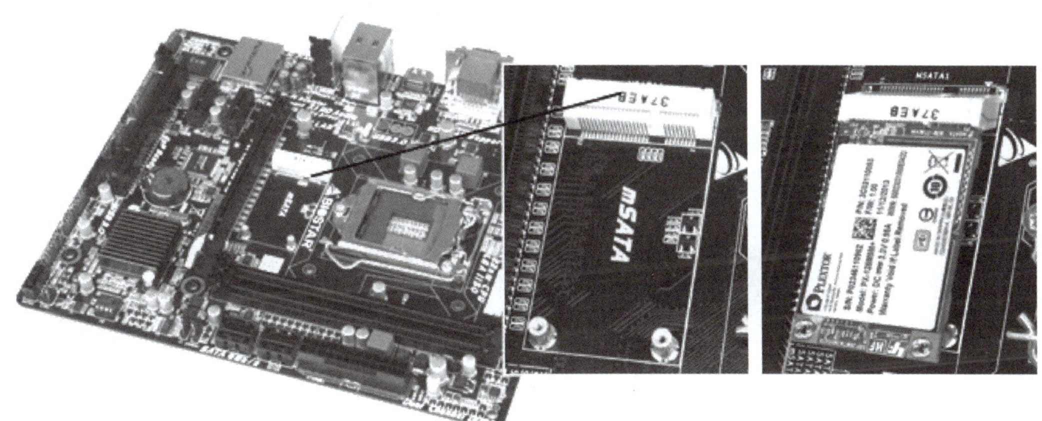

图2-19 安装固态硬盘前的mSATA接口　　图2-20 安装固态硬盘后的mSATA接口

（8）M.2接口

SSD速度瓶颈不只是台式机的问题，也是笔记本电脑的问题，为了解决SATA3.0的读写瓶颈问题，Intel推出了与mSATA接口近似的M.2接口。M.2接口有两种类型（图2-21、图2-22）：Socket 2和Socket 3。其中Socket 2支持SATA、PCIe×2接口。如果采用PCIe 2.0×2通道标准，M.2接口带宽与SATA Express一样，是10Gbit/s（约1GB/s）。Socket 3可支持PCIe 3.0×4通道，理论带宽可达32Gbit/s（接近4GB/s）。

图2-21 M.2的Socket 2接口

（9）外置I/O接口

主板上的部分外置I/O接口如图2-23所示。该接口是主板上非常重要的组成部分，通过该接口可以将计算机的外部设备与主机连接起来。

图2-22 M.2的Socket 3接口

① PS/2接口。PS/2是一种键盘、鼠标接口，最早出现在IBM的PS/2计算机上而得名。PS/2是一种6针的圆形接口，但键盘只用到了其中的4针传输数据和供电，另外两个接口为空脚。PS/2接口的传输速率比COM接口稍微快一些。

② 串行接口（Serial Port）。串行接口也叫串口，也叫COM接口。从外观上看，串口是一个9针D型插座，早期用来连接鼠标和打印机。因串行接口速率仅为115～230kbit/s，目前主板已淘汰该接口。

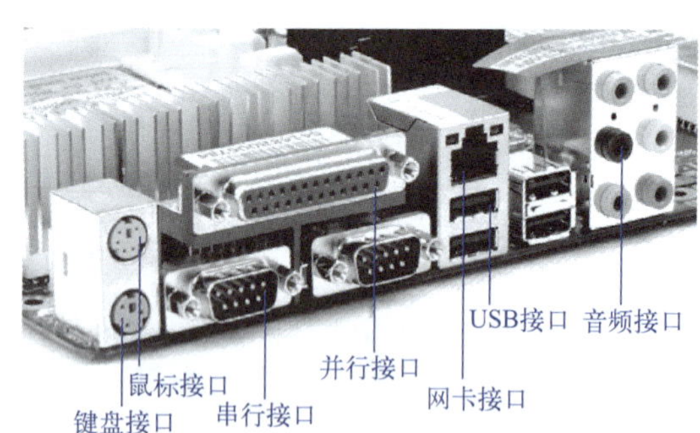

图2-23 主板上的外置I/O接口

③ 并行接口。并行接口也叫作并口，即所说的LPT口或PRN接口。从外观上看，并口是一个25孔D型插座，一般用来连接打印机、扫描仪等设备。并口数据传输速率达到了1Mbit/s，比串口快了近8倍。目前主板已淘汰该接口。

④ 音频接口。目前主板上常见的音频接口均为3.5mm插孔，有3种：3个插孔（从上到下的插孔颜色依次为浅蓝色、草绿色、粉红色），5个插孔（左侧增加2个插孔，从上到下的插孔颜色为橙色、黑色），6个插孔（左侧下方增加1个灰色插孔）。主板上常见的音频接口如图2-24所示。

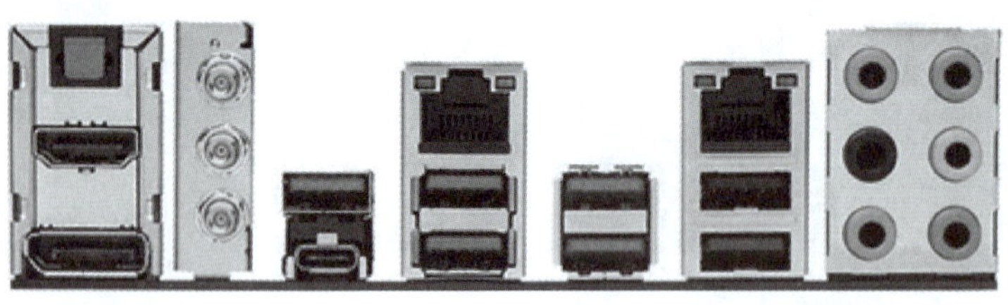

图2-24 主板上常见的音频接口

⑤ 光纤音频接口（S/PDIF光纤输出接口）。光纤音频接口（Toshiba Link，TosLink）是日本东芝（TOSHIBA）公司开发并设定的技术标准，在视听器材的背板上有Coaxial标识，TosLink光纤曾大量应用在视频播放机和组合音箱上。光纤音频接口如图2-25所示。

⑥ HDMI接口。目前的主板和显示卡上都有高清晰多媒体接口（High Definition Multimedia Interface，HDMI），如图2-26所示。通过一条HDMI线，可以同时传送影音信号。HDMI 1.0接口提供5Gbit/s的数据传输率，最新发布的HDMI 1.3提供的带宽为10.2Gbit/s，可以用于传送无压缩的音频信号和高分辨率视频信号。HDMI接口有3种：标准HDMI、Mini HDMI和Micro HDMI。

图2-25 光纤音频接口

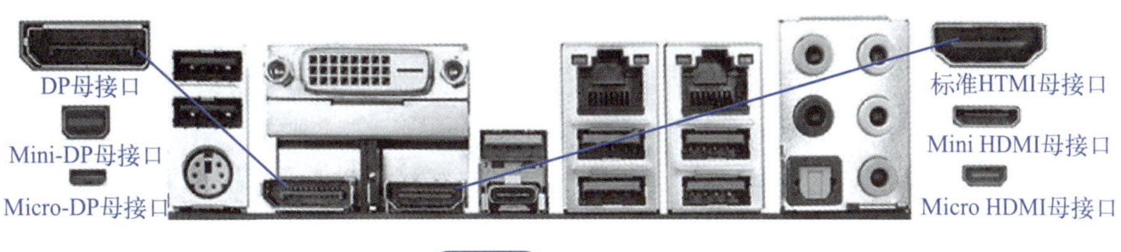

图2-26 HDMI接口

⑦ DisplayPort（简称DP）接口。DisplayPort 1.0标准可提供的带宽高达10.8Gbit/s。DisplayPort可支持WQXGA+（2560×1600）、QXGA（2048×1536）等分辨率及30/36bit（每原色10/12bit）的色深，充足的带宽保证了今后大尺寸显示设备对更高分辨率的需求。DisplayPort接口有3种：DP、Mini-DP和Micro-DP。DP接口与Mini-DP接口如图2-27所示。

⑧ eSATA接口。External SATA简称eSATA或E-SATA，是外置式SATA 2.0规范的延伸，用来连接外部的SATA设备。eSATA接口如图2-28所示。

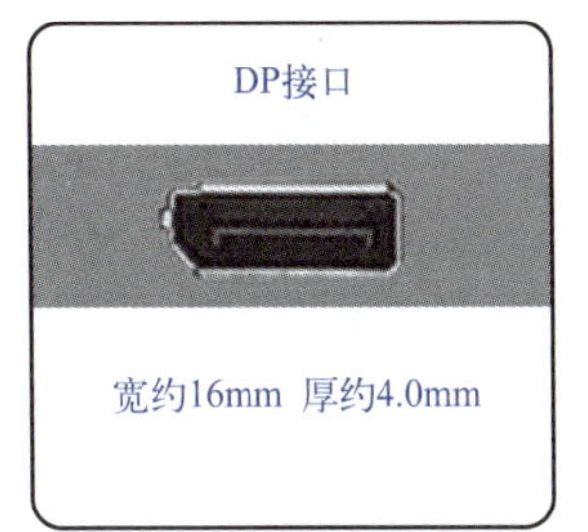

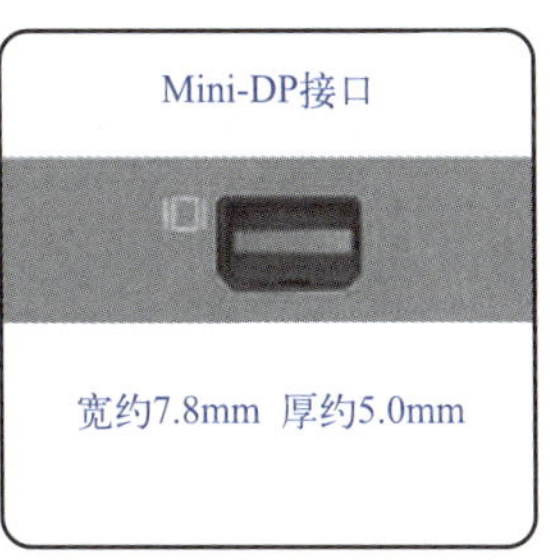

图2-27 DP接口与Mini-DP接口

图2-28 eSATA接口

⑨ USB接口。USB（Universal Serial Bus，通用串行总线）接口的发展经历了几个阶段，从最开始的USB V0.7到USB 1.1，再到USB 3.0、USB 3.1、USB 3.2、USB 4.0，从最开始不被接受到成为目前电脑中的标准扩展接口。USB 2.0（480Mbit/s）、USB 3.0（5Gbit/s）、USB 3.1、USB 3.2（20Gbit/s）及以后采用Type-C方案。

USB接口具有传输速率快、使用方便、支持热插拔、连接灵活等优点，广泛应用于鼠标、键盘、打印机、摄像头、U盘、MP3播放机、手机、移动硬盘、数码相机等外部设备上。图2-29为主板上的USB与Type-C接口。

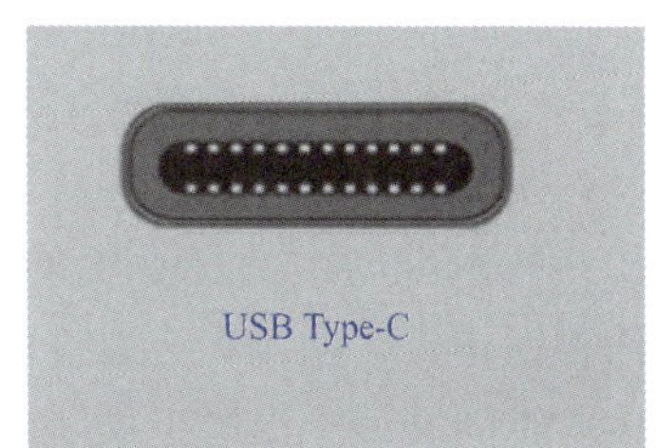

图2-29 主板上USB与Type-C接口

⑩ IEEE 1394接口。IEEE 1394也是一种高效的串行接口标准，功能强大而且性能稳定，支持热插拔和即插即用，主要适用于高速外置式硬盘、数码摄像机等需要高速数据传输的设备。

IEEE 1394接口可以直接当作网卡用来联机，如果主板上没有提供IEEE 1394接口，也可以通过插接IEEE 1394扩展卡的方式来获得此功能。IEEE 1394接口如图2-30所示。

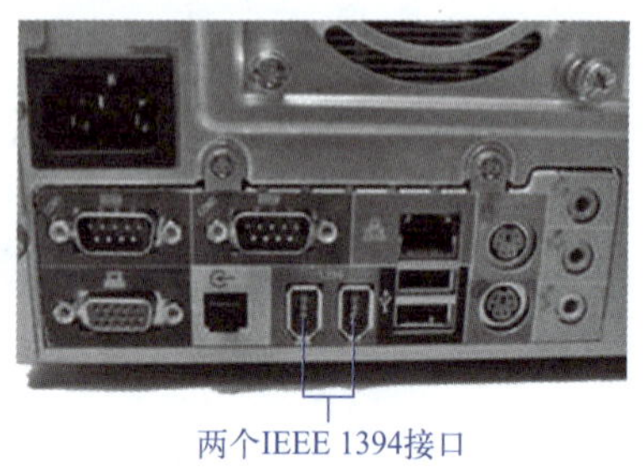

图2-30 IEEE 1394接口

（10）BIOS芯片

BIOS（Basic Input/Output System，基本输入/输出系统）是一组程序，为计算机提供最基本的硬件支持信息。BIOS芯片是主板上一块长方形或正方形芯片，保存着有关微机系统最重要的基本输入输出程序，包括自诊断程序（完成系统自检和初始化工作）、CMOS设置程序（对CMOS参数进行设置）、系统自动装载程序（自检成功后将磁盘0道0扇区的引导程序装入内存）、主要I/O设备的驱动程序和中断服务等几个方面的内容。图2-31即为主板上的BIOS芯片。

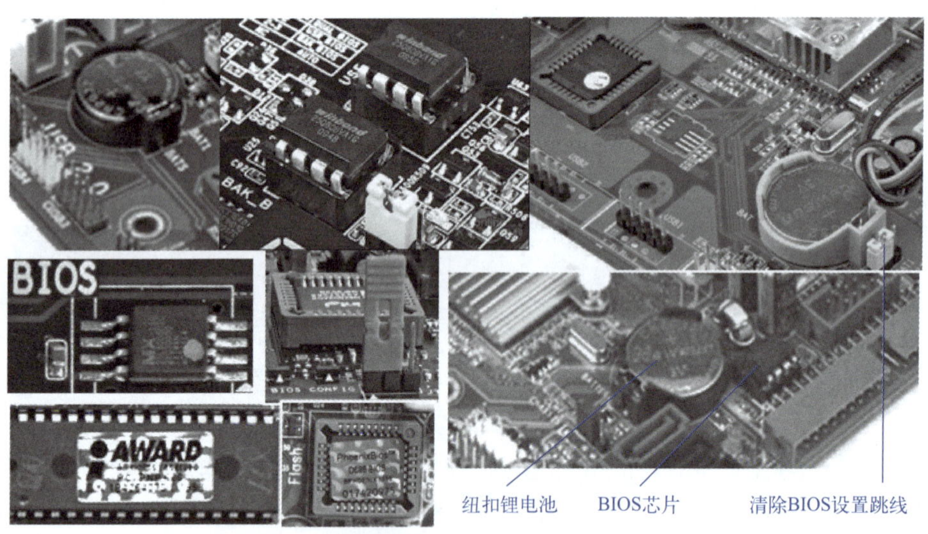

图2-31 主板上的BIOS芯片

目前主板上最新的是UEFI BIOS，统一的可扩展固件接口（Unified Extensible Firmware Interface，UEFI）是一种详细描述全新类型接口的标准，是适用于微机的标准固件接口，旨在代替传统的BIOS。

（11）电池

通过BIOS设置程序，可以对系统的硬件进行参数的设置。这些设置的内容存储在一块名为CMOS（Complementary Metal-Oxide Semiconductor，互补金属氧化物半导体）的RAM芯片上，而RAM芯片的内容在断电后会自动丢失。RAM芯片一般集成在南桥内，用来保存当前系统的硬件配置及设置信息。

为了在断电期间维持CMOS的内容不丢失，主板上安装了一个专门为CMOS芯片提供电力支持的纽扣锂电池。电池外形如一颗纽扣，使用寿命一般为3～5年，直流电压3V。用户如果发现计算机的时间变慢不准时，就表明该电池已到使用寿命，要及时更换电池，以防电池的电解溶液泄漏而腐蚀主板。

（12）电源插座

主板为各个扩展卡、接口电路等部件提供了连接线路，而要让这些部件进行工作，还必须给它们提供电力支持，这就需要主板与电源连接了。电源插座（图2-32）就是为了连接主板的电源而提供的插座，有防反插的设计。

图2-32 电源插座

(13)跳线、DIP开关

跳线（Jumper）实际上是一个开关。主要用来设定硬件的工作状态，如：CPU的核心（内核）电压、外频和倍频，主板的资源分配，以及启用或关闭某些主板功能等。不管是哪种跳线，它们的组成大多包括两个部分：一是固定在主板上的两根或两根以上的金属针；二是可以插在金属针上，将两根针接成通路的“跳线帽”。跳线帽可以移动，外层为绝缘材料，内层为导电材料。跳线帽扣住的两根针通过跳线帽内层的导电体，可以使原来的断开状态（OFF）变成连通状态（ON），从而达到改变相关设置的目的。具体不同位置的跳线的连接方式和作用，主板说明书上有详细的说明。主板上的跳线和双掷DIP（双列直插式封装）开关如图2-33所示。

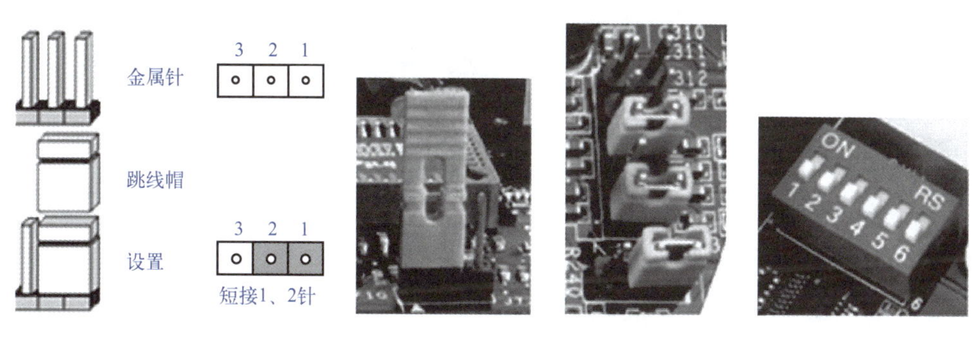

图2-33 主板上的跳线和双掷DIP开关

(14)面板插座及连线

主板上的机箱面板插座及连线如图2-34所示。主板上的面板插座包括电源开关、复位开关、电源指示灯、PC喇叭接口和硬盘指示灯等几项。与之相应的还有一组连线，连线头上分别标注有相应的英文名称，在进行连接时，要认清连线头上的英文名称与主板上面板插座旁标注的英文名称相一致。不同的主板连接的方式有区别，一般在主板说明书上都有详细的介绍。

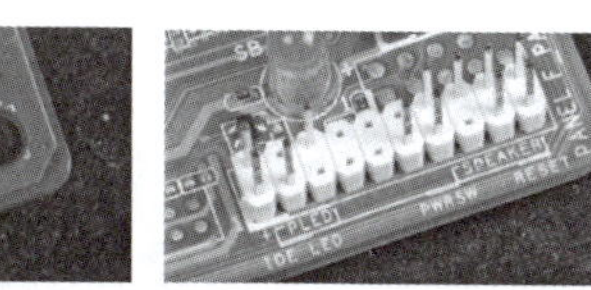

(a) 插座

(b) 连线

图2-34 主板上的面板插座及连线

插头或主板上常见英文标识：

① POWER ON或POWER SW是电源开关插针；

② RESET是重启开关插针；

③ POWER LED是电源指示灯插针；

④ SPEAKER是机箱喇叭开关插针；

⑤ HDD LED是硬盘指示灯插针。

（15）CPU供电单元

主板上的CPU供电电路在主板上容易辨别，一般为三相或四相供电，包括滤波用的电容、电感、电压调整MOS（金属氧化物半导体）场效应管和控制芯片。电感线圈分为全裸电感、半封闭式电感和防磁全屏蔽电感。CPU供电单元如图2-35所示。

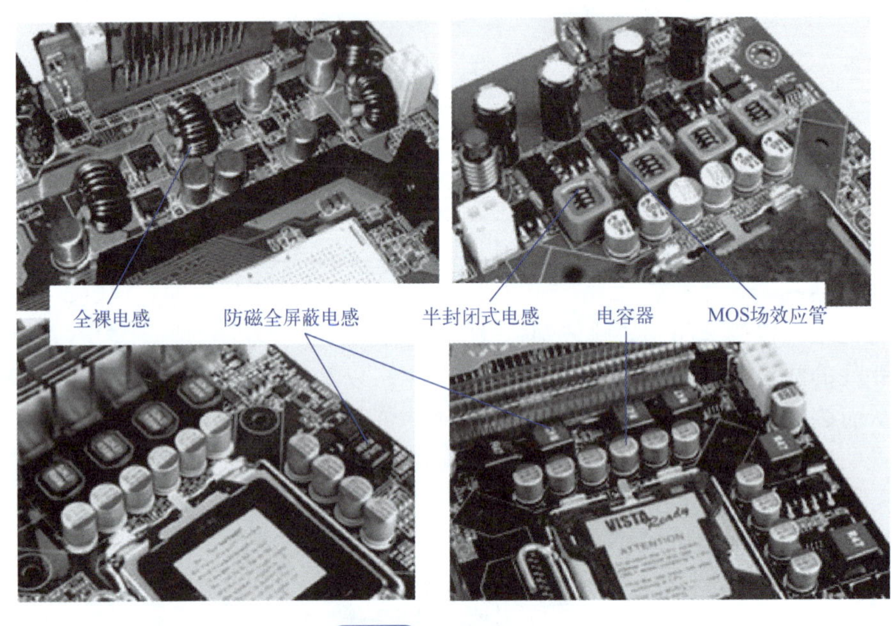

图2-35 CPU供电单元

（16）音频控制芯片

对于集成了AC97软声卡的主板，一般在PCI插槽上端的主板上能看到一块小小的AC97芯片，即音频（声卡）控制芯片，如图2-36所示。

图2-36 音频控制芯片

（17）网卡控制芯片

许多主板上集成了具备网卡功能的芯片（10/100/1000Mbit/s Fast Ethernet以太网控制器），在主板上的板载网卡芯片主要有3Com、Realtek、Marvell、VIA等，板载网卡芯片如图2-37所示。

图2-37 板载网卡芯片

（18）I/O及硬件监控芯片

I/O（Input/Output，输入/输出）芯片一般位于主板的边缘，体积大，四边都有引脚，负责键盘、鼠标、USB等主板后部接口的输入/输出控制，带电插拔容易损坏该芯片。I/O及硬件监控芯片如图2-38所示。

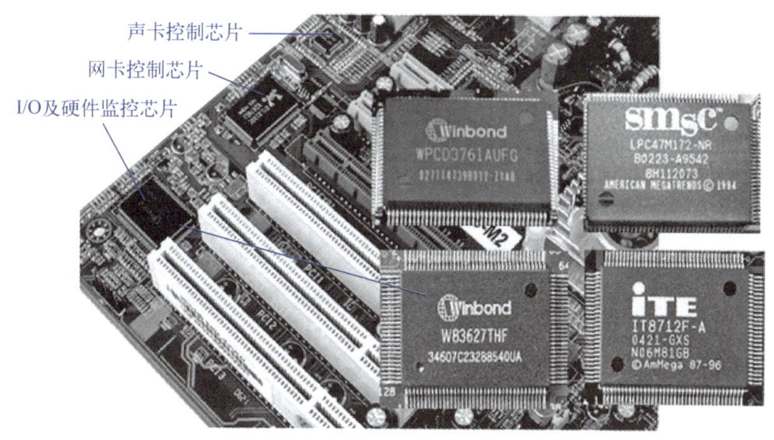

图2-38 I/O及硬件监控芯片

（19）晶振和时钟芯片

主板上的多数部件的时钟信号，由时钟发生器（时钟芯片）提供工作时钟，也可通过分频给主板上不同部件作为工作时钟。时钟发生器是主板时钟电路的核心，如果损坏，主板就不工作，如同主板的心脏。如图2-39所示为主板上的晶振和时钟芯片。

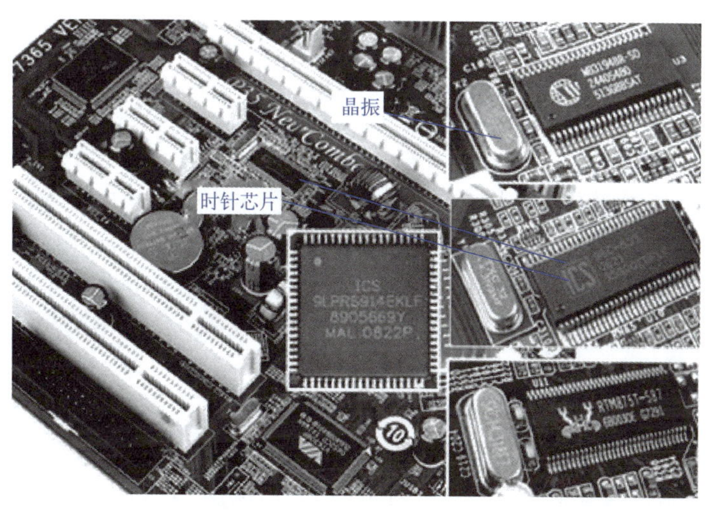

图2-39 主板上的晶振和时钟芯片

【特别提示】BIOS与CMOS关系：BIOS和CMOS的关系可以总结为密不可分、相辅相成。BIOS（Basic Input/Output System，基本输入/输出系统）是一种固化在计算机主板上的软件程序，用来保存关键的系统配置信息，如系统时间、启动顺序、电源管理策略的配置等；CMOS（Complementary Metal-Oxide Semiconductor，互补金属氧化物半导体）则是存储了计算机基本系统设置和配置信息的小型电池供电的芯片，其功能也只能通过BIOS来实现和修改。二者的关系是BIOS依赖于CMOS中保存的配置来执行启动过程；CMOS则需要BIOS来提供修改、更新配置信息的界面，完整的说法应该是“通过BIOS设置程序对CMOS参数进行设置”。由于BIOS和CMOS都跟系统设置密切相关，所以在实际使用过程中产生了BIOS设置和CMOS设置的说法，其实指的都是同一回事，但BIOS与CMOS却是两个完全不同的概念。虽然随着技术发展，一些新的技术（如UEFI）已经开始取代传统的BIOS，但BIOS和CMOS的基础概念仍然适用。

2.1.5 主板的性能指标

决定主板性能好坏的因素很多，主要有芯片组、外频及调频、BIOS及刷新、主板缓存、集成功能、安全设计等。

（1）芯片组

主板是以芯片组命名的。采用何种芯片组决定了该主板性能的好坏与档次的高低，因此，芯片组是主板选购时考虑的最重要的性能指标。

（2）外频及调频

主板的外频是由主板上的时钟发生器产生的，它实际上就是系统总线频率。总线是指计算机各部件之间的传递数据信息的线路。总线越宽，一次能传输的数据就越多；总线速率越快，数据传输就越快。因为CPU的工作速度很高，要远高于外频，所以就产生了倍频的概念。外频与倍频之积即为CPU的工作频率。所谓调频，就是改变主板的外频，以达到改变CPU工作速度的目的。调频的方法有两种：一是通过BIOS程序进行设置；二是通过主板跳线来设置。

（3）BIOS及刷新

主板上的BIOS芯片为计算机提供了最基础的功能支持，包括开机引导代码、基础硬件驱动程序、基本参数设置程序等。BIOS的一大特点就是可以用特定的方法来刷新、升级。刷新BIOS除了可以获得许多新的功能之外，还可以解决芯片组、主板设计上的一些缺陷，排除一些特殊的计算机故障等。

（4）主板缓存

主板上的高速缓冲存储器（Cache，或称高速缓存）实际上是实现“预处理”操作的一种特殊存储器。因为CPU的速度远高于内存、硬盘等部件的工作速度，所以在很多操作中，CPU都在等待其他部件完成工作，这对CPU是一种极大的浪费。为避免这种浪费，提高CPU的工作效率，有许多部件都在自身集成了高速缓存，提前把CPU下一步所要处理的数据写入其中，需要时直接提供给CPU内部的高速缓存。把CPU内部集成的Cache叫作一级高速缓存（L1 Cache）或内部缓存，把主板上集成的Cache叫作二级高速缓存（L2 Cache）或外缓存。

（5）集成功能

主板的集成功能是整合型主板独有的功能设计，它通常把一些扩展卡，如显卡、声卡、网卡等直接做在主板上。用户购买了此类主板，就不用单独去购买这些部件了。带有集成功能的主板适用于对系统要求不高的用户或经济实力薄弱的用户。带有集成功能的主板优势体现在价格经济实惠、各设备之间兼容性好、不用专门安装相关部件的驱动程序等几个方面。

（6）安全设计

主板的安全是计算机系统正常工作的基础，也是一个不容忽视的问题。用户在追求速度快、功能全、性能稳定的同时，需要注重主板的安全设计。主板的安全主要体现在三个方面：电压、温度和防病毒。主板要正常运行，必须有稳定的供电电源。电压不稳会损坏主板上的元器件。当主板工作速度较快时，主板也会产生较高的温度。为了避免烧坏主板上的元器件，必须为主板散热，让它的温度保持在安全线以内。

【任务实施】

选取一款当下市场主流的主板，详细阐述其结构与类型，深入剖析主板的主要部件及其性能指标，完成书面报告并提交。

市场上的主板根据支持的CPU类型的不同，一般可以分为支持Intel CPU的主板和支持AMD CPU的主板两类。不论是何种类型的主板，选购主板时可按以下步骤考虑。

第一步：了解主板的做工

主板做工的精细程度，会直接影响主板的稳定性。因此在挑选主板时，必须仔细观察主板的做工。目前主板市场上，有些厂家为了降低成本，在选料和做工方面大做文章，甚至有些不法厂商打磨芯片以假乱真，导致主板性能极不稳定。

名牌大厂所生产的主板，如CPU插座、扩展槽等都采用名牌元器件，采用高品质贴片元件（镀金处理）、高质量钽电容。

首先，有实力的主板生产厂家所生产的主板色泽一定是均匀的，主板边缘光滑，光洁度也好。主板的布线层数越多越好，一般以6层板为宜，具有完整的电源层和布线层。而普通主板多为4层PCB板，在稳定性上就有很大差距。

如何挑选购买主板

其次，再看一下主板是几相供电和电容的质量。因为这对主板的供电电压和电流的稳定起着关键作用。主板上常见的电容有铝电解电容、钽电容、陶瓷贴片电容等。铝电解电容（直立电容）是最常见的电容，一般在CPU和内存槽附近比较多，铝电解电容的体积大、容量大。钽电容、陶瓷贴片电容一般比较小，外观呈黑色贴片状，体积小、耐热性好、损耗低，但容量较小，一般适合用于高频电路，在主板和显卡上被大量采用。

最后，看主板PCB的厚度，厚的比薄的好；再看PCB的布线，如果元件和布线不合理，很有可能会导致邻线间相互干扰，从而会降低系统的稳定性能。

第二步：考虑主板散热性能

在选购主板时，还应当注意芯片组的散热性能。尤其是控制内存和显卡的北桥芯片，从开始附加散热片，到加上专用的小风扇，再到今天又出现了去掉风扇转而采用大尺寸的散热片的方式，除降低运行噪声之外，最主要的还是考虑散热性能。主板良好的散热性能，不仅能够有效保证整机长时间工作的稳定，同时还能够进一步提升计算机的整体超频性能。

第三步：了解主板的集成性与板载功能

现在越来越多的主板生产厂商都在强调高集成化的产品，集成显卡、声卡、网卡等的主板产品在市场上已经比比皆是。消费者在选购这类集成主板产品时，主要还是应当考虑自身的需求，同时应当注意到这些集成控制芯片在性能上还是要略逊于同类中高端板卡产品，因此如果消费者在某一方面有较高需求的话，还是应该选购相对应的板卡来实现更高的性能。

另外还要考虑板载功能：板载指示灯、监控管理、防病毒功能等。

主板选购技巧

第四步：询问主板的售后服务

考虑到主板的技术含量比较高，而且价格也不便宜，因此在挑选主板时，一定不能忽略厂家能否提供很完善的售后服务。

第五步：确定主板品牌

对于普通用户来说，往往无法判断主板的品质优劣。品牌主板无论是质量、做工还是售后服务都有良好的口碑，因此对主板技术一窍不通或知之甚少的用户来说，最先考虑的应该是选用品牌主板。目前市场上一线品牌主板厂商有微星（MSI）、技嘉（GIGABYTE）、华硕（ASUS）等几家，这些厂商主板的做工、稳定性、抗干扰性等都优于同类产品，更为重要的是，这些品牌厂商几乎能提供3年的免费质保，售后服务完善。二线品牌有富士康（FOXCONN）、精英（ECS）、映泰（BIOSTAR）、梅捷（SOYO）等。

第六步：选择大板和小板

一般市场上同一个型号的主板有大板和小板两种，通常大板都是比较正规的厂家设计出来的，而小板很多都是公板设计的，因此在主板稳定性能上大板要好于小板。

任务2.2 认识CPU

【任务描述】

了解CPU的工作原理，知晓Intel和AMD公司的主流产品、性能指标、产品标识，能够根据客户需求选购市场上高性价比的CPU。

【必备知识】

2.2.1 CPU概述

CPU（Central Processing Unit，中央处理单元）是计算机系统的核心部件，控制着整个计算机系统的运行。CPU一般由运算器、控制器、寄存器、高速缓冲存储器等几部分组成，主要用来分析、判断、运算并控制计算机各个部分协调工作。简单地说，CPU的功能是读数据、处理数据和写数据。CPU在计算机系统中的地位是举足轻重的，计算机系统运行的全部过程都是在CPU的控制下完成的。计算机没有了CPU，就好像人没了大脑一样，因此，有很多用户就直接把CPU的型号作为了计算机的代名词。

2.2.2 CPU的工作原理

由晶体管组成的CPU作为处理数据和执行程序的核心，它的内部结构可分为控制单元、逻辑单元和存储单元三大部分。各个单元分工不同，但组合起来紧密协作，可具有强大的运算处理能力。

CPU的工作原理类似一个工厂对产品的加工过程：进入工厂的原料（程序、指令）经过物资分配部门（控制单元）的调度分配，送往生产线（逻辑单元），生成产品（处理后的数据）后，交到仓库（存储单元）。

CPU的工作过程是不断重复进行的。为了保证每一步操作都准时发生，CPU内部设置了一个时钟，时钟控制着CPU执行的每一个动作。它就像一个节拍器，不停地产生脉冲信号，决定、调整CPU的步调和处理时间，这就是人们所熟悉的CPU主频。同时，一些制造厂商在CPU内增加了一个数据浮点运算单元（FPU），专门用来处理非常大和非常小的数据，大大地加快了CPU对数据的运算处理速度。

2.2.3 Intel公司的CPU新技术

（1）睿频加速技术

睿频加速技术是指在CPU中加入睿频加速（Turbo Boost），使得CPU的主频可以在某一范围内根据处理数据需要自动调整主频。它是基于Nehalem架构的电源管理技术，通过分析当前CPU的负载情况，智能地完全关闭一些用不上的核心，把能源留给正在使用的核心，并使它们运行在更高的频率，进一步提升性能；相反，需要多个核心时，动态开启相应的核心，智能调整频率。

睿频加速技术好比一个五星级酒店的中央空调体系，每个出风口并不是时刻工作，比如，它会在几百人的礼堂采用最大功率制冷，在1或2人的房间简单吹一下，而对于空无一人的屋子则干脆关闭空调，这样在相同能源消耗下可使得效率最大化。

（2）超线程技术

因为操作系统是通过线程来执行任务的，增加CPU核心数目就是为了增加线程数，一般情况下它们是1∶1对应关系，也就是说四核CPU一般拥有4个线程。但Intel引入超线程（Hyper-Threading，HT）技术后，使核心数与线程数形成1∶2的关系，如四核Core i7支持八线程（或叫作八个逻辑核心），大幅提升了多任务、多线程性能。

超线程技术就是利用特殊的硬件指令，将一个具有HT功能的“实体”处理器变成两个“逻辑”处理器，而逻辑处理器对于操作系统来说跟实体处理器并没什么两样，因此操作系统会把工作线程分派给这“两个”处理器去并行计算，减少了CPU的闲置时间，提高了CPU的运行效率。

2.2.4 AMD Turbo Core技术

AMD在Phenom Ⅱ X6系列中引入的类似Intel Turbo Boost的技术称为Turbo Core，AMD在A系列APU[1]中引入了第二代Turbo Core。AMD在第二代Turbo Core中引入了APM（高级电源管理）模块，它会监测APU的功耗、温度及当前任务的负载情况，判断下一步CPU和GPU的加速动作，降低用不上的CPU核心或GPU的频率，把能源留给正在执行任务的核心，智能地提高其频率。只要功耗不超过TDP（热设计功耗），加速便一直有效。

2.2.5 Intel主流CPU

（1）Intel酷睿双核处理器

酷睿2：英文Core 2 Duo，2006年7月发布，是一个跨平台的构架体系，包括服务器版、桌面版、移动版三大领域，能够提供超强性能和超低功耗。其中，服务器版的开发代号为Woodcrest，桌面版的开发代号为Conroe，移动版的开发代号为Merom、Penryn，它是Intel推出的新一代基于Core微架构的产品体系统称。

CPU类型还分E系、Q系、T系、X系、P系、L系、U系、S系。E系就是普通的台式机的双核CPU，功率65W左右；Q系就是四核CPU，功率会在100～150W；T系是普通的笔记本CPU，功率为35W或者31W；X系是酷睿2双核至尊版，笔记本的X系CPU的功率是45W，台式机的X系的CPU功率是100W左右；P系是迅驰5的低电压CPU，功率25W；L系是迅驰4的低电压CPU，功率17W；U系是迅驰4的超低电压CPU，功率5.5W；S系是小封装系列，功率12W。

除此之外，有些CPU是QX系列的，目前所有的QX系列CPU全部是台式机的。

[1] APU即加速处理器，是AMD推出的集成了CPU和GPU的融合处理器。

（2）Core（酷睿）i系列CPU

Core i系列主要有i3、i5、i7、i9，其代表了不同的档次。

① i3。集成了GPU，主要面对入门级的市场，同时具有低功耗、低温度以及出色的性能表现，适合绝大多数普通用户日常使用。采用如下技术：Nehalem架构，双核心设计，支持超线程，采用当前最先进的32nm工艺；主频为2.93～3.06GHz，外频133MHz，倍频22～23；集成4MB高速三级缓存，处理器内部整合北桥功能，支持双通道DDR3 1333/1066规格内存。其次，i3的频率高、速度快，主频已经突破了3GHz。

② i5。有集成GPU和非GPU的版本，是针对主流市场而推出的高性能产品，它的睿频智能加速技术，能在需要的时候自动提高处理器频率，在常规运算时降低频率并最大化地节电，可以在各种应用中提升CPU性能。酷睿i5系列产品适合对速度要求更高的用户，例如更流畅地运行游戏、更高速地进行商业或办公等。i5的定位在于游戏爱好者，或对办公速度有要求的用户。

图2-40　酷睿i5 CPU外观

以酷睿i5-450M举例说明，“i”是酷睿处理器的标志；“5”是主流级别处理器；数字“450”代表处理器的详细规格，同型号处理器，数字越大说明越高端；字母“M”代表移动版CPU，如果前面出现了“Q”“L”和“U”，则分别代表着“四核处理器”“低电压处理器”和“超低电压处理器”。酷睿i5 CPU外观如图2-40所示。

新酷睿i5具体包括四款产品，分别是i5-650/660/661/670，基础频率为3.2～3.46GHz，通过睿频加速最高可提高至3.46～3.73GHz。

③ i7。是针对高端的发烧友以及游戏玩家而推出的产品，面向高端市场。

i7处理器是专为高端用户准备的处理器，全部采用四核心八线程设计，支持超线程和睿频加速技术，并且三级缓存容量达到8MB。

④ i9。Core i9 CPU最多包含18个内核和36个线程，支持超线程技术、睿频加速技术、超核芯显卡等，能够应对各种高负载的任务，例如视频编辑、3D渲染、虚拟现实、多人在线游戏等，主要面向游戏玩家和高性能需求者。有可能取代至强Xeon CPU，作为服务器CPU。

综上所述，选择酷睿i9或酷睿i7处理器取决于用户的实际需求和预算。如果是专业用户或需要处理复杂、计算密集型的任务，那么酷睿i9的高性能将是一个值得考虑的选择。然而，对于大多数普通用户和游戏玩家来说，酷睿i7处理器已经能够提供足够的性能，并且具有更高的性价比。

【知识贴士】区分睿频和超频：睿频是Intel处理器的一项技术，允许处理器根据工作负载自动提升频率。在面对要求较高的任务，如大型游戏或复杂的计算工作时，睿频技术会自动提高处理器的运行频率，以提升处理速度和性能；当处理器处于轻负载状态，如处理简单的文档编辑任务时，它会降低频率以节省能源和减少热量产生。这项技术是智能的，能够在毫秒级别内感应到处理器的需求变化，并相应地调整频率。睿频与超频不同，睿频是处理器内部的自动调节机制，而超频则是人为提高处理器频率，可能超过其规格限制。

2.2.6 AMD最新主流CPU

（1）AMD 64位APU多核处理器

APU（Accelerated Processing Unit，加速处理器）是AMD公司收购ATI公司之后提出的，它把CPU与GPU的功能融合在一起，封装在一个核心里，是CPU与GPU两种异架构芯片真正融合后的产品，计算机中两个最重要的处理器，相互补充，实现异构计算加速以发挥最大性能。AMD A系列是AMD公司近几年来最重要的产品之一，面向桌面主流市场。AMD A系列APU微架构由5部分融合而成：CPU、GPU、北桥、内存控制器和输入/输出控制器。

（2）AMD 64位锐龙处理器

AMD给Zen微架构的处理器起了一个新的名字——Ryzen，中文名为锐龙。Ryzen采用全新的AM4处理器接口，有1331针。Zen架构的处理器支持和英特尔一样的超线程技术。Zen架构当中每四个核心组成一个簇，其中每核心拥有512KB的二级缓存，然后一个簇中的四个核心共享8MB三级缓存。Zen处理器的发展历程如图2-41所示。

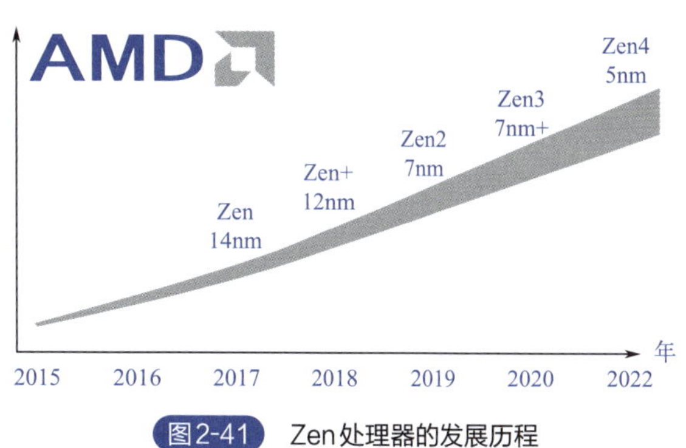

图2-41 Zen处理器的发展历程

2.2.7 CPU的性能指标

CPU性能的高低已成为用户衡量计算机性能高低的一个重要指标。

CPU的性能指标主要有主频、外频与FSB频率、倍频、核心数量、字长、寻址空间、缓存大小、指令集架构、制造工艺、工作电压、热设计功耗等。

（1）主频

CPU的主频又叫CPU的时钟频率，即CPU正常工作时在一个单位时钟周期内完成的指令数。从理论上讲，主频越高，运算速度越快。因为主频越高，单位时钟周期内完成的指令数就越多。但这也不是绝对的。实际上，CPU主频与CPU的实际运算能力并无直接的关系。因为CPU内部结构的差异，如缓存的大小、指令集等方面的不同，就会出现相同主频的CPU运算速度有差异的现象。

（2）外频与前端总线（FSB）频率

外频的概念是建立在数字脉冲振荡信号基础上的，即100MHz外频指的就是数字脉冲信号在每秒振荡一亿次。外频影响PCI及其他总线频率。FSB（Front Side Bus，前端总线）频率指的是CPU与北桥芯片之间总线的数据传输速率，即数据带宽。数据带宽取决于同时传输的数据宽度和总线频率，即

$$数据带宽=（总线频率\times数据宽度）\div 8$$

目前PC上所能达到的前端总线频率有266MHz、333MHz、400MHz、533MHz、800MHz、1333MHz等几种。

外频与前端总线（FSB）频率的区别：前端总线频率指的是数据传输的速率，外频是CPU与主板之间同步运行的速度。也就是说，100MHz外频特指数字脉冲信号在每秒钟振荡一亿次；而100MHz前端总线指的是CPU每秒可接收的数据传输量是100MHz×64bit÷8 =800MB/s。

（3）倍频

随着计算机的发展，CPU主频也越来越高。与此同时，计算机的其他一些部件，如显卡、硬

盘、内存等却因受到制造工艺的限制跟不上CPU如此之高的工作频率，这样就产生了一种速度上的“瓶颈”，从而限制了CPU主频的进一步提高。为解决这个问题，人们引入了倍频技术。倍频表示主频与外频之间的倍数，通过一个计算公式可以表示主频、外频和倍频三者之间的关系：主频=外频×倍频。引入倍频技术就可以让CPU和其他部件以不同的频率进行工作。

（4）核心数量

CPU的核心数量指的是CPU芯片上包含的独立处理单元个数。每个核心都可以独立执行指令和进行计算操作。核心数量的增加可以提高CPU的并行处理能力，从而加快计算速度和提高系统响应能力。

（5）字长

字长是CPU与二级高速缓存、内存以及输入/输出设备之间一次所能交换的二进制位数。位数越多，处理数据的速度就越快。字长就好比一条公路的宽度，道路越宽，车流量就会越大。

（6）寻址空间

寻址空间由地址总线宽度决定，它规定了CPU可以访问的物理内存的地址空间的大小，即CPU能够识别和使用内存的容量。

（7）缓存大小

CPU缓存的作用是减少CPU与主内存之间的数据传输次数，从而提高系统的运行效率。缓存大小对CPU的性能有显著的影响。较大的缓存可以提供更多的存储空间，从而能够存储更多的数据和指令。这样就可以减少CPU与主内存之间的数据交换次数，避免频繁地访问主内存，从而提高系统的运行速度。

一般将CPU的缓存分为三类：一级（L1）缓存、二级（L2）缓存和三级（L3）缓存。L1缓存是距离CPU最近的一级缓存，速度最快，但容量较小。L2缓存位于L1缓存和主内存之间，速度较慢，但容量较大。L3缓存是一些高端处理器上的额外缓存，容量最大，但速度较慢。多级缓存的设计是为了在速度和容量之间取得平衡。

此外，缓存还具有很高的访问速度，远远快于主内存。因此，当CPU能够从缓存中获取所需的数据和指令时，可以大大提高数据的读取速度和程序的执行效率。

（8）指令集架构

CPU指令集架构（Computer Processing Unit Instruction Set Architecture）是指CPU支持的指令集合和对指令的操作方式的规定。它决定了程序员和编译器如何与CPU进行交互和编程。常见的CPU指令集架构包括：x86架构，由Intel和AMD等厂商开发，广泛应用于个人计算机和服务器；ARM架构，由ARM公司开发，广泛应用于移动设备和嵌入式系统；MIPS架构，采用精简指令集（Reduced Instruction Set）的架构，主要应用于嵌入式系统和网络设备；Power架构，由IBM、Apple和Motorola等公司开发，主要应用于服务器和超级计算机，它具有高性能和较低的功耗。

在CPU中增加扩展指令集是为了增加CPU处理多媒体和3D图形方面的应用能力。目前主要的扩展指令集有MMX（多媒体扩展指令集）、SSE（单指令多数据流扩展集）、3DNow！和增强版3DNow！。前两种指令集是由Intel研发的，后两种是由AMD研发的。

（9）制程（制造工艺）

制造工艺也称为制程宽度或制程，一般用μm（微米）或nm（纳米）表示。制造工艺的微米或纳米是指IC（集成电路）内电路与电路之间的距离。制造工艺的趋势是向密集度更高的方向发展。密度更高的IC设计，意味着在同样面积大小的IC中，可以拥有密度更高、功能更复杂的电路设计。

制造工艺本身是一个半导体工业术语，引入CPU中是为表示组成CPU芯片的电子线路宽度或元件的细致程度。CPU现在主要有28nm、14nm、7nm、5nm等几种制造工艺。

（10）工作电压

CPU的工作电压分为内核电压和I/O电压两种，通常CPU的内核电压小于等于I/O电压。其中内核电压的大小是根据CPU的制造工艺而定，一般制作工艺越小，内核工作电压越低；I/O电压一般都在1.2～5V。低电压能解决耗电量过大和发热过多的问题。

（11）热设计功耗

热设计功耗（TDP）是指处理器在正常工作情况下所能产生的热量的最大值或平均值。它是厂商根据处理器设计和制造工艺的特点进行评估和规定的。

【知识贴士】 TDP的英文全称是“Thermal Design Power”，它是反映一个处理器热量释放的指标。它的含义是当处理器达到最大负荷的时候，释放出的热量（W）。TDP技术就是降低CPU功耗的节能技术。CPU的TDP并不是CPU的真正功耗。

2.2.8 CPU产品标注识别

Intel的消费级计算机（就是常用的台式机）的CPU有酷睿、奔腾、赛扬3个系列。每一种CPU产品表面都印有标识字符，主要是生产厂家、型号、主频、缓存、工作电压等参数。认识这些参数对于选购CPU很重要。

（1）Intel处理器标注

Intel公司生产的双核CPU的数字和字母标注如图2-42所示。图中画横线处标注的含义：主频是1.86GHz，二级缓存2MB，前端总线1066MHz。

图2-42 Intel公司生产的双核CPU标注

以往酷睿处理器往往使用i3/5/7/9-××××+字母的命名方式，具体型号由4位数字与1位字母组成，上文已经介绍了。

下面介绍最新的十代酷睿系列处理器，其产品的命名采用：型号（i9/7/5/3）+“-”+代数+编码+后缀。酷睿系列处理器产品的命名如图2-43所示。

图2-43 酷睿系列处理器产品的命名

以Core i7-10710K为例：

① i7表示型号，是酷睿系列的品牌修饰符，包括i3、i5、i7、i9，数字越大表示提供的性能级别越高。

② 10710：10是代次指示符，这是第十代处理器；710代表CPU开发顺序编码，越大表示越新。

③ K：产品线后缀。用于区分CPU的功能。其他常见的后缀还有KS、KF、F和无后缀。详细说明如下：

a. KS，支持超频，主频比K系列更高，是特别发行版。例如：i9-13900KS/12900KS。

b. K，支持超频，带核心显卡。例如：i9-13900K、i7-13700K、i5-13600K。

c. KF，支持超频，无核心显卡，必须搭配独立显卡才能使用。例如：i9-13900KF、i7-13700KF/12700KF、i5-13600KF。

d. F，不支持超频，无核心显卡，必须搭配独立显卡才能使用。例如i9-13900F、i7-13700F、

i5-13400F、i3-13100F。

e. 无后缀，不支持超频，有核心显卡，有无独显均可正常开机。例如i9-13900、i7-13700、i5-13400、i3-13100。

（2）AMD处理器标注

AMD的CPU型号命名规则看起来复杂，但其实遵循一定的逻辑。下面介绍Ryzen系列的分级、代数与型号，以及后缀含义来认识AMD的Ryzen系列CPU。

① 分级。AMD的主流处理器分为Ryzen 3、Ryzen 5、Ryzen 7和Ryzen 9四个系列，数字越大，性能越强。

Ryzen 3：入门级，适合基本的日常使用和轻度的多任务处理。

Ryzen 5：中端，适合日常使用和一些要求不是很高的游戏和应用。

Ryzen 7：高端，适合要求较高的游戏和专业工作，如视频编辑。

Ryzen 9：旗舰级，提供顶级性能，适合极端的多任务处理和专业级应用。

② 代数和型号。

代数：Ryzen型号中的第一个数字代表其代数，例如Ryzen 5 3600中的“3”代表第三代Ryzen。

型号：紧随代数的三位数字表示具体的型号，数字越大，性能通常越强。

③ 后缀。

X：表示性能加强版，拥有更高的基础和睿频速度，适合追求更高性能的用户。

G：表示该CPU内置了Radeon Vega图形处理器，适合不打算购买独立显卡的用户。

XT：相对于X版本，进一步提升了性能。

U：表示低功耗版本，常见于笔记本电脑。

如想了解详细信息可查阅相关文献资料。

【知识贴士】了解国产CPU：

① 龙芯——“血统纯正”的国产CPU。龙芯从2002年起成为国产CPU的代表产品，有龙芯1号、龙芯2号、龙芯2E、龙芯3号等。2019年发布的龙芯3A4000/3B4000，为28nm工艺，4核4线程，主频1.8~2.0GHz，支持DDR4内存。

② 申威/飞腾——有军方背景。申威SW26010，260核心，64位架构。

2020年发布的申威SW 3232是32核服务器CPU，主频2.2~2.5GHz，单芯片最大支持主存容量达到2TB。

③ 海光——政策驱动下的后起新秀。AMD将于2017年6月上市的Zen微架构CPU技术授权予海光。海光于2020年2月正式推出C86系列CPU——C86-3185和C86-7185。C86-7185等于第一代EPYC 7500系列CPU，为14nm工艺，32核心64线程，主频2.0GHz起跳。

④ 海思（Hisilicon）——民营芯片企业的佼佼者。华为旗下公司海思研发的麒麟CPU广泛用于智能手机，华为P20手机就用麒麟970CPU。麒麟970CPU采用了台积电10nm工艺，是全球首款内置独立NPU（神经网络单元）的CPU。最新的麒麟9000用于高端手机。

2.2.9 CPU风扇

CPU风扇根据工作原理不同，可以分为风冷式、热管散热式、水冷式、半导体制冷和液态氮制冷等几种，常用的散热器仍然是风冷式风扇。风冷式风扇主要由散热片、风扇和扣具等构成。风冷式风扇结构如图2-44所示。

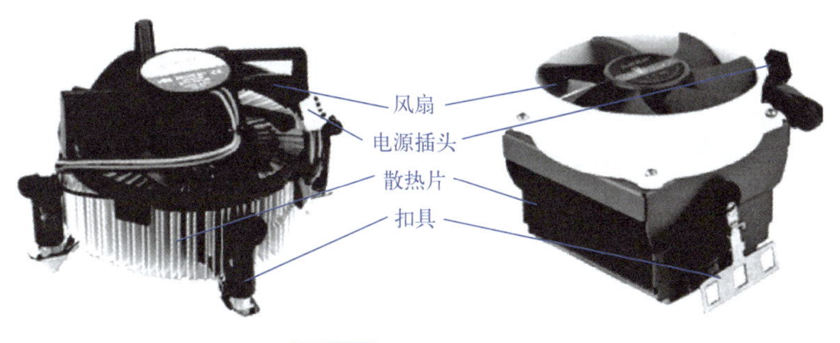

图2-44　风冷式风扇结构

热管散热器分为有风扇主动式和无风扇被动式两种，其结构如图2-45所示。

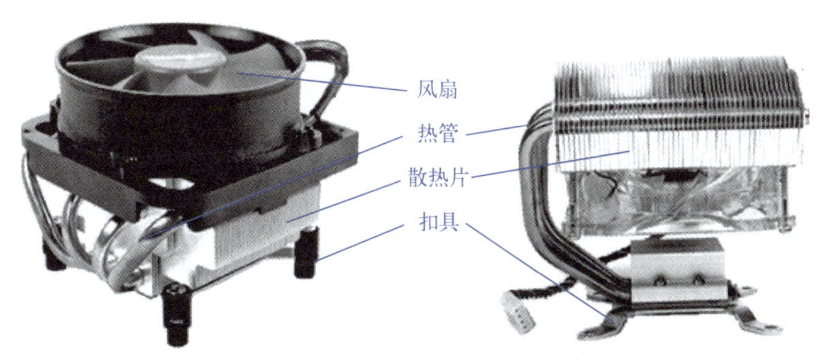

图2-45　热管散热器结构

认识主板芯片组作用及驱动安装

【任务实施】

CPU是计算机硬件系统关键部件，选购CPU要从以下几个方面着手。

第一步：了解CPU的生产厂家

AMD公司和Intel公司的CPU相比，AMD的CPU在三维制作、游戏应用和视频处理方面比较突出，Intel的CPU在商业应用、多媒体应用、平面设计方面有优势。综合来看，Intel公司的比AMD公司的有优势，但价格方面，AMD公司的更便宜。

第二步：确定散装还是盒装

散装和盒装没有本质区别，质量上是一样的，主要差别是质保时间的长短以及是否带散热风扇。一般而言，盒装CPU保修期要长一些，通常为三年，而且附带质量比较好的散热风扇；散装的CPU质保时间一般是一年，不带风扇。

第三步：确定购买时机

一款CPU刚发布，价格肯定较高，但技术未必成熟，所以可以选择经过市场检验、技术相对成熟的CPU。

第四步：分辨是真品还是赝品

Intel公司CPU的鉴别方法：先看封装线，正品盒装的Intel CPU的塑料封纸的封装线不可能在盒右侧条形码处，如果发现在条形码处就可能是赝品；其次看水印，Intel公司在处理器包装盒上包裹的塑料薄膜使用了特殊的印刷工艺，薄膜上“Intel Corporation”的水印文字很牢固，用指甲是刮不下来的，假盒装处理器上的水印能擦下来；最后看激光标签，正品盒装处理器外壳左侧的激光标签处采用了四重着色技术，层次丰富，字迹清晰。也可以拨打Intel公司的查询热线查询真伪。

项目评价与反馈

表2-1为认识主板与CPU评分表，请根据表中的评价项和评价标准，对完成情况进行评分。学生完成评分后教师再根据学生完成情况进行评分。其中：学生自评占40%，教师评分占60%。

表2-1 认识主板与CPU评分表

班级：		姓名：		学号：	
评价项	评价标准	项目占比	学生自评	教师评分	得分
选购主板	依据国内外权威的计算机部件评测网站，结合主板当前市场品牌、技术指标、价格及需求等进行综合评价	45			
选购CPU	依据国内外权威的计算机部件评测网站，结合CPU当前市场品牌、技术指标、价格及需求等进行综合评价	45			
专业素养	各项的完成质量	10			
总分		100			

思考与练习

1. 主板由哪些部分组成？
2. 主板有哪些一线品牌？主板的主要性能指标是什么？
3. 当前市场上最新的CPU采用哪些新技术？CPU的主要性能指标是什么？
4. 如何选购性价比高的CPU和主板？
5. 睿频与超频有什么区别？
6. 什么是CPU的核心和线程？
7. 查阅有关资料，说明以下CPU型号表示什么含义。

① AMD R5-3600X。

② Intel i5-1600KF。

项目3 存储设备认识与选购

项目导入

存储器是计算机重要的组成部分，计算机的系统程序及应用程序运行离不开存储设备（存储器），其分为外存储器和内存储器。要熟悉内、外存储器的分类、组成及主要技术指标，并能够根据品牌、价格等需求选购出高性价比的计算机存储产品。

学习目标

知识目标：

① 了解内存的性能、分类及性能指标；
② 了解硬盘、光驱的分类及性能指标；
③ 了解移动存储设备的分类及主要性能指标。

能力目标：

① 能根据需求选购内存，会安装与拆卸内存；
② 能根据需求选购硬盘，会安装与拆卸硬盘；
③ 能根据需求选购移动存储设备。

素养目标：

① 通过资源学习，养成自主学习的习惯；
② 通过项目实施，形成吃苦奉献的良好品质；
③ 通过小组合作，提高团队协作意识及语言沟通能力；
④ 通过调研认识各类存储器的性能指标，树立精益求精的工匠精神。

任务3.1 认识内存

【任务描述】

知晓内存的结构组成与类型，了解内存的封装、主要技术指标，根据需求选购市场上性价比高的内存。

【必备知识】

3.1.1 内存概述

内存也称主存或内存储器，用于暂时存放CPU的运算数据或与硬盘等外部存储器交换的数据。它主要表现为三种形式：RAM（随机存储器）、ROM（只读存储器）、Cache（高速缓冲存储器，简称高速缓存）。经常用到的内存品牌有：海盗船、Kingston（金士顿）、Kingmax（胜创）、APACER（宇瞻）、三星（Samsung）、现代（HYNIX）等。

任何程序要想被执行，必须首先调入内存，并在执行的过程中不断把所需要的数据调入内存，把执行过程中产生的临时数据信息和最终得到的结果信息写入内存。在这个过程中，使用最多的就是随机存储器（RAM），可以说程序主要是在RAM中进行数据交换。

（1）ROM

ROM（Read Only Memory，只读存储器），只能从中读取信息而不能任意写信息。ROM具有掉电后数据可保持不变的优点，多用于存放一次性写入的程序或数据，如BIOS。

（2）RAM

RAM（Random Access Memory，随机存储器），存储的内容可通过指令随机读写访问，RAM中的数据在掉电时会丢失，因而只能在开机运行时存储数据。

（3）高速缓存

高速缓存（Cache）的作用主要是用于在CPU和主存之间建立一个中间速度的缓冲区间，加快数据的读写速度。高速缓存一般含在CPU中。

3.1.2 内存的分类

内存是指计算机系统中存放数据与指令的半导体存储单元，其中RAM是最主要的存储器，通常所说的内存也就是指RAM。RAM一般又可以分为两大类型：SRAM（静态随机存储器）和DRAM（动态随机存储器）。SRAM的读取速度快，但造价昂贵，一般被用作计算机中的高速缓存。DRAM虽然读写速度慢，但它的价格低，集成度高，故比较便宜，作系统所需的大容量“主存”。下面主要介绍DRAM内存的分类。

（1）FPM DRAM

FPM DRAM（Fast Page Mode DRAM，快速页面模式动态随机存储器）是较早期（386、486时代）使用的一种内存，采用30线[1]或72线SIMM类型的接口，工作电压为5V，带宽为32位，基本速度为60ns以上，大约每隔3个时钟周期传送一次数据。FPM DRAM内存如图3-1所示，该种内存现在已经被淘汰。

（2）EDO DRAM

EDO DRAM（Extended Data Out DRAM，扩展数据输出动态随机存储器）内存如图3-2所示，是FPM DRAM内存的替代产品，由Micron（美光）公司开发，有72线和168线之分。EDO DRAM的工作电压为5V，带宽为32位，基本速度为40ns以上。它不需要像FPM DRAM内存那样每次传送数据都需要等待资料的读写操作完成，只

图3-1 FPM DRAM内存

[1] 内存条接口称为线，所谓多少“线”是指内存条与主板插接时有多少个接点，俗称“金手指”。

要规定的存取时间一到就可以读取下一个传送地址了，因此，EDO DRAM内存缩短了存取时间。EDO DRAM内存现在已经被淘汰。

(3) SDRAM

SDRAM（Synchronous DRAM，同步动态随机存储器）是一种与CPU外频时钟同步的内存模式。它采用168线的DIMM类型接口，工作电压为3.3V，带宽为64位，基本速度可达7.5ns。随着DDR内存的推出，SDRAM内存已退出市场。图3-3所示为SDRAM内存。

图3-2 EDO DRAM内存

图3-3 SDRAM内存

(4) RDRAM (Rambus DRAM)

RDRAM是美国的Rambus公司开发的一种内存。与DDR和SDRAM不同，它采用了串行的数据传输模式。RDRAM的数据存储位宽是16位，远低于DDR和SDRAM的64位，但在频率方面则远远高于二者。同样是在一个时钟周期内传输两次数据，能够在时钟的上升期和下降期各传输一次数据，内存带宽能达到1.6GB/s。

RDRAM的频率一般可达到800MHz，但要使用该内存，必须对内存控制器做较大的改变，而且该内存昂贵，故在PC上很少使用，它主要用在专业的图形加速适配卡或电视、游戏机的视频内存中。图3-4所示为一款RDRAM内存。

(5) DDR SDRAM (Double Data Rate SDRAM)

DDR SDRAM就是通常所说的DDR内存，全称为双倍数据速率同步动态随机存储器。DDR内存与SDRAM相似，只不过它在系统时钟的上升沿和下降沿都能传输数据，这样就能够将DRAM的数据传输速率（也称数据速率或数据传输率）提高1倍，即DDR内存的数据传输速率是普通SDRAM的2倍。作为SDRAM内存的换代产品，DDR内存除了速度上比SDRAM快1倍外，它还采用DLL（Delay Locked Loop，延时锁定回路）提供了一个数据滤波信号。从外观上看，DDR内存只有一个卡口，SDRAM内存一般有两个卡口，这是两种内存最明显的区别。DDR SDRAM内存是目前内存市场上的主流产品。图3-5所示为DDR SDRAM内存。

图3-4 RDRAM内存

图3-5 DDR SDRAM内存

(6) DDR2内存

DDR2内存能够提供比传统SDRAM内存快4倍、比DDR内存快2倍的数据传输速率，DDR2内存在总体上仍保留了DDR内存的大部分特性，所做的改进主要体现在以下5个方面。

① 改进针脚设计。DDR2内存在外观、尺寸上与目前的DDR内存几乎完全一样（DDR2内存的下端也只有一个卡口，但卡口的位置与DDR内存卡口的位置不同，所以DDR2内存与DDR内存不能混插），但为了保持较高的数据传输率，DDR2内存对针脚进行了重新定义，采用了双向

数据控制针脚，针脚数由184pin变为了240pin（其实DDR2的针脚数还有200pin、220pin两种，240pin的主要用于桌面PC系列）。

② 更小的封装。目前的DDR内存多采用TSOP封装和FBGA封装，而DDR2采用的是更为先进的CSP无铅封装技术，芯片面积与封装面积之比接近理想比值1∶1，使得单条DDR2内存的容量增大，而且在抗噪性、散热性、可靠性和稳定性等几个方面都要优于DDR内存。

③ 更低的工作电压。DDR2内存采用了先进的制造工艺，工作电压降至1.8V，这样，DDR2内存在功耗和发热量上都比DDR内存要低得多。

④ 更低的延迟时间。DDR2内存的延迟时间相对于DDR内存来说大大降低了，介于1.8～2.2ns（DDR内存的延迟时间为2.9ns），从而使DDR2内存达到更高的工作频率（1GHz以上）。

⑤ 采用4位预读取功能。DDR2内存在DDR内存的基础上新增了4位数据预读取的特性，即增强了预读取操作的能力，这是DDR2内存的关键技术之一。这种技术的实现，使得DDR2内存的数据传输率提高到了DDR内存的2倍。

DDR2内存如图3-6所示。

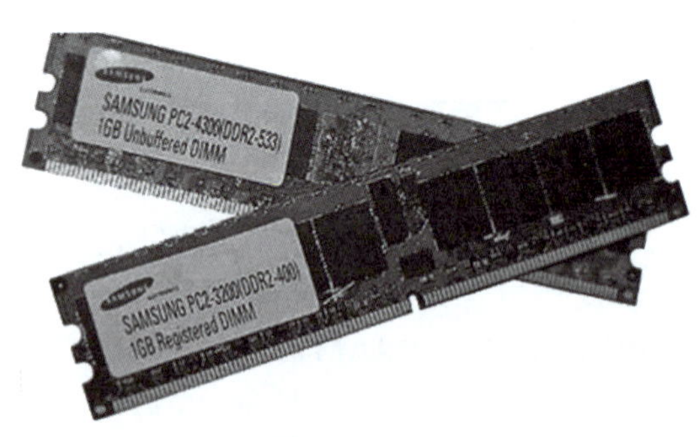

图3-6 DDR2内存

（7）DDR3内存

DDR3内存与DDR2内存相比工作电压更低，从DDR2内存的1.8V降低到1.5V，性能更好，更为省电；DDR3内存目前最高能够达到1600MHz的频率；DDR3内存将比现时DDR2内存节省30%的功耗。所做的改进主要体现在以下几个方面。

① 8位的预读取设计，而DDR2内存为4位预读取，这样DRAM内核的频率只有等效数据频率的1/8，DDR3-800的核心工作频率（内核频率）只有100MHz。

② 采用点对点的拓扑架构，以减轻地址/命令与控制总线的负担。

③ 采用100nm以下的生产工艺，将工作电压从1.8V降至1.5V，增加异步重置（Reset）与终端电阻校准功能。

DDR3内存如图3-7所示。

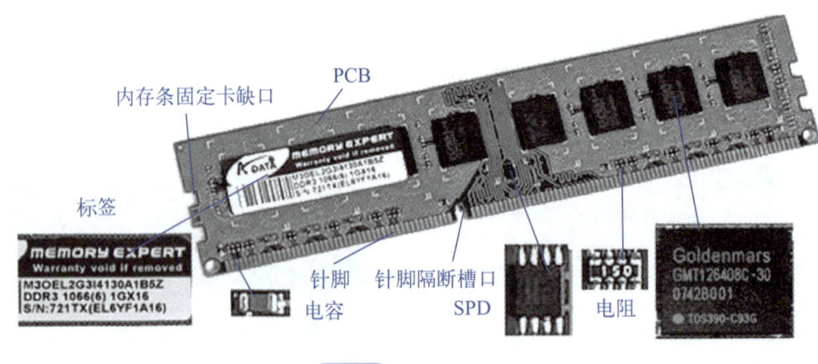

图3-7 DDR3内存

（8）DDR4内存

DDR4内存由芯片、散热片和“金手指”等部分组成。相比DDR3内存，性能提升有4点，即：数据传输速度可达3200Mbit/s，甚至更高；单条最大容量可达128GB，而DDR3内存一般最大为32GB；更可靠的传输规范，数据可靠性进一步提升；工作电压降为1.2V，更节能。DDR4内存如图3-8所示。

（9）DDR5内存

DDR5内存是计算机最新的内存规格。与DDR4内存相比，DDR5内存标准性能更强，功耗更低。标准频率4800MHz，峰值频率6400MHz。具有双32位寻址通道，就是将DDR5内存模组内部64位数据带宽分为两路带宽，分别为32位的可寻址通道，从而有效地提高了内存控制器进行数据访问的效率，同时减少了延迟。其他变化还有：电压从1.2V降低到1.1V，同时每通道32/40位（ECC），总线效率提高，增加预读取的模组数量以改善性能等。金典DDR5内存如图3-9所示。

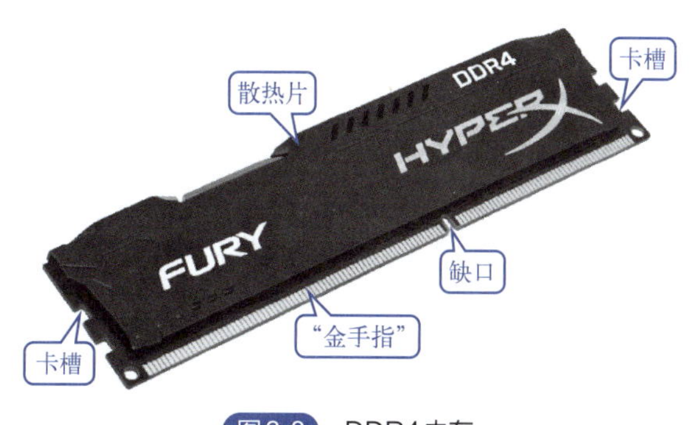

图3-8　DDR4内存

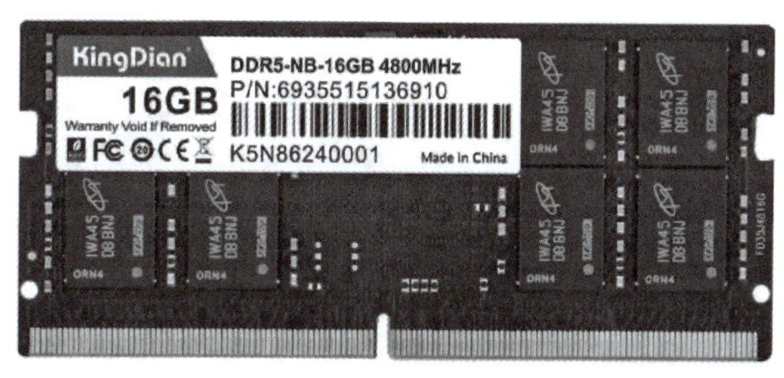

图3-9　金典DDR5内存

（10）六种常见内存比较

下面从工作电压、引脚数、工作频率、预读位数和封装工艺五个方面将六种常见内存作比较，如表3-1所示。

机械硬盘工作原理

表3-1　六种常见内存比较

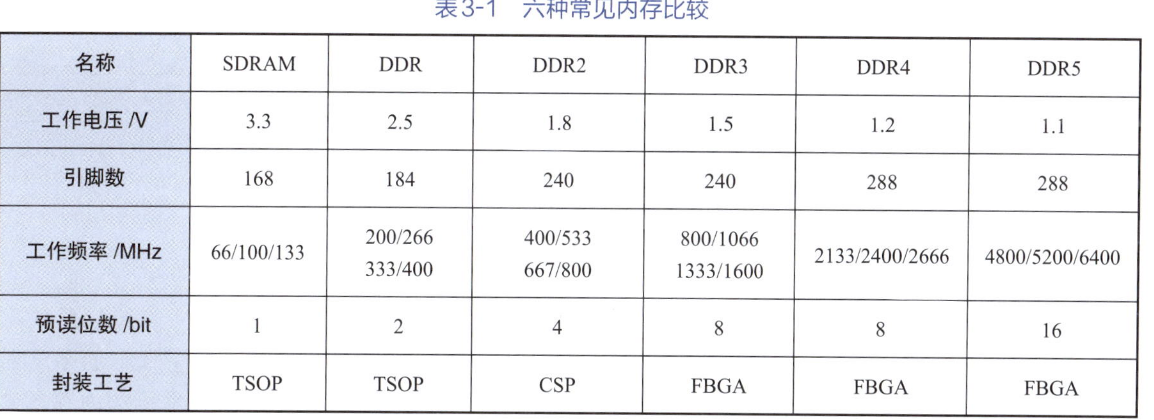

名称	SDRAM	DDR	DDR2	DDR3	DDR4	DDR5
工作电压 /V	3.3	2.5	1.8	1.5	1.2	1.1
引脚数	168	184	240	240	288	288
工作频率 /MHz	66/100/133	200/266 333/400	400/533 667/800	800/1066 1333/1600	2133/2400/2666	4800/5200/6400
预读位数 /bit	1	2	4	8	8	16
封装工艺	TSOP	TSOP	CSP	FBGA	FBGA	FBGA

【知识贴士】2020年10月，韩国存储巨头SK海力士宣布，正式发布全球第一款DDR5内存。2023年11月28日，长鑫存储推出了最新LPDDR5 DRAM存储芯片，是国内首家推出自主研发生产的LPDDR5产品的品牌，实现了国内市场零的突破。

3.1.3　内存的结构与封装

（1）内存的结构

内存发展到今天，已进入了DDR时代。此处便以主流的DDR内存来介绍内存的结构。图3-10所示为一根DDR内存条的结构。

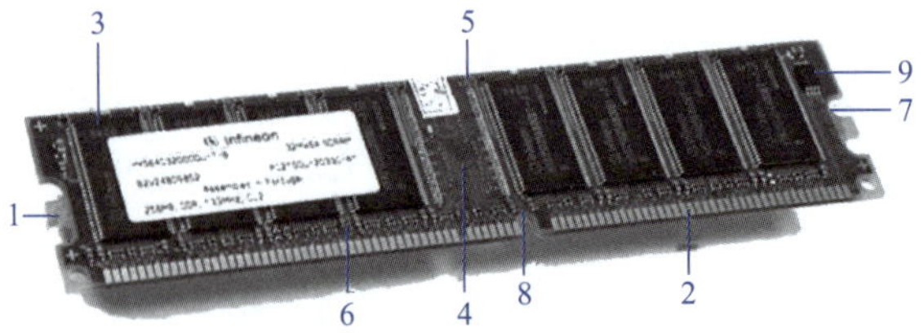

图3-10 DDR内存条的结构

DDR内存的组成部分说明如表3-2所示。

表3-2 DDR内存的组成部分说明

标注	部件名称	说明
1	PCB	为绿色，4层或6层的电路板，内部有金属布线，6层设计要比4层的电气性能好，性能更稳定，名牌内存多采用6层设计
2	“金手指”	金黄色的触点，与主板连接的部分，数据通过“金手指”传输。“金手指”是铜质导线，易氧化，要定期清理表面的氧化物
3	内存芯片	是内存的核心，决定着内存的性能、速率、容量等，也叫作内存颗粒。市场上内存种类很多，但内存颗粒的型号却并不多，常见的有Hynix、KingMax、Winbond、Samsung、MT等几种品牌，不同品牌的内存颗粒的速率、性能也不尽相同
4	内存颗粒空位	此处预留的是一个EC位置
5	电容	是PCB上必不可少的电子元件之一。一般采用贴片式电容，可以提高内存条的稳定性，提高电气性能
6	电阻	是PCB上必不可少的电子元件之一，也采用贴片式设计
7	内存固定卡缺口	内存插到主板上后，主板内存插槽的两个夹子便扣入该缺口，可以固定内存条
8	内存脚缺口	防止反插，也可以区分以前的SDRAM内存条，以前的SDRAM内存条有两个缺口
9	SPD	是一个8脚的小芯片，实际上是一个EEPROM。有256B的容量，每一位都代表特定的意思，包括内存的容量、组成结构、性能参数和厂家信息

（2）内存的封装

平时所看到的内存其实并不是内存真正的面貌和大小，而是内存芯片经过“封装”后的产品。像CPU一样，封装是内存至关重要和必不可少的一道程序。封装可以隔离空气中的杂质对内存芯片电路的腐蚀，便于安装和运输，良好的封装也会提高内存芯片的性能。常见的内存封装方式有DIP、TSOP、BGA等几种。

① DIP。DIP（Dual In-line Package，双列直插封装）是内存最初的封装方式。DIP的封装面积与芯片面积的比值远远大于1，所以封装效果很差。DIP一般是长方形，针脚从长边引出来，且针脚数量一般为8～64针（pin），抗干扰能力很差，此种封装方式很快就被淘汰了。采用DIP的内存芯片如图3-11所示。

② TSOP。TSOP（Thin Small Outline Package）中文意思为薄型小外形封装。TSOP技术出现于1980年，在当时，TSOP技术以高频应用、操作方便和可靠性高三个方面的优点而受到厂商和用户的青睐。TSOP技术广泛地应用于SDRAM内存的制造上，一些著名的厂商，如三星、现代、Kingston等都是采用该种封装技术进行内存封装的。随着技术的不断进步，TSOP也暴露出了一些弱点，如：芯片引脚焊点与PCB的接触面积小，不利于内存芯片向PCB传热；TSOP内存的工作频率超过150MHz后，会产生较大的信号干扰和电磁干扰。这些弱点使得TSOP技术越来越不适

用于高频、高速内存的需求。图3-12所示为采用TSOP技术的内存芯片。

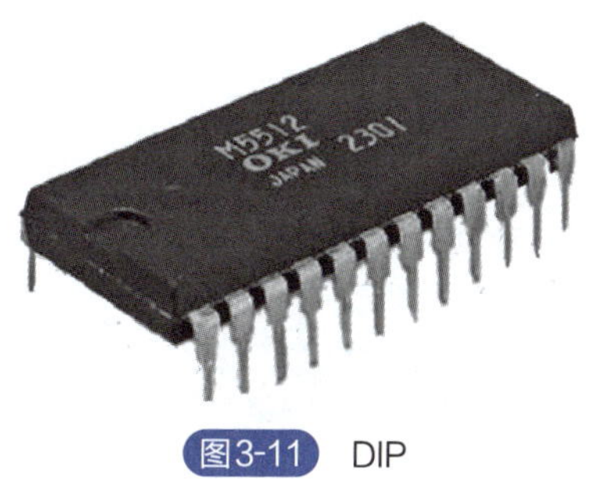

图3-11 DIP

图3-12 TSOP

③ BGA封装。BGA（Ball Grid Array，球栅阵列）封装简称为球形封装。BGA封装能用可控塌陷芯片法焊接，电热性能得到改善；此种封装内存的厚度和重量减小，信号传输延迟小，工作频率大大提高；相同容量的内存，采用BGA封装技术的体积只有TSOP的1/3。图3-13所示为采用BGA封装方式的内存芯片。

图3-13 BGA封装方式

BGA封装技术还有两种特殊版本：一种是KingMax公司推出的Tiny-BGA封装（小型球栅阵列封装），它可以视为一种超小型的BGA封装；另一种是主要应用于Direct RDRAM内存上的mBGA封装（微型球栅阵列封装）。图3-14和图3-15所示分别为采用这两种封装技术的内存芯片。

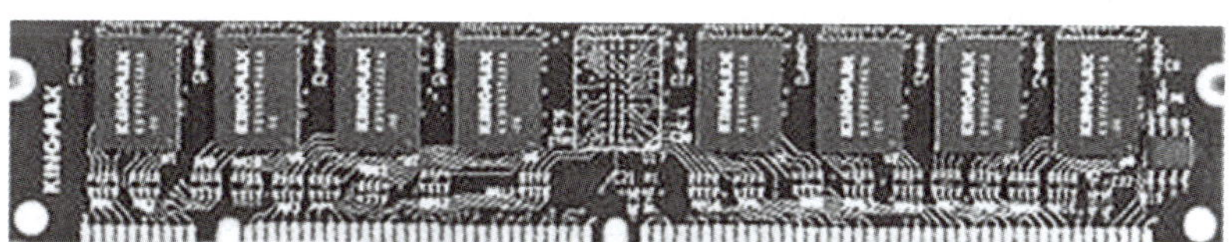

图3-14 Tiny-BGA封装方式

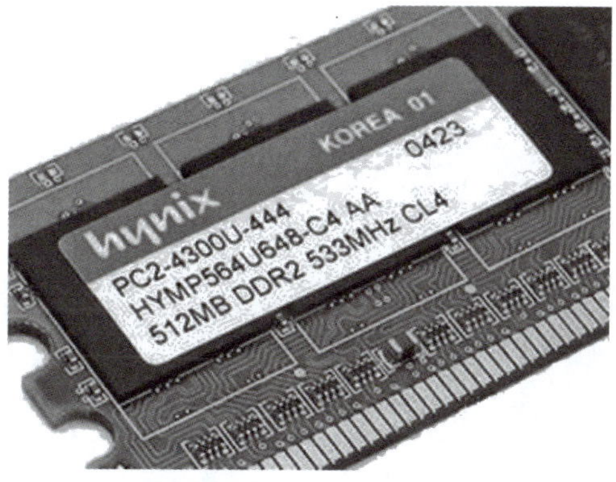

图3-15 mBGA封装方式

④ CSP。CSP（Chip Scale Package，芯片尺寸封装）是一种新的封装方式。在TSOP、BGA的基础上，CSP的性能有了很大的提升。CSP的芯片面积的绝对尺寸也只有32mm^2，仅为普通BGA封装的1/3，为TSOP的1/6。也就是说，在相同的体积下，CSP的内存条可以装入更多的内存颗粒，增大了单条内存的容量。另外，CSP的内存产品在抗噪性、散热性、电气性能、可靠性、稳定性等方面也要比其他封装形式强。CSP技术以它的绝对优势成了DRAM产品中最具有革命性变化的内存封装工艺。图3-16所示为采用CSP的内存。

图3-16 CSP

3.1.4 内存的接口方式

内存的接口方式是根据内存条“金手指”上导电触片（也叫作针脚或线，英文为pin）的数量来划分的。不同的内存采用的接口方式不相同，每个接口方式采用的针脚数也不尽相同。如台式机内存早期一般使用30线、72线、168线、184线、240线和288线的接口，笔记本内存则一般使用200线和204线的接口。使用不同针脚数的内存，在主板上对应的插槽也各不相同。下面介绍台式机接口的三种类型：SIMM（早期的30线、72线的内存使用），DIMM（168线、184线、240线、288线的内存使用），RIMM（RDRAM内存条使用）。

（1）SIMM

内存条通过“金手指”与主板相连，正反两面都有“金手指”，这两面的“金手指”可以传输不同的信号，也可以传输相同的信号。SIMM（Single In-line Memory Module，单列直插内存模块）属于“金手指”两面都提供相同信号的内存结构。早期的FPM（快速页面模式）内存和EDO内存多使用此种结构，而且传输数据宽度不尽相同，最开始一次能传输8位数据，后升到16位、32位。传输8位和16位的SIMM使用30线接口，传输32位的SIMM则使用72线接口。图3-17所示为采用30线接口的内存，图3-18所示为采用72线接口的内存。

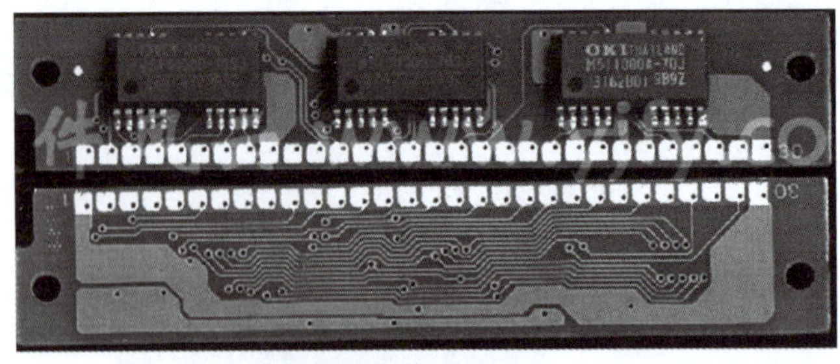
图3-17 30线接口的内存

图3-18 72线接口的内存

（2）DIMM

DIMM（Dual In-line Memory Module，双列直插内存模块）与SIMM相比，“金手指”的两面传输的是各自独立的不同的信号，这样，DIMM便于满足更多数据信号的传递需要。在DIMM下，又有三种不同的接口：一为SDRAM内存使用的168线接口，二为DDR SDRAM内存使用的184线接口，三为DDR2内存使用的240线接口。普通的SDRAM内存使用168线接口，“金手指”每面有84线，且有两个卡口，可以防止反插。DDR SDRAM使用184线接口，下端只有一个卡口，“金手指”每面各有92线。卡口数量不同是普通SDRAM内存与DDR SDRAM内存最明显的区别。DDR2内存使用240线接口，“金手指”每面有120线，其下端也只有一个卡口，但卡口位置与DDR SDRAM内存的稍有不同，DDR SDRAM内存是插不进DDR2的插槽中的，两者不能混插。图3-19～图3-22所示分别为168线、184线、240线和288线接口的内存。

图3-19　168线接口的内存

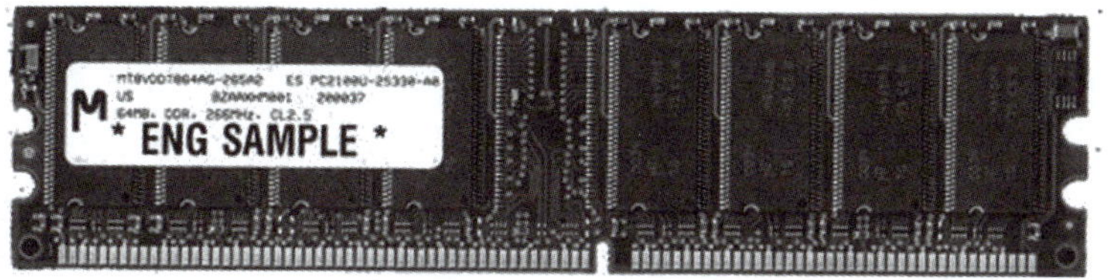

图3-20　184线接口的内存

图3-21　240线接口的内存

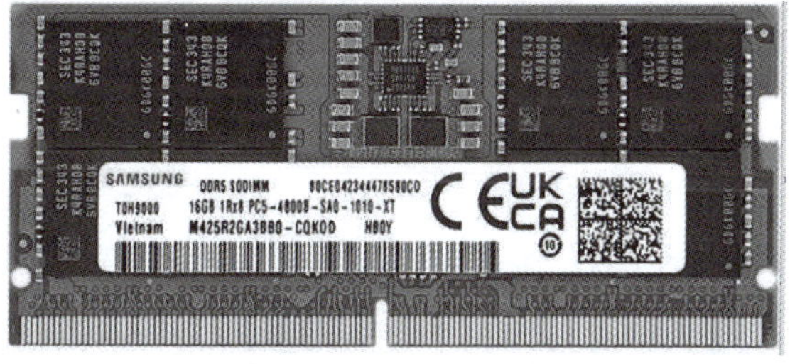

图3-22　288线接口的内存

（3）RIMM

RIMM（Rambus In-line Memory Module，Rambus直插内存模块）是Rambus生产的RDRAM内存所采用的接口类型。RIMM与DIMM在外形尺寸上差不多，“金手指”也同样是双面的，也有184线的针脚。只不过RIMM内存在“金手指”的中间部分有两个靠得很近的卡口。由于RDRAM内存造价太高，故市场上很少见到RDRAM内存条和RIMM接口。图3-23所示为RIMM接口的RDRAM内存。

图3-23　RIMM接口的RDRAM内存

3.1.5　内存参数识别

内存条参数体现在一张标签纸，如图3-24所示。如16GB 2R×8 PC4-2400T-SE1-11，其中各部分含义如下。

图3-24　内存条参数标签

① 16GB：内存容量，16GB。

② 2R×8：内存颗粒安装位置和每面数量，每面8颗，两面共16颗。

③ PC4：DDR4，3=DDR3，5=DDR5。

④ 2400：DDR4、DDR5中表示工作频率2400MHz；DDR3中表示带宽，单位MB/s。

⑤ 其他字母或数字的含义对于一般使用者意义不大。

3.1.6　内存的性能指标

要组装一台计算机，选购内存条也是非常重要的一个环节。当前主流内存包括：金士顿、宇瞻、现代、金邦科技、胜创、海盗船、黑金刚、三星、金泰克。除了品牌，衡量一个内存性能好坏的主要指标有内存容量、工作频率、数据带宽、校验、工作电压等。

（1）内存容量

内存容量是指一条内存可以容纳的二进制信息量，用GB作为计量单位。目前常见的内存单条容量为2GB、4GB、8GB，早期还使用过128MB、256MB、512MB的单条内存。现在内存单条容量最大可以达到16GB以上。目前装机大多选配单条18GB或16GB的内存。

（2）工作频率

内存的工作频率表示的是内存传输数据的频率，一般用MHz作为计量单位。内存工作频率是衡量内存性能的较简单而又直接的指标，它表示该内存条能在多大的外频下工作。内存工作频率越高，在一定程度上代表着内存所能达到的速度越快。由于内存本身并没有晶体振荡器，故内存的实际工作频率由主板决定。一般情况下，内存的工作频率与主板的外频相一致，通过调节主板上CPU的外频也就调整了内存的实际工作频率。内存有两种工作模式：一种是同步工作模式，此时内存的工作频率与CPU外频一致；另一种是异步工作模式，此时内存的工作频率与CPU外频会存在一些差异，这种差异的存在可以避免出现以往因超频而导致的内存瓶颈现象。目前的主板芯片组几乎都支持内存异步工作模式。

（3）数据带宽

数据带宽是指内存的数据传输速率，也就是内存一次能处理的数据宽度，它是衡量内存性能的重要标准。通常情况下，PC 100的SDRAM在额定频率（100MHz）下的峰值带宽可达到800MB/s。PC 133的SDRAM工作在133MHz下，则可达到1.06GB/s的带宽，比PC 100高出了200MB/s多。对于DDR内存而言，由于它在同一时钟的上升沿和下降沿都能传输数据，所以工作在133MHz时，其数据带宽可达到2.1GB/s，相当于普通SDRAM内存工作在266MHz下所拥有的带宽。内存数据带宽的计算公式是：

数据带宽=（内存的数据传输频率×内存数据总线位数）÷8

（4）奇偶校验与ECC

内存是一种电子器件，在工作过程中难免会出现错误。内存错误对一些稳定性要求极高的用户来说可能是致命的。根据错误的原因，可以把内存错误分为硬错误和软错误，硬错误是无法纠正的，软错误则可以检测并纠正。奇偶校验是最早使用的内存软错误的检测方法。内存的最小单位是位（bit），用0和1分别表示该位上的两种状态。每8个连续的位构成一个字节。不带奇偶校验的内存每个字节只有8位，若某一位上存储的数据出错，就会导致程序出错，而且这种错误无法检测。奇偶校验就是在每个字节（8位）以外再增加一位作为错误校验位，该位用来记录这个字节上8个位的状态和值的奇偶性。当CPU读到该字节时，会自动把这个字节各个位上的状态值相加，再与奇偶校验位上的值相对比，看看是否一致，若不一致就说明数据出错了。奇偶校验方法只能从一定程度上检测出内存软错误，但不能进行纠正，而且不能检测出双位错误。

另外一种方法是ECC（Error Checking and Correcting，错误检查和校正）。ECC同样也是在数据位上额外增加一位，用来存储一个用数据加密的代码。在数据被写入内存的同时，相应的ECC代码也被保存下来，当重新读回刚才存储的数据时，保存下来的ECC代码就会与读数据时产生的ECC代码作比较，若不相同则说明出错，此时两个ECC代码都会被解码，以确定数据中的错误位，然后丢掉这个错误位，同时从内存控制器中释放出正确的数据来填补该错误位，从而达到纠正错误的目的。使用ECC的内存会对系统性能造成不小的影响，但这种校验、纠错功能十分重要，所以带ECC的内存的价格要比普通内存的昂贵许多。

（5）CAS的延迟时间

CAS（Column Address Strobe，列地址控制器）的延迟时间就是指内存纵向地址脉冲的反应时间，用CL（CAS Latency，CAS潜伏期）来表示。其实无论何种内存，在数据传输前都有一个等待传输请求的响应时间，这就造成了传输的延迟时间。CL设置在一定程度上反映出了该内存在CPU接到读取内存数据的指令后，到正式开始读取数据所需要的等待时间。对同频率的内存，CL设置低的更具有速度优势。CL参数值一般有2和3两种（即读取数据的延迟时间为2个和3个时钟周期）。数字越小，代表延迟时间越短。

（6）工作电压

工作电压是指内存正常工作时所需要的电压值，不同类型的内存电压也不同，各有各的规格，不能超出规格，否则会损坏内存。SDRAM内存的工作电压一般在3.3V左右，上下浮动不超过0.3V；DDR SDRAM内存的工作电压一般在2.5V左右，上下浮动不超过0.2V；DDR2内存的工作电压一般在1.8V左右；DDR3内存工作电压一般在1.5V左右；DDR4内存工作电压一般在1.2V左右；DDR5内存工作电压一般在1.1V左右。

（7）SPD

SPD（Serial Presence Detect，串行存在探测）是一个8针的EEPROM（电可擦写可编程只读存储器）芯片，位置一般处在内存条正面的右侧，里面记录了诸如内存的速度、容量、电压、行和列地址、带宽等参数信息。当开机时，BIOS会自动读取SPD中记录的信息。如果没有SPD，就容易出现死机和致命错误的现象。SPD更是识别PC 100内存的一个重要标志。

【知识贴士】DDR5和DDR4内存是两种不同代的内存标准，它们在工作电压、频率和带宽、密度和容量、信号完整性技术以及插槽和兼容性等多个方面有一些显著的区别。二者不能混插，完全不兼容。

【任务实施】

下面给出挑选内存的主要步骤。

第一步：应确定主板是否支持该类型内存

第二步：挑选内存条还需考虑类型、频率、容量、品牌与质量、兼容性及价格等因素

① 容量和频率。根据电脑配置和用途选择合适的内存容量和频率，例如，对于一般办公、学习和娱乐等日常应用，16GB内存已经足够满足需求。内存频率是影响内存性能的关键因素之一。一般来说，内存频率越高，数据传输速度越快，计算机的性能也就越好。然而，频率的提升也伴随着成本的增加。对于高性能游戏或视频编辑，需要更大的内存容量和更高的频率。因此，挑选内存条时，要根据自己的实际需求来选择合适的内存容量和频率。

② 类型和标准。确认内存的类型，如DDR4或DDR5，DDR4适合普通用户，DDR5适合专业需求。选择与主板和CPU兼容的内存类型。

③ 品牌和质量。品牌和质量是选择内存条时不可忽视的因素。知名品牌的内存条往往有着更好的质量保证和技术支持，能够为用户提供更稳定、更可靠的性能表现。

④ 兼容性与稳定性。确认内存条与主板、CPU以及其他硬件的兼容性与稳定性是非常重要的。

⑤ 线路和散热。选择线路稳定、带散热片的内存条，以保证长时间运行的稳定性。

⑥ 时序和颗粒。时序越小，性能越强；颗粒影响超频能力，应选择高品质颗粒的内存。

⑦ 价格和性价比。根据预算选择市场上性价比高的主流产品。通过市场比较、关注促销活动等方式，可以找到价格实惠且性能卓越的内存条产品。同时，也要警惕低价陷阱，确保购买到的是正品而非劣质产品。

任务3.2 认识硬盘

【任务描述】

知晓机械硬盘内部和外部的结构、逻辑结构与类型，能够了解固态硬盘的电路组成结构、特点；了解U盘、移动硬盘的特点、品牌；掌握硬盘的工作原理及主要技术性能指标，根据硬盘标签能识别硬盘；能够根据用户需求选购市场上高性价比的机械硬盘和固态硬盘。

【必备知识】

硬盘是计算机硬件系统中最重要的数据外存储设备，具有存储空间大、数据传输速度较快、安全系数较高等优点，因此计算机运行所必需的操作系统、应用程序、大量的数据等都保存在硬盘中。现在的硬盘分为机械硬盘和固态硬盘两种类型，机械硬盘是传统的硬盘类型，平常所说的硬盘都是指机械硬盘。CPU要做运算，必须要把硬盘上存储的数据取出来调入内存才能运行，所以有人把硬盘称作计算机的数据仓库。

3.2.1 机械硬盘的外观和内部结构

认识机械硬盘与固态硬盘

机械硬盘就是传统普通硬盘，主要由盘片、磁头、传动臂、主轴电机和外部接口等几个部分组成，硬盘的外形就是一个矩形的盒子，分为内外两个部分。

目前主流硬盘的尺寸为3.5in[1]。一般硬盘的正面都贴有标签，标注硬盘的一些参数；硬盘背面是一块控制电路板，上面还有一些芯片。下面主要介绍硬盘的外部结构、内部结构。

[1] 1in（英寸）=25.4mm。

（1）硬盘的外部结构

硬盘的外部尺寸有5.25in、3.5in、2.5in和1.8in等几种，其中前两种主要用于台式机，后两种主要用于笔记本计算机。5.25in的硬盘已被淘汰，目前台式机的主流硬盘尺寸为3.5in。硬盘的外部结构包括外壳、接口和控制电路板等部分。

① 外壳。硬盘的外壳与底板结合成一个密封的整体，正面的外壳保证了磁盘盘片和机构的稳定运行。在固定面板上贴有产品标签，上面印着产品型号、产品序列号、产地、生产日期等信息。外壳上还有一个透气孔，它的作用就是使硬盘内部气压与大气气压保持一致。另外，硬盘侧面还有一个向盘片表面写入伺服信号的孔。

② 接口。接口包括电源接口插座和数据接口插座两部分。其中电源接口插座与主机电源插头相连接，为硬盘正常工作提供动力。数据接口插座是硬盘数据与主板控制芯片之间进行数据传输与交换的通道。

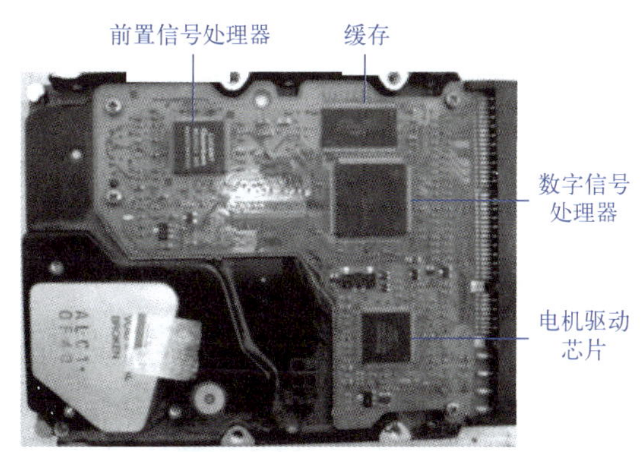

图3-25　硬盘的控制电路板

③ 控制电路板。硬盘的控制电路板一般是六层板，电路板上分布着接口芯片、缓存、数字信号处理器、前置信号处理器、电机驱动芯片、BIOS芯片、电阻、电容、电感等电子元器件，硬盘的控制电路板如图3-25所示。硬盘的控制电路板上的电子元器件大都采用贴片式焊接，包括主轴调速电路、磁头驱动与伺服定位电路、读写电路、高速缓存、控制与接口电路等。在电路板上还有一块ROM（Read Only Memory，只读存储器）芯片，里面固化的程序可以初始化硬盘，执行加电自检、启动主轴电机、磁头定位与故障检测等。在电路板上还安装有容量不等的高速数据缓存芯片，缓存对磁盘读取数据的性能有很大的作用。读写电路的作用就是控制磁头进行读写操作。磁头驱动电路直接控制寻道电机，使磁头定位。主轴调速电路可控制主轴电机带动盘体以恒定速度转动。

硬盘控制电路板上除了有许多分立电子元器件外，还有许多芯片。

a. 电机驱动芯片：用于驱动硬盘的主轴电机和音圈电机。现在的硬盘转速很高导致该芯片发热量大而容易损坏。

b. 前置信号处理芯片：用于加工处理磁头传来的信号。

c. 数字信号处理器（芯片）：是电路板上最大的芯片，用于处理主板与硬盘之间的数据通信。它的集成度很高，损坏率也较高。

d. 缓存：外形和内存条的内存芯片相似，用于加快硬盘数据的传输速率，容量一般为几兆字节。

（2）硬盘的内部结构

打开硬盘的外壳，可以看清硬盘的内部组成，它主要由磁头组件、音圈电机、盘片（磁盘）、盘片主轴驱动机构和前置读写控制电子线路等几部分组成。图3-26所示为一块硬盘内部结构。

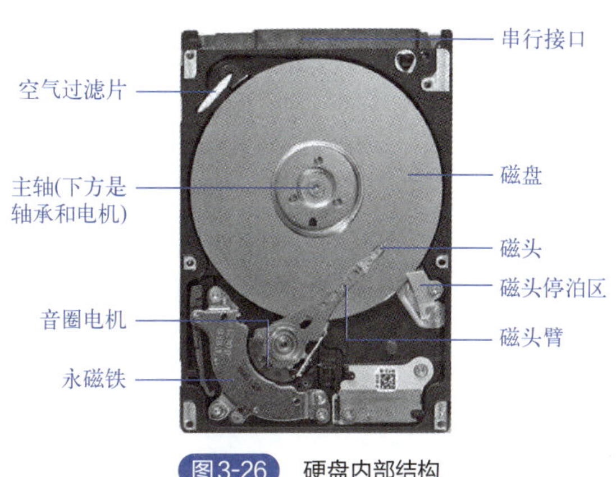

图3-26　硬盘内部结构

硬盘内部组成部件说明如表3-3所示。

表3-3　硬盘内部组成部件说明

编号	组成部分名称	说明
1	磁头组件	磁头组件是硬盘中最精密的部件之一，由磁头、磁头臂和传动轴三部分组成。磁头是硬盘技术中最重要、最关键的一环，它类似于“笔尖”。硬盘磁头采用非接触式结构，它的磁头是悬在盘片上方的，加电后可在高速旋转的盘片表面移动，与盘片的间隙只有0.08～0.3μm。硬盘磁头其实是集成工艺制造的多个磁头的组合，每张盘片的上、下方都各有一个磁头。磁头不能接触高速旋转的硬盘盘片，否则会破坏盘片表面的磁性介质而导致硬盘数据丢失和磁头损坏，因此硬盘工作时不要搬运主机
2	音圈电机	能对磁头进行正确的驱动和定位，并在很短时间内精确定位于系统指令指定的磁道，保证数据读写的可靠性
3	盘片	盘片是硬盘存储数据的载体，一般采用金属薄膜磁盘，记录密度高。硬盘盘片通常由一张或多张盘片叠放组成
4	盘片主轴驱动机构	盘片主轴驱动机构由轴承和电机等组成。硬盘工作时，通过电机的转动将盘片上用户需要的数据所在的扇区转动到磁头下方供磁头读取。电机转速越快，用户存取数据的时间就越短，从这个意义上讲，电机的转速在很大程度上决定了硬盘最终的速度。常说的5400r/min、7200r/min就是指硬盘电机的转速。轴承是用来把多个盘片串起来固定的装置
5	前置读写控制电子线路	用来控制磁头感应的信号、主轴电机调速、磁头驱动和定位等操作

3.2.2 机械硬盘的逻辑结构

前面介绍的是硬盘的物理组成。要在硬盘上以文件的方式记录信息，还必须制订相关的规则，这就涉及硬盘的逻辑结构划分。机械硬盘逻辑结构如图3-27所示。硬盘从逻辑上划分，包括下面几个部分。

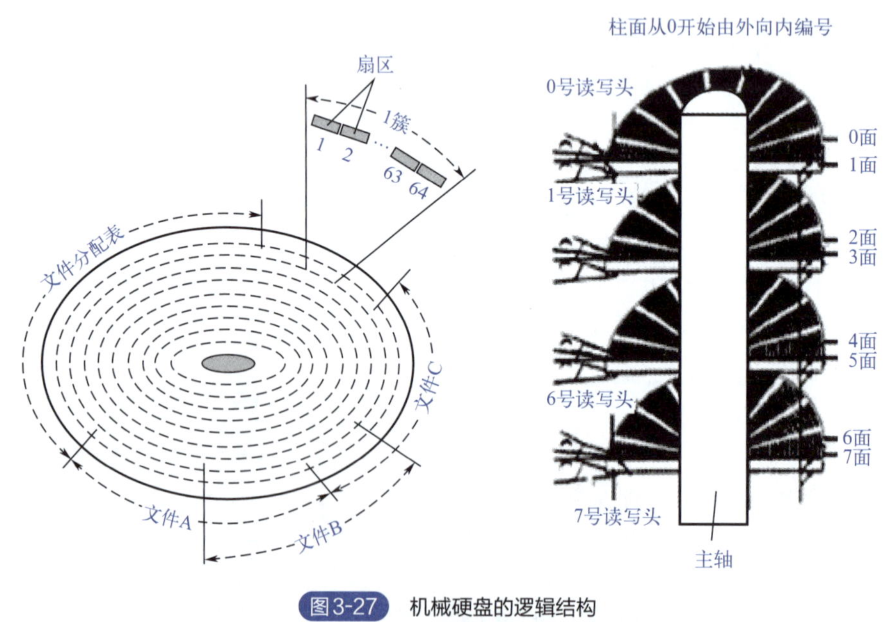

图3-27　机械硬盘的逻辑结构

① 磁面（Side）：每个盘片都有上、下两个磁面，从上向下从0开始编号，0面、1面、2面、3面……

② 磁道（Track）：硬盘在格式化时，盘片会被划成许多同心圆，这些同心圆轨迹就叫作磁道。磁道从外向内从0开始顺次编号，0道、1道、2道……

③ 柱面（Cylinder）：所有盘面上的同一编号的磁道构成一个圆柱，称为柱面，每个柱面上从外向内以0开始编号，0柱面、1柱面、2柱面……

④ 扇区（Sector）：硬盘的盘片在存储数据时又被逻辑划分为许多扇形的区域，每个区域叫作一个扇区。每个扇区可以存储512B数据。扇区编号按一定规则从1开始编号。

弄清这几个概念后，就可以计算出硬盘的容量：

硬盘容量=柱面数×扇区数×每扇区字节数×磁头数

存储在硬盘上的某个信息就可以表示为：××磁道（柱面），××磁头，××扇区。

3.2.3 硬盘的工作原理

硬盘作为一种磁表面存储器，是在非磁性的合金材料（多为铝片）表面涂上一层很薄的磁性材料，再通过磁层的磁化来存储信息的，即硬盘是利用特定的磁粒子的极性来记录数据的。磁头在读取数据时，将磁粒子的不同极性转换成不同的电脉冲信号，再利用数据转换器将这些原始信号变成计算机可以使用的数据，写操作正好相反。硬盘缓存主要负责协调硬盘与主机在数据处理速度上的差异。

硬盘驱动器加电正常工作后，首先是利用控制电路完成初始化工作，将磁头置于盘片中心位置；初始化完成后主轴电机将高速旋转，装载磁头的驱动小车机构开始移动，将磁头置于盘片表面的0道，处于等待指令状态；当接收到系统指令后，通过前置放大控制电路处理，并由驱动音圈电机发出磁信号，此时磁头根据感应阻值变化对盘片数据进行正确定位并将接收后的数据信息编码，再通过放大控制电路传输到接口电路，由接口电路传送给主机，完成一次指令操作。

当硬盘断电停止工作时，硬盘不旋转，各个浮动磁头依靠反力矩弹簧的作用与对应的盘片表面相接触。每个盘片的中心位置都留有一部分空间不存放任何信息，专用来停靠磁头，这个位置叫作启停区。一旦硬盘开始工作，磁头便会离开启停区，不再与盘片接触，而是悬浮在盘片上方进行数据的读写。

硬盘从停止状态进入工作状态，会发出明显的“咔咔”声响，这是由于硬盘在通电后，音圈电机带动硬盘磁头从启停区上拉开并移动到盘片上方而形成的。当硬盘磁头离开启停区悬浮在上方后，这一声响会减弱或消失。实际上所有的硬盘在开机时都会发出声响，只不过根据各自的电机种类不同，这一噪声的大小指标并不尽相同，有些容易被人察觉，有些不易察觉。

3.2.4 硬盘的分类

硬盘的分类方法很多，就品牌而言，主要有希捷（Seagate）、西部数据（Western Digital，WD）和三星（Samsung）几大厂商，另外还有迈拓（Maxtor）、富士通（Fujitsu）、日立（Hitachi）等几家厂商的产品。而且每个硬盘品牌下都还有多个系列产品，每个系列下还有许多不同型号的硬盘。

从接口类型上分，可将硬盘分为ATA（或IDE）接口硬盘、SCSI接口硬盘、USB接口硬盘、IEEE 1394接口硬盘和SATA（Serial ATA）接口硬盘等几类。其中SATA接口硬盘是目前市场上的主流硬盘，用4根电缆完成数据传输的所有工作（1针发出、2针接收、3针供电、4针地线）。

SATA接口的硬盘支持SATA设备的热插拔功能，采用点对点的传输协议。对于SATA接口，在电脑中连接两个硬盘时，两块硬盘对电脑主机来说都是Master，没有主、从盘之分，这样可省了跳线的麻烦。

服务器硬盘一般采用SCSI接口，适应面广，在一块SCSI控制卡上就可以同时挂接15个设备，具有多任务、宽带宽及CPU占用率小等特点。图3-28所示为两种不同接口的硬盘。

SCSI接口硬盘

SATA接口硬盘

图3-28 两种不同接口的硬盘

3.2.5 硬盘的型号编码

希捷（Seagate）硬盘型号编码形式为ST A 0000 B C D E，希捷硬盘背面的标签如图3-29所示。标签是字母与数字组合，表示的含义如下：

ST：代表Seagate，每一款希捷硬盘型号都以ST开头。

A：表示外形参数，即硬盘的外形大小。3表示3.5英寸，厚25mm；5表示3.5英寸，厚19mm；9表示2.5英寸，厚9mm。

0000：表示容量，以GB为单位，320为320GB，2000为2TB。

B：表示缓存大小，2表示2MB，8表示8MB，6表示16MB。

C：表示盘片数，2为2片。

D：保留位，一般为0。

E：表示接口。A表示ATA，AS表示Serial ATA，AG表示笔记本电脑用ATA。

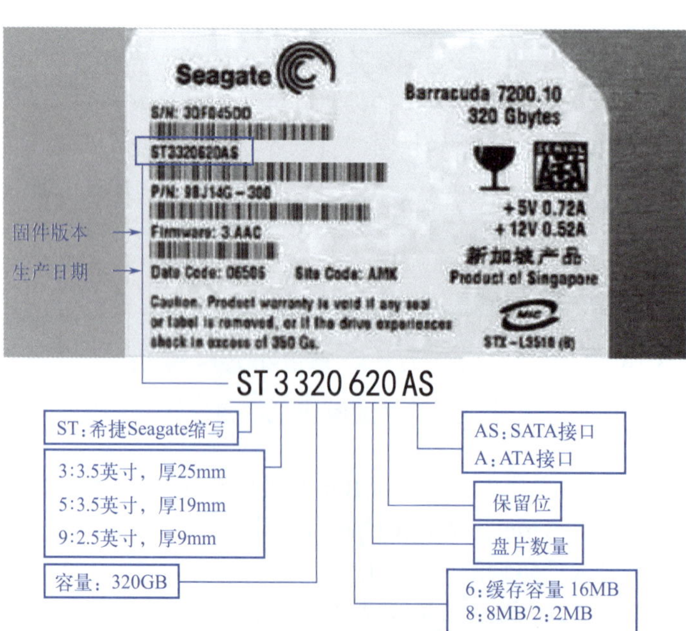

图3-29 希捷硬盘背面的标签

3.2.6 固态硬盘

固态硬盘（Solid State Disk或Solid State Drive），简称SSD，也称为电子硬盘或者固态电子盘，是由控制单元和固态存储单元（DRAM或Flash芯片）组成的硬盘。SSD具有启动快、读写速度快、无噪声、发热少、体积小、防振等特点。其由控制、缓存和存储三单元组成。固态硬盘的主要品牌有：Samsung（三星）、Kingston（金士顿）、WD（西部数据）、Intel、金百达、长江存储等。

（1）SATA接口的固态硬盘

SATA接口的固态硬盘的电路组成如图3-30所示。

图3-30 SATA接口的固态硬盘的电路组成

① 控制芯片主要是合理调配数据在各个闪存芯片上的负荷，防止个别闪存芯片存储次数过多而提前损坏，并负责SSD内部各项指令的完成。控制芯片的好坏直接决定了SSD的读写和使用寿命。

② 缓存芯片是承担了整个数据中转，连接闪存芯片和SATA接口。

③ 存储单元采用Flash（闪存）芯片。SSD常用NAND（Not AND，与非门）闪存，因NAND闪存具有功耗更低、价格更低、性能更佳和存储容量大等优点。NAND闪存又分为单层存储单元（1bit）、双层存储单元（2bit）以及三层存储单元（3bit）和多层存储单元（可达176层，*n* bit，如为8层，一个存储单元就是一个字节）。单颗芯片容量达到可16TB，甚至32TB。但随着层数的增加，写入性能、可靠性、寿命会有所降低。

固态硬盘的接口规范和定义、功能及使用方法与普通硬盘的相同，在产品外形和尺寸上也与普通硬盘一致。由于固态硬盘没有普通硬盘的旋转介质，因而抗震性极佳。其芯片的工作温度范围很宽（−40～85℃），目前广泛应用于军事、车载、工控、视频监控、网络监控、网络终端、电力、医疗、航空、导航设备等领域。新一代的固态硬盘普遍采用SATA-2接口。

（2）M.2接口的固态硬盘

M.2接口是一种新型的固态硬盘接口标准，M.2接口的固态硬盘尺寸小巧，可以轻松安装在笔记本电脑和小型PC中，通常具有更高的传输速率和更低的功耗。

三星的型号为990 EVO的固态硬盘如图3-31所示。

图3-31 990 EVO固态硬盘

参数介绍：接口和协议采用M.2 接口，并支持NVMe 2.0协议。它还具备PCIe 4.0×4和5.0×2接口。

3.2.7 U盘

U盘也称为优盘、闪存盘、拇指盘，它是一种可移动的外存储设备，采用USB接口，不需要物理驱动器，只要将其插入计算机上的USB接口就可以独立地存储、读写数据了。U盘体积小，大多数只有大拇指般大小，重量极轻（10～20g），特别适合随身携带。U盘内无任何机械装置，抗震性能极佳，且具备防磁、防潮、耐高低温（-40～70℃）等特性。U盘的体积虽小，但容量很大，读写速率很快，数据存储安全可靠，而且价格便宜，越来越受到广大用户的青睐。几款常见U盘如图3-32所示。

图3-32 几款常见U盘

U盘的基本结构包括闪存芯片、控制芯片和外壳三部分。它的存储原理是计算机把二进制数字信号转换为加入了分配、时钟、堆栈等指令的复合二进制数字信号，读写到USB芯片适配接口，再通过控制芯片处理信号，并分配给闪存芯片的相应地址进行数据存储。

U盘的使用越来越普及，在使用U盘时，应注意以下几个方面。

① U盘的写保护开关的打开或上锁应在U盘接入计算机前完成，不能在U盘工作状态下切换。

② U盘的存储原理与硬盘不完全一样，不要对U盘进行碎片整理工作，否则会缩短它的使用寿命。

③ U盘大多有工作状态指示灯，为一个，或为两个。一个指示灯的情况：当U盘接入计算机，该灯就会亮；当U盘工作时，该灯就会闪烁。两个指示灯的情况：其中一个灯为电源指示灯，接入计算机就会亮；另一个是工作状态指示灯，对U盘进行读写操作时亮。严禁在U盘进行数据读写时拔下U盘，一定要等工作状态指示灯熄灭或停止闪烁后才能拔下U盘。虽然U盘支持热插拔，但是建议用户通过“安全删除硬件”的方式卸载U盘，这样更安全。

④ 为保护主板上的USB接口，减少摩擦，建议U盘在接入计算机时使用USB延长线。

3.2.8 移动硬盘

移动硬盘也称为外置硬盘、活动硬盘，它是以硬盘为存储介质，强调便携性的外存储设备。移动硬盘在早期多以标准硬盘为基础，现在大多数为2.5in超薄笔记本硬盘，也有部分产品是1.8in的微型硬盘。从结构上看，移动硬盘包括两个组成部分：一是硬盘，二是硬盘盒。硬盘用来存储信息；硬盘盒多为铝合金材料，起到散热、防振、防磁和保护内部部件安全的作用。

移动硬盘因采用硬盘作为存储体，故存储原理和普通IDE硬盘的存储原理相同。移动硬盘多采用USB接口和IEEE 1394接口，能提供较高的数据传输速率。移动硬盘容量大、使用方便，而且数据存储可靠性高，是移动存储和数据备份的最佳选择。

移动硬盘和U盘相比，各有优缺点。U盘体积更小，更便于移动交换数据，但它的容量不大（几百兆字节到几吉字节），传输、备份大容量的数据或影像信息显得有点力不从心。移动硬盘的体积相对于U盘来说显得稍大了一些，携带起来没有U盘那么方便，而且价格较高，但是它在容量和速度上有着明显的优势，几乎是所有移动存储设备中容量最大、速度最快的移动存储产品，是商务人士和相关部门重要数据备份的首选产品。图3-33为两款移动硬盘。

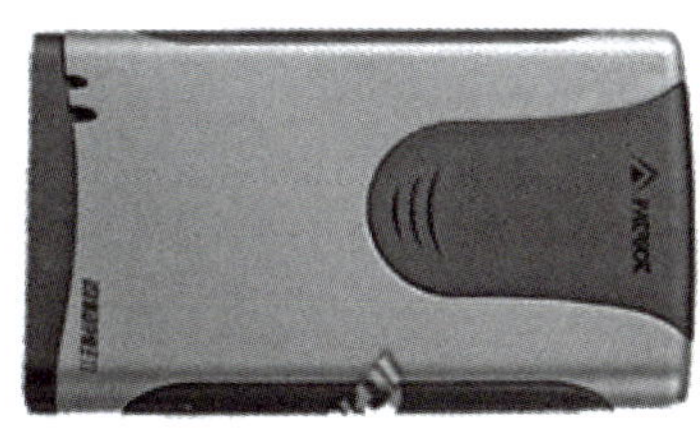

图3-33 移动硬盘

3.2.9 机械硬盘的技术指标

（1）容量

容量是指硬盘的存储空间大小，常用GB作为单位。硬盘容量是硬盘的重要技术指标，大多数硬盘被淘汰都是因为容量不足的原因。目前市场上的硬盘容量多为500GB、1～4TB。影响硬盘容量的决定性因素有两个：一是硬盘盘片的单片容量大小，二是硬盘盘片的数量。硬盘内部由一张或多张盘片组成，单张盘片的容量大小不但关系到硬盘的总容量，还与硬盘的性能密切相关。如果在单张盘片上增加扇区密度，那么磁头在相同时间内扫描的扇区数也就越多，速度自然也就越快。因此在转速相同的情况下，单片容量大的硬盘比单片容量小的硬盘要快。很多用户发现硬盘的标称容量跟系统显示的容量不一致，这是因为厂商在标称硬盘容量时按1GB=1000MB计算，而系统则是按1GB=1024MB计算的，系统显示的容量要比标称容量小。

（2）转速

硬盘工作主要依靠内部主轴电机的驱动，转速也就是指硬盘内部主轴电机的转动速度。转速越高，硬盘内部的数据传输率也就越快。在读取大量数据时，高转速硬盘的优势很明显。目前台式机硬盘的转速主要有两种：5400r/min和7200r/min。目前硬盘的主流转速为7200r/min或更快。另外，SCSI接口的硬盘的转速可达到10000～15000r/min，但造价较高，多用于服务器上。

（3）动作时间

所谓硬盘的动作时间，主要包括平均寻道时间、平均访问时间、道至道时间、最大寻道时间和平均等待时间等几种。由于各个厂商使用的技术不同，即使是同一转速的硬盘，它们自身的传输速率也各不相同。

（4）MTBF（平均无故障时间）

MTBF是指硬盘从开始运行到出现故障的最长时间，单位为小时（h）。一般硬盘的MTBF至少为30000h或40000h。

（5）数据传输率

硬盘的数据传输率衡量的是硬盘读写数据的速度，一般用MB/s作为计算单位。它又可分为外部传输率（External Transfer Rate）和内部传输率（Internal Transfer Rate）。

外部数据传输率（外部传输率）也叫作突发数据传输率或接口传输率，是指从硬盘缓存中向外输出数据的速率，单位为MB/s。外部数据传输率与硬盘接口类型和硬盘缓存的大小有关。常见的硬盘接口类型有ATA 66/100/133，其外部数据传输率分别可达到66MB/s、100MB/s和133MB/s。内部数据传输率也叫作最大或最小持续传输率，是指硬盘从盘片上读写数据到缓存的速度。内部数据传输率（内部传输率）一般取决于硬盘盘片的转速和盘片数据线密度（即同一磁道上的数据间隔度），一般使用Mbit/s为单位（或写为Mb/s）。此处要注意区分Mb/s与MB/s的不同，两个单位的转换方式为：1MB/s=8Mb/s。例如一块硬盘的内部数据传输率为131Mb/s，换算成MB/s则等于16.375MB/s。

（6）硬盘缓存

缓存是硬盘控制器上的一块存储芯片，为硬盘与外部总线交换数据提供场所，其容量通常用KB或MB表示。硬盘读数据的过程是将磁信号转化为电信号后，通过缓存一次次地填入、清空，再填入、再清空，最后通过PCI总线传送出去，因此缓存容量的大小与速度快慢可以直接影响到硬盘的传输速率。

硬盘缓存的作用有三个。一是预读取。当硬盘接收CPU指令开始读取数据时，总是先把磁头正在读取的内容的下一个或几个内容读到缓存中，当需要读取当前内容的下一个或几个数据内容时，硬盘就直接把已存入缓存的相关内容取出来传送出去即可，而不需要再从盘片上读取。由于缓存速度远快于磁头的速度，所以能明显地改善性能。二是预写入。当硬盘接收到写入数据的指令时，并不是直接把数据写入盘片上，而是暂时把要写入的数据存入缓存中，然后向系统发出数据已写入的信号，这样可以让系统继续执行下面的操作，而硬盘则利用空闲时间（无写入与读取操作时）再将缓存中的数据写入盘片上，这样就可以提高写入数据的速率。三是临时存储最近访问过的数据。有时候，某些数据是会经常被访问的，那么硬盘缓存就会将访问比较频繁的一些数据存入，再次读取时数据就直接从缓存中传输，这也可以提高系统的工作速度。

不同品牌、不同型号的硬盘的缓存大小各不相同。早期的硬盘缓存都很小，当前主流硬盘的缓存多为32MB或64MB，而服务器硬盘的缓存甚至达到几兆字节。从理论上来看，硬盘缓存越大，越有利于提高硬盘的访问速度。

【任务实施】

固态硬盘与机械硬盘对比

一般来说，硬盘主要分为机械硬盘（HDD）和固态硬盘（SSD）。机械硬盘以其较大的存储容量和较低的价格受到用户喜爱；而固态硬盘则有更快的读写速度和更低的功耗。下面给出挑选机械硬盘和固态硬盘的具体步骤。

第一步：挑选机械硬盘

机械硬盘常用的有SATA接口硬盘和SAS（串行连接SCSI）接口硬盘两种类型，其中SATA接口硬盘是消费市场的主流，价格低廉，容量大。而SAS接口硬盘则是面向企业级用户的高端产品，具有高速传输、高稳定性、高可靠性等特点。在选择机械硬盘时，需要考虑以下几个方面：

① 容量。硬盘容量是衡量硬盘性能的重要标准，应根据自己的需要来选择。如果是一般的家用或者办公场景，选择1T或2T的硬盘即可；如果是需要存储大量视频或者高清图片等大文件，选择3T或4T的硬盘会更合适。

② 转速。机械硬盘的转速决定了其读写速度，一般机械硬盘的转速有5400r/min、7200r/min和10000r/min等。转速越高，读写速度越快，但是价格也越高。在选择转速时，需要根据自己的使用场景来选择。

③ 缓存。硬盘的缓存是用于存储读写数据的临时缓存区域，缓存越大，能够缓存越多的数据，硬盘读写速度也会更快。一般机械硬盘的缓存有64MB、128MB和256MB等，选择缓存时，需要根据自己的需求来确定。

④ 品牌。应选择具有质量保证，故障率和返修率低的品牌，并应注意型号代数，应选用代数靠后的、较新的硬盘。

第二步：挑选固态硬盘

固态硬盘的优点是读写速度快、抗震性好、噪声小、耗电低等。在选择固态硬盘时，需要考虑以下几个方面：

① 接口类型。固态硬盘的接口类型有SATA、M.2、PCIe等。如主板上有M.2插口，首选M.2接口的固态硬盘；SATA接口是最为常见的接口，适用于一般的家用或办公场景；而PCIe接口则是适用于高端服务器或工作站等场景。在选择接口类型时，需要根据自己的使用场景来选择。

② 容量。固态硬盘的容量通常比机械硬盘小，但价格较高。一般情况下，选择128GB、256GB或512GB的固态硬盘就足够了。如果需要存储大量的高清视频或者照片等大文件，选择1TB或更大容量的固态硬盘可能更合适。

③ 读写速度。固态硬盘的读写速度快是其最大的优点之一。读写速度的大小取决于固态硬盘的控制器和存储颗粒的品质。一般来说，读写速度越快，价格也越高。选择固态硬盘时，需要根据自己的需求来确定读写速度。

④ 品牌。选择能自主研发生产存储颗粒，特别是自主研发生产控制芯片的品牌，可选择Intel、三星等。

项目评价与反馈

表3-4为存储器认识与选购评分表，请根据表中的评价项和评价标准，对完成情况进行评分。学生完成评分后教师再根据学生完成情况进行评分。其中：学生自评占40%，教师评分占60%。

表3-4 存储器认识与选购评分表

班级：	姓名：		学号：		
评价项	评价标准	项目占比	学生自评	教师评分	得分
内存储器	依据国内外权威的计算机部件评测网站，结合内存当前市场品牌、技术指标、价格及需求等进行综合评价	30			
机械硬盘(HDD)	依据国内外权威的计算机部件评测网站，结合HDD当前市场品牌、技术指标、价格及需求等进行综合评价	30			
固态硬盘（SSD）	依据国内外权威的计算机部件评测网站，结合SSD当前市场品牌、技术指标、价格及需求等进行综合评价	30			
专业素养	各项的完成质量	10			
总分		100			

思考与练习

1. 内存的分类有哪些？

2. 内存的主要性能指标有哪些？笔记本电脑的内存与台式机内存有何差异？

3. 硬盘的工作原理是什么？如何选购硬盘？上网查询：硬盘怎样4K对齐？

4. 机械硬盘的电路由哪些部分组成？主要技术指标有哪些？

5. 固态硬盘由哪几部分电路组成？固态硬盘的主要技术指标有哪些？

6. 用有关的内存测试软件（如CPU-Z等）测试所用微机的内存信息。

7. 到当地计算机配套市场考察内存条、硬盘、固态硬盘（SSD）的品牌、价格等商情信息，根据调研，小组汇报调研结果。

项目4 输入设备认识与选购

项目导入

计算机中信息的输入是操作基础，选择合适的输入设备才能有效实现人机对话，提高人机交互的舒适度。通过了解键盘、鼠标、扫描仪、DV（数码摄像机）、DC（数码相机）、摄像头的组成、结构、原理及技术指标，能够选购市场高性价比的产品。

学习目标

知识目标：

① 了解键盘、鼠标的分类和选购参数；

② 熟悉扫描仪、DV、DC的选购参数。

能力目标：

① 掌握计算机输入设备结构和组成；

② 掌握计算机输入设备的主要技术指标。

素养目标：

① 通过资源学习，养成自主学习的习惯；

② 通过原理剖析，培养精益求精的工匠精神；

③ 通过项目实施，形成吃苦奉献的良好品质；

④ 通过小组合作，提高团队协作意识及语言沟通能力。

任务4.1 认识键盘

【任务描述】

知晓键盘的各种分类方法，能够根据客户需要选购市场上高性价比的键盘。

【必备知识】

键盘是计算机必不可少的标准输入设备。用户通过键盘，可以将英文字母、数字及标点符号等内容输入计算机中，从而实现向计算机发布命令和输入数据。键盘担负着人机交互的基本任务，本任务主要介绍键盘的分类和选购方法。键盘的分类方法有很多种，此处主要介绍几种常见的分类方法。

（1）按键盘接口分类

按键盘接口分类，可以将键盘分为AT口（接口）键盘、PS/2口键盘、USB口键盘和无线键盘。图4-1所示为几种不同接口的键盘。

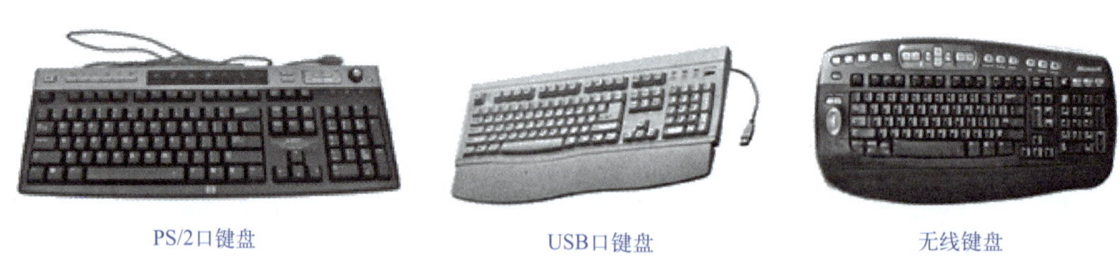

图4-1 几种不同接口的键盘

AT接口是早期键盘使用的一种接口，从外形上看，它是一个较大的圆形接口，俗称“大口”，现已淘汰。PS/2接口键盘是目前使用最普遍的一种键盘，也称为“小口”键盘。PS/2接口键盘与AT接口键盘相比，仅是接口不同，功能基本一致。随着USB接口的广泛使用，很多厂商也相继推出了USB接口的键盘。从实际应用上来看，USB接口的键盘与PS/2接口的键盘相比，优势并不明显。无线键盘是键盘与主机之间没有直接的物理连线，主机通过红外线或无线电波将键盘所敲的信息接收的一种键盘。无线键盘必须单独供电。

（2）按工作原理和按键方式分类

按键盘的工作原理和按键方式，可以把键盘分为四类：机械式、塑料薄膜式、导电橡胶式和电容式。

机械式键盘的按键全部为触点式，采用金属片作为开关，每一个按键就是一个按钮式的开关，按下去之后，金属片就会和触点接触而连通电路，松开后就断开。这类键盘具有噪声大、工艺简单、手感差、磨损快、故障率高和易维护的特点，目前已被市场淘汰。

塑料薄膜式键盘内有四层塑料薄膜，一层有凸起的导电橡胶，中间层为隔离层，上下两层有触点。通过按键使橡胶凸起按下，此时上下两层的触点接触而连通电路。这类键盘实现了无机械磨损，具有价格低、噪声小和成本低的特点，在市场上占有一定份额。图4-2所示为一款塑料薄膜式键盘。

导电橡胶式键盘的触点结构是通过导电橡胶相连的，键盘内部有一层凸起带电的橡胶，每个按键对应一个凸起，当按下键时，会把下面的触点接通。目前此类键盘使用得也较多，图4-3所示为一款导电橡胶式键盘。

图4-2 塑料薄膜式键盘

图4-3 导电橡胶式键盘

电容式键盘使用类似电容式开关的原理，通过按键时改变电极间的距离引起电容容量改变，从而驱动编码器。此类键盘电容无接触，故不存在磨损和接触不良等问题，耐久性、灵敏度和稳定性都比较好。但目前市场很少见到真正的电容式键盘，主要使用的是塑料薄膜式键盘和导电橡胶式键盘。

（3）按键盘上按键的个数分类

按键盘上按键的个数分类，可以把键盘分为83键、93键、96键、101键、102键、104键和107键等几种。目前的标准键盘主要有104键和107键两种，其中104键盘又称为Windows 95键盘，107键盘又称为Windows 98键盘，它比104键多了睡眠、唤醒、开机三个电源管理键。

（4）按键盘的外形分类

按键盘的外形分类，可以把键盘分为标准键盘和人体工程学键盘两种。人体工程学键盘是将标准键盘上的右手键区和左手键区分开，并形成一定角度，使用户在操作时更舒适，操作起来特别轻松，减少了因长时间使用键盘对手腕造成的关节损伤。图4-4所示为一款人体工程学键盘。

图4-4 人体工程学键盘

（5）其他分类

有些键盘还提供特殊的功能，据此还可以把键盘分为集成鼠标的键盘、集成USB接口的键盘、多媒体键盘、身份识别键盘、带扫描仪的键盘、手写键盘等几种类型。图4-5所示为一款多媒体键盘和一款手写键盘。

图4-5 多媒体键盘与手写键盘

【任务实施】

市场上存在各种类型的键盘，如何才能选购出高性价比的键盘呢？

选购一款好键盘的最重要的标准有四条：结构合理、稳固、手感舒适、按键表面字符印刷技术好。另外还要看价格是否低廉、是否能防水等。具体来说，要从以下几个方面进行考虑。

键盘选购

第一步：观察键位布局

不同的键盘的按键布局会有所不同，这需要用户在购买键盘时根据自己的使用习惯进行选择，例如“\”键、“Backspace”键、“Enter”键等按键的位置及大小在不同的键盘上有时会各有不同。

第二步：看键盘做工

键盘做工其实是键盘质量好坏的重要体现，它包括键盘材料的质感、边缘有无毛刺、颜色是否均匀、按键是否整齐合理、印刷是否清晰等几个方面。

第三步：尝试操作手感

此项要根据自己的习惯与爱好进行选择。一般电容式键盘的手感要好于机械式键盘。

第四步：了解接口类型

通常键盘使用的是PS/2接口，该接口是目前的主流接口，还有部分键盘使用USB接口。

任务4.2 认识鼠标

【任务描述】

知晓鼠标的各种分类方法，能够根据客户需要选购市场上高性价比的鼠标。

【必备知识】

鼠标利用自身的移动把移动距离及方向信息转换成脉冲送给计算机，计算机再把该脉冲转换成坐标数据，从而实现鼠标的移动定位作用。鼠标的分类方法有许多种，此处主要介绍几种常见的分类方法。

（1）按鼠标上提供的按键数分类

按鼠标上的按键数分类，可以把鼠标分为双键鼠标、三键鼠标和多键鼠标。双键鼠标的按键分为左键和右键。三键鼠标比双键鼠标多了一个中间键，而且大多数三键鼠标的这个中间键是用滚轮的形式表现的，操作起来更加方便。多键鼠标的功能更为强大，是未来的发展方向。图4-6所示为这三类鼠标。

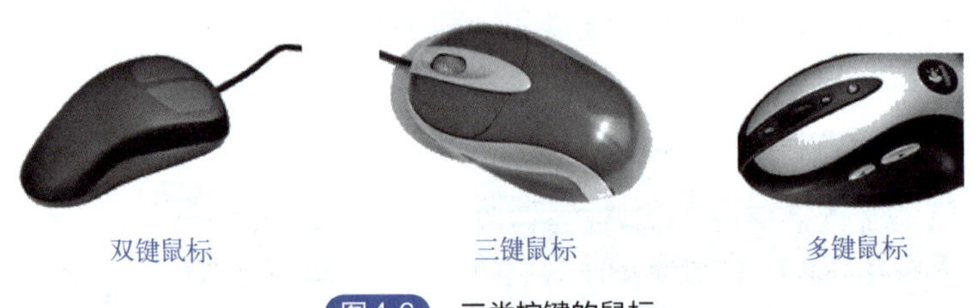

图4-6 三类按键的鼠标

（2）按接口类型分类

按鼠标的接口类型分类，可以把鼠标分为串行接口、PS/2接口、USB接口和无线鼠标等几种类型。串行接口（COM口）鼠标在早期的计算机上广为使用，现已被淘汰。PS/2接口是当前市场上鼠标的主流接口。PS/2接口的鼠标与PS/2接口的键盘在主板上的接口相似，只是颜色不同。根据颜色规范，PS/2鼠标是浅绿色的接口，PS/2键盘是浅紫色的接口。USB接口的鼠标正在逐渐占领市场，部分用户选择了使用USB接口的鼠标。无线鼠标采用红外线、蓝牙或无线电的方式与主机通信，需要额外的电源支持，价格较贵，且信号传输易受到干扰。图4-7所示为PS/2接口、USB接口和无线鼠标。

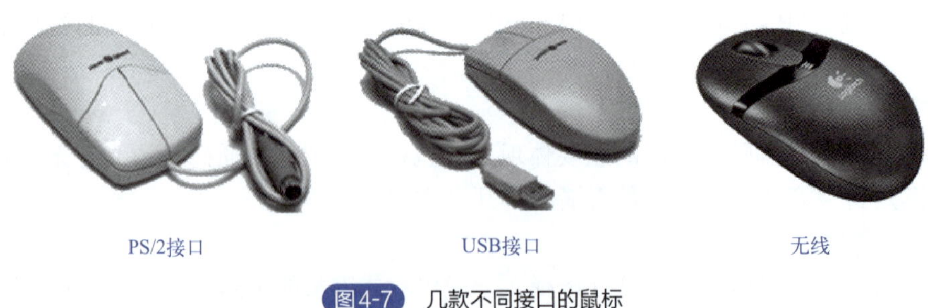

图4-7 几款不同接口的鼠标

（3）按内部结构和工作原理分类

按鼠标的内部结构和工作原理分类，可以把鼠标分为机械式鼠标、光机式鼠标和光电式鼠标三种。机械式鼠标通过内部橡胶球的滚动来带动两侧的转轮定位，具有原理简单、价格便宜的优点，但容易磨损、寿命短、定位不精确且易脏，逐渐被淘汰出局。光机式鼠标就是一种光电和机械相结合的鼠标，它在外形上和机械式鼠标没有区别，但精确度比机械式鼠标高。光电式鼠标没有机械装置，内部只有两条相互垂直的光电检测器，通过一个发光二极管发出光线，照亮鼠标底部表面，再通过表面反射一部分光线，经过光电感应器形成脉冲信号来完成光学的定位。光电式鼠标具有定位精确、寿命长且不需清洗维护的优点，深受广大用户的青睐。

光电式鼠标（光学鼠标）通常由光电感应器、光学透镜、发光二极管、控制芯片、轻触式按键、滚轮、连接线、PS/2或USB接口和外壳等部分组成。图4-8所示为光电式鼠标外观和结构。光电感应器是光学鼠标的核心，目前生产光电感应器的厂家只有安捷伦、微软和罗技3家公司。控制芯片负责协调光学鼠标中各元器件的工作，并与外部电路进行沟通及传送和接收各种信号。光学鼠标背面外壳上的光学透镜则相当于一台摄像机的镜头，负责将已经被照亮的鼠标底部图像传送至光电感应器底部的小孔中。发光二极管的作用是产生光学鼠标工作时所需要的光源。普通的光学鼠标上有两个轻触式按键，带有滚轮的光学鼠标有3个轻触式按键。

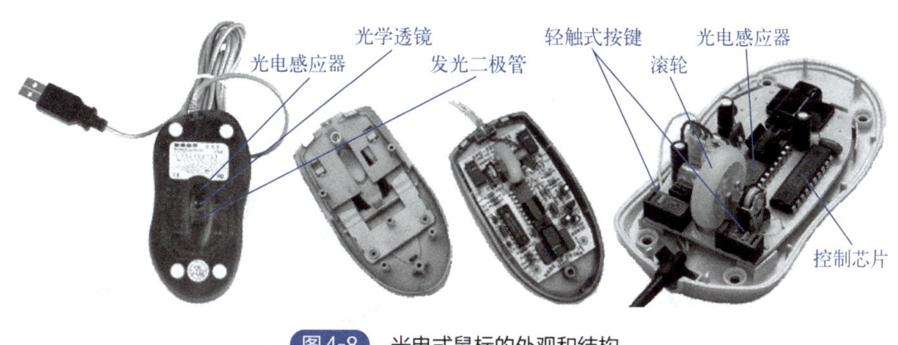

图4-8 光电式鼠标的外观和结构

【任务实施】

市场上存在各种类型的鼠标，如何从中选购出满意的鼠标呢？选购鼠标时，应从以下几个方面进行考虑。

① 功能。对于一般用户，光电式鼠标是最佳选择。对于某些特殊领域，如CAD/CAM、3Dmax等，应选用功能强大的专业鼠标。

② 质量。建议选购一些品牌厂家的鼠标，如罗技、微软等公司的鼠标。

③ 价格。鼠标是计算机各个部件中比较便宜的一个配件，价格从十几元到几百元不等，选购时应考虑它的性价比。

④ 手感。手感柔和、外表是流线型或曲线型、按键轻松自如、反应灵敏并富有弹性等应是用户选购鼠标时要注意的几个方面。不同的用户会有不同的手感。

⑤ 精度。建议选购光电式鼠标，它的定位精度要远远地高于其他几种类型的鼠标。

⑥ 接口类型。建议考虑即插即用的USB接口的鼠标。

高性价比鼠标选购

任务4.3 认识扫描仪

【任务描述】

知晓扫描仪的分类和主要技术指标，能够根据客户需要选购市场上高性价比的扫描仪。

【必备知识】

扫描仪是计算机系统中除键盘和鼠标以外的另一种常用的输入设备。扫描仪也是一种光、机、电一体化的外围设备，用户经常用它来扫描照片、图片等，并把扫描的结果输入计算机中进行处理。早期的扫描仪是一种非常昂贵的设备，随着技术的不断进步和成熟，扫描仪的价格不断下降，逐渐进入普通家庭。目前对于个人计算机用户来说，扫描仪与打印机同等重要。本任务将重点介绍扫描仪的分类和性能指标。

扫描仪的种类很多，根据扫描原理的不同，可以将它分为三种类型：以CCD（Charge-Coupled Device，电荷耦合器件）为核心的平板式扫描仪、手持式扫描仪和以光电倍增管为核心的滚筒式扫描仪。

手持式扫描仪的体积较小，重量轻，携带很方便，但扫描精度较低。图4-9所示为一款手持式扫描仪。

滚筒式扫描仪采用光电倍增管作为光电转换元件。在各种感光器中，光电倍增管是最好的一种，无论是在灵敏度、噪声系数上，还是在动态范围上，都要领先于其他感光器件。光电倍增管实际上也是一种电子管，其感光材料由金属铯的氧化物及其他一些活性金属的氧化物共同构成。采用光电倍增管技术的滚筒式扫描仪一般应用在大幅面的扫描领域中，如大幅面工程图纸的输入，它采用的是一种滚筒式的走纸结构。图4-10所示为一款滚筒式扫描仪。

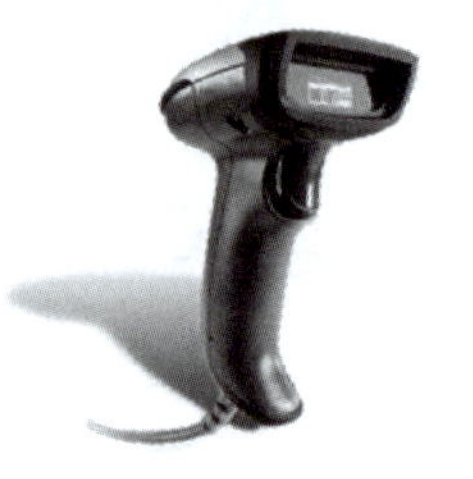

图4-9 手持式扫描仪

图4-10 滚筒式扫描仪

平板式扫描仪又称为平台式扫描仪、台式扫描仪，它诞生于1984年，是现在办公领域的主流产品。平板式扫描仪主要应用在A4幅面和A3幅面的扫描领域中，它是扫描仪家族的代表性产品，也是用途最广的一种扫描仪。使用平板式扫描仪扫描图文资料时，直接将材料放在扫描台上，然后由软件控制它自动完成扫描过程，扫描速度快、精度高。平板式扫描仪良好的性价比，促使它广泛地应用于图形图像处理、电子出版、印前处理、广告制作、办公自动化等方面。图4-11所示为一款平板式扫描仪。

除了上述三种类型的扫描仪外，还可以按扫描图像幅面的大小把扫描仪分为小幅面、中幅面和大幅面扫描仪；按用途可将扫描仪分为通用型扫描仪和专用于特殊图像输入的专用型扫描仪（如条码读入器、卡片阅读机等）；按接口可以分为USB接口、并行接口、SCSI接口和专用接口的扫描仪；按使用场合可以分为笔式扫描仪、条形码扫描仪和实物扫描仪等。图4-12所示为一款实物扫描仪。

图4-11 平板式扫描仪

图4-12 实物扫描仪

【任务实施】

只有在熟悉扫描仪的主要性能指标基础上，才能根据需求不同选购出合适的扫描仪。

第一步：了解扫描仪的主要性能指标

扫描仪的性能指标主要有分辨率、灰度值、色深、感光器件、接口方式、扫描速度等几项。

（1）分辨率

扫描仪的分辨率分为光学分辨率和最大分辨率两种，其中最大分辨率相当于插值分辨率，它不代表扫描仪的真实分辨率，故此处不作介绍。光学分辨率是指扫描仪物理器件所具有的真实分辨率，它是扫描仪的重要性能指标之一，直接决定了扫描仪扫描图像的清晰程度。一般光学分辨率用两个数字相乘来表示，如600dpi[1]×1200dpi，其中前一个数字（600）代表扫描仪的横向分辨率，它是扫描仪真正意义上的光学分辨率；后一个数字（1200）代表扫描仪的纵向分辨率或机械分辨率，它是扫描仪所用步进电机的分辨率，一般是横向分辨率的2倍甚至是4倍。有的厂家为迷惑消费者，故意把扫描仪的光学分辨率600dpi×1200dpi写成1200dpi×600dpi，以示自己产品精度高。判断扫描仪的光学分辨率时，应以两个相乘数字中的较小的那一个数字为准。

（2）色深与灰度值

色深又叫作色彩位数，是指扫描仪对图像进行采样的数据位数，也是指扫描仪所能解析的颜色数。目前有24位、30位、32位、36位、42位和48位等几种。一般光学分辨率为600dpi×1200dpi的扫描仪的色深为36位。

灰度值是指进行灰度扫描时，对图像由纯黑到纯白整个色彩区域进行划分的级数。

（3）感光器件

扫描仪最重要的部分就是其感光部分。目前市场上扫描仪使用的感光器件有四种：CCD（包括硅氧化物隔离CCD和半导体隔离CCD）、CIS（Contact Image Sensor，接触式图像传感器）、光电倍增管和CMOS。在这四种感光器件中，光电倍增管的成本最高，且扫描速度慢，一般用于专业扫描仪上。而CCD和CIS的成本较低，扫描速度相对较快，故在许多扫描中得到应用。其中CCD主要用在平板式扫描仪中，CIS主要用在手持式扫描仪中。生产成本最低的是CMOS器件，由于其成像质量的限制，容易出现杂点，所以主要用在名片扫描仪中。

（4）扫描速度

扫描速度也是扫描仪的一个重要指标。扫描仪的扫描速度可以分为预扫速度和扫描速度。预扫速度是指扫描仪对所有扫描面积进行一次快速扫描的速度，它直接影响实际的扫描速度，也是用户在选购扫描仪时应主要关注的一个速度指标。相反，因扫描仪受接口（大多为USB接口）带宽的影响，故扫描速度差别并不太大。因此，扫描仪的扫描速度主要是看它的预扫速度。

（5）接口方式

扫描仪常见的接口方式有EPP（并口）方式、USB接口方式、SCSI接口方式和IEEE 1394接口方式等几种。其中USB接口的扫描仪是目前最主流的产品。

（6）扫描幅面

表示扫描图稿尺寸的大小，扫描幅面通常有A4、A4加长、A3、A1、A0等规格，大幅面扫描仪价格很高。

第二步：选购扫描仪

扫描仪是一种捕获影像的装置，作为一种光、机、电一体化的计算机外设产品，扫描仪是继鼠标和键盘之后的第三大计算机输入设备，它可将影像转换为计算机可以显示、编辑、存储和输出的数字格式，是功能很强的一种输入设备。一般来说选购扫描仪需要考虑以下因素：

---

[1] dpi指每英寸长度上能检测或输出的点数。

(1) 品牌选择

优先挑选质量与口碑好的品牌，如佳能、爱普生、惠普、中晶MICROTEK、清华紫光Thunis、明基Benq等都是口碑好的品牌，质量及售后有保证。

(2) 易用性

易用性体现在硬件和软件两个方面。对硬件来说，主要看其操作是否方便快捷；软件方面主要是看其是否具有人性化的设计思想、人机交互方面是否科学合理，以及扩展性如何等。

(3) 性能指标

① 分辨率。扫描仪的分辨率反映着扫描仪扫描图像的清晰度。

光学分辨率是指扫描仪CCD的物理分辨率。市面上的扫描仪，主要有300dpi×600dpi、600dpi×1200dpi、1200dpi×2400dpi几种不同的光学分辨率。一般的家庭或办公用户建议选择600dpi×1200dpi和1200dpi×2400dpi的扫描仪。

用途不同，对分辨率的要求不同。放在网页上的图片只需150dpi；如果处理文字和相片，那至少要有300dpi的分辨率；细腻图像则最少要600dpi。

② 色彩位数。通常用每个像素点上颜色的数据位数（bit）表示。色彩的位数越高，色彩数越多，扫描图像就越形象逼真。常见的扫描仪色彩位数有36位、42位、48位，应尽量选48位的。

③ 扫描幅面。常见的扫描仪幅面有A4、A4加长、A3、A1、A0。对于家庭及办公用户来说选择A4或A4加长的扫描仪即可。

任务4.4 认识摄像头

【任务描述】

知晓摄像头的分类和主要性能指标，能够根据使用需求选购市场上高性价比的摄像头。

【必备知识】

随着宽带网的普及，摄像头作为一种视频输入、监控设备由来已久，它除了提供网络视频通信功能外，还提供静态照片拍摄和实时监控的功能。本任务将重点介绍摄像头的分类和性能指标。

按摄像头输出的信号分类，可以把摄像头分为模拟摄像头和数字摄像头两类。模拟摄像头主要使用CCD作为感光器件，并要有视频捕捉卡或外置捕捉卡才能与计算机配合工作。数字摄像头使用简单，安装简单，价格便宜。虽然数字摄像头的分辨率不高，却非常适合家庭、网吧等场合使用。模拟摄像头比数字摄像头功能强大，但价格偏高，一般用于大型视频会议和实时监控。图4-13所示为一款模拟摄像头，图4-14所示为一款数字摄像头。

图4-13 模拟摄像头

图4-14 数字摄像头

除此之外，还可以按输出颜色把摄像头分为黑白摄像头、复合彩色摄像头、RGB摄像头和彩色摄像头；按图像传感器不同可以把摄像头分为CCD摄像头、CMOS摄像头和电子管摄像头等几种类型。

【任务实施】

只有在熟悉摄像头的主要性能指标基础上，才能根据需求不同选购出合适的摄像头。

第一步：了解摄像头的性能指标

摄像头主要的性能指标如下。

（1）图像传感器

图像传感器包括物理镜头和视频捕捉单元两部分，是摄像头最为核心的部件。图像传感器的好坏直接决定了最终拍摄出来的照片或视频的质量高低。摄像头的传感器就相当于传统相机内的胶卷。常用于摄像头图像传感器的部件有两种：一是CCD感光器件；二是CMOS感光器件。目前市场上的普通摄像头多为CMOS传感器，传感器的像素多在30万像素以上（即传感器中一共有30万个以上的感光单元）。

（2）最高分辨率

摄像头的分辨率是指摄像头解析图像的能力，也就是摄像头的传感器的像素数。最高分辨率就是指摄像头最高分辨图像能力的大小，即摄像头的最高像素数。现在市面上较多的30万像素的CMOS摄像头的最高分辨率一般为640dpi×480dpi，50万像素的CMOS摄像头的最高分辨率为800dpi×600dpi。

（3）色彩位数

色彩位数又称为色深，它反映了摄像头能正确记录的色调有多少。色彩位数的值越高，就越真实地还原图片的真实色彩。常见的摄像头的色深一般为24位，色深达到30位的摄像头可以表示10亿种颜色，属于高档次的产品。

（4）镜头

摄像头的镜头是将被拍对象在传感器上成像的器件，通常由几片透镜组成。镜头分为两类：塑胶透镜镜头和玻璃透镜镜头。真正构造成的镜头有1P、2P、1G1P、1G2P、2G2P、4G等，此处的“P”代表塑胶透镜，“G”代表玻璃透镜。1G2P镜头表示该镜头由三片透镜构成——一片玻璃透镜、两片塑胶透镜。镜头透镜越多，成本就越高，而且玻璃透镜比塑胶透镜贵。

（5）接口方式

现在市场上主流的摄像头都采用USB接口。

第二步：选购摄像头

在选择合适的摄像头时，需要注意以下几点：像素分辨率、视角、夜视、AI人形检测和声音检测、存储模式。

（1）像素分辨率

像素分辨率越高，画面越清晰。一般200万像素、分辨率1080P就能很好地满足监控需求。如果对画质要求非常严格，可以选择2K分辨率的300万像素摄像头。

（2）视角

水平视角决定水平区域的可视范围，垂直视角决定垂直区域的可视范围。视角越大，可以看到的图像越多。如果同一区域只安装一个摄像头，建议视角越大越好。

（3）夜视

相比夜视画面是否彩色，夜视距离更重要。白天没有视觉死角，晚上由于光线会有视觉死角，尽量选择夜视距离长的相机。

（4）人工智能（AI）人形检测和声音检测

有老人和小孩的家庭，最好选择带AI人形检测和声音检测的摄像头。AI可以通过人形检测智能跟踪人或动物的运动，及时了解家庭成员的动向。当摄像头检测到孩子的哭声或异常噪声时，会有推送提醒。家里没人的时候，可以设置离家模式。当有人进入监控范围时，它会自动发出警告。

（5）存储模式

视频存储分为本地存储和云存储。一定要注意本地存储支持的存储卡种类和最大容量，以免买到不合适的。如果本地存储容量较小，后面的视频内容将覆盖前面的记录。如有必要，可以定期导出，避免内容丢失。而且有些摄像头云存储也是有时间限制和内存限制的，一定要注意。

任务4.5 认识数码产品

【任务描述】

知晓数码相机的组成、工作原理和主要技术指标；熟悉数码摄像机的组成及分类；能够根据客户需要选购市场上高性价比的数码产品。

【必备知识】

科技的发展带动了一批以数字为记载标识的产品，取代了传统的胶片、录影带、录音带等，通常把这种产品统称为数码产品。

4.5.1 数码相机

数码相机也叫数字式相机，简称DC（Digital Camera，数码相机），是集光学、机械、电子一体化的产品。它集成了影像信息的采集、转换、存储和传输等部件，具有数字化存取模式、与电脑交互处理和实时拍摄等特点。数码相机如图4-15所示。

图4-15 数码相机

数码相机和传统相机的外形和功能相同，它与传统相机最大的不同点就在储存媒介上。数码相机是利用磁盘片或记忆卡来存取图像，拍摄的图像信息可以使用USB等标准联机方式传输到计算机中处理，也可以由具有特殊功能的打印机直接打印出来，其最大的优点在于处理拍摄的图像信息直观、方便、灵活、快捷、功能多样。数码相机分两种类型：普通级和单反级。

（1）数码相机的组成及工作原理

DC基本上由镜头、快门、成像传感器、模数转换器（ADC）、CPU、内置存储器、液晶显示屏组件、闪光灯、电子取景器、存储卡和输出接口等部分组成。DC组成如图4-16所示。

DC的工作原理：当按下快门时，镜头将光线汇聚到模拟光电转换器上，它的功能是把光信息转变为模拟电信息；得到的对应于拍摄景物的模拟电子图像信号经由ADC进行A/D（模/数）转换后才能以数字数据方式储存；当数字信息以既定的格式存入缓存内存内，一张数码照片便正式诞生了；其后CPU对图像数据进行压缩并转化成为一特定的图像格式；压缩后，图像档案会存储在非易失性内置存储器中。

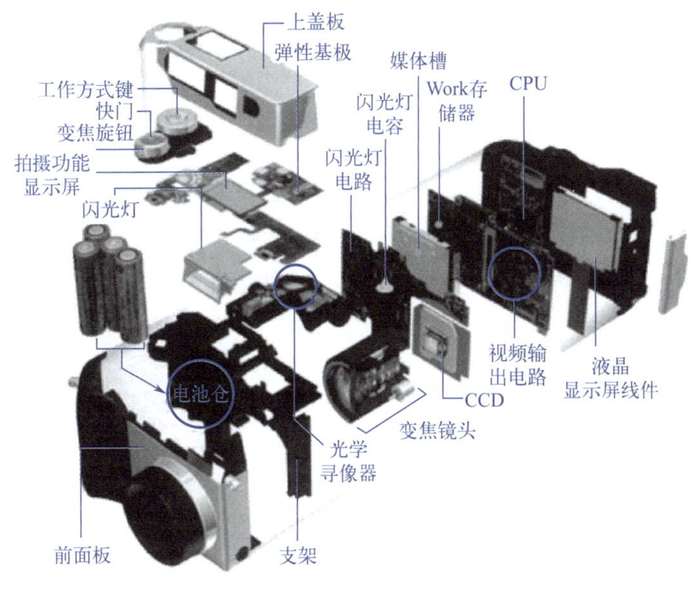

图4-16 DC组成

（2）数码相机的性能指标

全面评价一台数码相机的性能优劣，应该从数码相机的常规性能与特色功能两方面来综合衡量，主要有以下几种：CCD/CMOS尺寸、白平衡与感光度、LED亮度与像素、总像素与有效像素、最高分辨率、输出接口与信号输出形式、色彩深度等。

（3）主流数码相机

从经销商的品牌来看，主要是以名牌产品为主，其中最为主流的品牌有富士（Fujitsu）、佳能（Canon）、奥林巴斯（Olympus）、柯达（Kodak）、索尼（Sony）、卡西欧（Casio）、柯尼卡美能达（Konica-Minolta）、尼康（Nikon）、三星（Samsung）等，而国内的数码相机有联想（Lenovo）、方正（Founder）、中恒（DEC）、紫光（Thunis）等。

4.5.2 数码摄像机

数码摄像机也叫DV，目前市面上数码摄像机依据记录介质的不同可以分为以下几种：Mini（微型）DV（采用Mini DV带）、Digital 8 DV（采用D8带）、超微型DV［采用SD（安全数字存储卡）或MMC（多媒体存储卡）等扩展卡存储］、专业数码摄像机［摄录一体机，采用DVCAM（专业数字磁带录像格式）带］、DVD数码摄像机（采用可刻录DVD光盘存储）、硬盘式数码摄像机（采用微硬盘存储）和高清数码摄像机（HDV）。高清数码摄像机如图4-17所示。

图4-17 高清数码摄像机

（1）数码摄像机的组成和分类

① 数码摄像机的组成。数码摄像机属于较为精密的机、电一体化设备，由镜头、取景器、显示屏、图像传感器、存储介质、电源等部分组成。

② 数码摄像机的分类。

a. 按照使用用途分类。按使用用途分为广播级机型、专业级机型和消费级机型。

b. 按照存储介质分类。可分为磁带式、光盘式和硬盘式三种。

c. 按照传感器类型和数目分类。分为CMOS摄像机、单CCD摄像机和三CCD摄像机三种。

从数码摄像机的存储发展技术来看，DVD数码摄像机、硬盘式数码摄像机和高清数码摄像机代表了未来的发展方向，对于到底选择哪种存储介质的数码摄像机，最主要还是要根据各自的实际情况来进行选择。

（2）数码摄像机的特点

和模拟摄像机相比，DV有如下突出的特点。

① 清晰度高，其水平清晰度已经达到了500～540线，可以和专业摄像机相媲美。

② 色彩更加纯正，DV的色度和亮度信号带宽差不多是模拟摄像机的6倍。

③ 无损复制，影像质量丝毫也不会下降。

④ 体积小，重量轻，一般只有500g左右，方便外出使用。

目前市场上绝大多数家用数码摄像机均是Mini DV格式。数码摄像机的LCD是非常昂贵而脆弱的，所以用户在使用的时候一定要小心，而且平时需要做保养工作。

【任务实施】

数码产品包括数码相机和摄像机。只有在熟悉数码相机和摄像机的主要性能指标基础上，才能根据需求不同选购出合适的数码产品。

第一步：选购数码相机

选购数码相机时，应综合考虑自己的需求、预算、相机种类、品牌、型号、成像质量、存储媒体、自动变焦功能、镜头品质、液晶显示功能以及外观设计和性能等因素，以找到最适合自己的相机。

① 需求和预算：首先，需要明确自己的摄影需求，如人像、风景、体育等，以及预算范围。不同的拍摄需求和预算会对相机的选择产生直接影响。

② 相机种类：相机种类繁多，包括单反、微单、卡片机等，每种类型都有其优缺点。了解各种类型的特性，有助于找到最适合自己需求的相机。

③ 品牌和型号：不同品牌和型号的相机在功能、画质、价格等方面都有所不同。通过比较，可以根据自己的需求和预算进行选择。

④ 成像质量和像素水平：成像质量很大程度上取决于成像芯片的像素水平。像素越高，图像分辨率越高，画质越细腻清晰。根据使用用途量力而行，选择合适的像素水平。

⑤ 存储媒体和可拍张数：存储容量的大小决定了所能拍摄的张数。在经济条件允许的前提下，存储量越大越好。多数相机可配套使用移动式存储卡，方便容量扩充。

⑥ 自动变焦功能和曝光模式：自动变焦功能和多种曝光模式可以提高拍摄的便利性和画质，消费者可根据习惯爱好及自身摄影技艺选择合适的模式。

⑦ 镜头的品质：内置变焦镜头和镜头中的非球面镜片、光圈挡位数等都会影响拍摄的灵活性和成像质量。

⑧ 液晶显示功能：具备液晶显示功能的数码相机可以方便地浏览编辑照片，并在拍摄前预览并先行检视拍摄对象。

⑨ 外观设计和性能：外观设计成为竞争的重点，而性能包括功能及各种功能的实际表现，对消费者选择有重要影响。性能从高到低的排名为单反相机、单电相机、消费相机。

第二步：选购数码摄像机

选购数码摄像机，需要根据以下4个方面进行综合选购。

① 分辨率：需要关注数码摄像机的画质表现，首先，应选择适合自己需求的分辨率，如4K或8K。其次应关注传感器的类型和性能，确保拍摄出高质量的画面。优先选用高清数码摄像机，像素是1920×1080，画质清晰，应用较广泛。

② 稳定性和易用性：对于手持拍摄，选择具备光学防抖或电子防抖功能的摄像机，以减少

画面抖动。同时，建议选择操作界面友好、易于上手的数码摄像机，提高拍摄效率。

③ 音频性能：使用数码摄像机时往往需要录制声音，因此音频性能是选择数码摄像机时需要关注的重要性能之一，可以根据自己的需求选择内置麦克风和外置麦克风等。

④ 存储和传输：存储和传输的性能极大地影响了数码摄像机使用时的便利。需要了解支持的存储卡类型，选择容量适中、速度稳定的存储卡。同时，应选择具备高速数据传输接口的数码摄像机，方便后期编辑和传输。

项目评价与反馈

表4-1为输入设备认识与选购评分表，请根据表中的评价项和评价标准，对完成情况进行评分。学生完成评分后教师再根据学生完成情况进行评分。其中：学生自评占40%，教师评分占60%。

表4-1　输入设备认识与选购评分表

班级：		姓名：		学号：	
评价项	评价标准	项目占比	学生自评	教师评分	得分
键盘	依据国内外权威的计算机部件评测网站，结合键盘当前市场品牌、技术指标、价格及需求等进行综合评价	15			
鼠标	依据国内外权威的计算机部件评测网站，结合鼠标当前市场品牌、技术指标、价格及需求等进行综合评价	15			
扫描仪	依据国内外权威的计算机部件评测网站，结合扫描仪当前市场品牌、技术指标、价格及需求等进行综合评价	30			
数码相机和摄像机	依据国内外权威的计算机部件评测网站，结合数码相机和摄像机当前市场品牌、技术指标、价格及需求等进行综合评价	30			
专业素养	各项的完成质量	10			
总分		100			

思考与练习

1. 键盘按照接口是如何分类的？
2. 现在用的主流鼠标是哪种类型的鼠标？
3. 扫描仪的性能指标有哪些？
4. 数码相机有哪些性能指标？如何选购？
5. 数码摄像机有哪些特点？如何选购？

项目5 输出设备认识与选购

项目导入

由于计算机硬件的飞速发展，输出设备越来越多。计算机常用输出设备包括显卡、显示器、打印机、声卡及音箱等，也是用计算机实现高效办公不可或缺的组成部分。了解它们的分类、组成结构、用途及主要性能指标，根据需求学会挑选出高性价比的输出设备。

学习目标

知识目标：

① 了解显卡、显示器、打印机、声卡及音箱的类型、结构组成；

② 了解显卡、显示器、打印机、声卡及音箱的主要性能指标。

能力目标：

① 能够根据需求选购输出设备；

② 能够掌握输出设备与计算机的连接、日常使用和简单故障维护。

素养目标：

① 通过资源学习，养成自主学习的习惯；

② 通过输出部件性能参数识别，培养勇于探究的精神；

③ 通过项目实施，形成吃苦奉献的良好品质；

④ 通过小组合作，提高团队协作意识及语言沟通能力。

任务5.1 认识显卡

【任务描述】

通过本任务能够熟悉显卡的作用、类型、结构组成与工作原理，熟悉显卡的主要性能指标，并能够根据客户需求选购市场上高性价比的显卡。

【必备知识】

显卡全称显示接口卡，又称为显示适配器、显示器配置卡，简称为显卡或显示卡，是个人电脑最基本组成部分之一。

显卡的用途是将计算机系统所需要的显示信息进行转换驱动，并向显示器提供行扫描信号，控制显示器的正确显示。显卡作为电脑主机里的一个重要组成部分，承担输出显示图形的任务，对于喜欢玩游戏和从事专业图形设计的人来说显卡非常重要。民用显卡图形芯片供应商主要包括AMD（ATI）和NVIDIA两家。

5.1.1 显卡的类型

显卡有许多分类方法，一般按照电路结构、接口类型和使用功能进行分类。

（1）按电路结构分

显卡按电路结构分为独立显卡、集成显卡和核心显卡三类。

① 集成显卡是将显示芯片、显存及其相关电路都制作在主板上，与主板融为一体。集成显卡的显示芯片有独立的，但现在大部分都集成在主板的北桥芯片中。集成显卡又可分为三种：独立显存集成显卡、内存划分式集成显卡和混合式集成显卡。独立显存集成显卡就是在主板上有独立的显存芯片，不需要系统内存。内存划分式集成显卡是从主机系统内存当中划分出来一部分内存作为显存供集成显卡调用，这也就是集成显卡的主板显示的系统内存与标称的物理内存不符的原因。混合式集成显卡既可独立工作，又可调用系统内存。

② 独立显卡是指将显示芯片、显存及其相关电路单独制作在一块电路板上，作为一块独立的板卡存在。独立显卡上安装有数量不等的显存芯片，一般不占用系统内存，比集成显卡能够得到更好的显示效果，容易进行显卡的硬件升级。

③ 核心显卡（Core Graphics Card，核心图形卡）意思是集成在核心中的显卡，即核心集成在CPU内。核心显卡虽然与传统意义上的集成显卡并不相同，工作方式的不同决定了它的性能比早期的集成显卡有所提升，但是它仍然是一种集成显卡。核心显卡是新一代的智能图形核心，它整合在智能处理器当中，依托CPU强大的运算能力和智能能效调节设计，在更低功耗下实现同样出色的图形处理性能和流畅的应用体验。

（2）按接口类型分

显卡按接口类型分为ISA（工业标准架构）显卡、PCI显卡、AGP（加速图形端口）显卡、PCIe显卡等。ISA显卡、PCI显卡、AGP显卡已经淘汰。目前，PCIe显卡接口数据传输速率最快，已经是市场的主流。

（3）按使用功能分

显卡从使用功能上分为普通显卡和专业图形显卡两种。

普通显卡就是普通台式机内所采用的显卡产品，又分主板集成显卡和独立显卡两种形式。

专业图形显卡是指应用于图形工作站上的显卡，它是图形工作站的核心，只有独立显卡一种形式。

5.1.2 显卡的信号处理

显卡是主板与显示器之间的接口，主要功能是处理图像信号。首先，由CPU送来的数据会通过PCIe总线接口进入显卡的GPU（Graphics Processing Unit，图形处理单元）进行处理。当GPU处理完后，相关数据会被运送到显存芯片暂时储存。最后数字图像数据会被送入RAMDAC

（Random Access Memory Digital-to-Analog Converter，随机存储器数模转换器），转换成计算机显示需要的模拟数据，RAMDAC再将转换完的数据送到显示器显示图像。在整个数据处理过程中，GPU对数据处理的快慢以及显存的数据传输带宽都对显卡性能有较大的影响。

5.1.3 独立显卡

一款独立显卡（图5-1）通常由显示芯片、显存、RAMDAC、显卡BIOS、总线接口、VGA（视频图形适配器）接口、S端子等部分组成。

图5-1 独立显卡

图5-2所示为一款PCIe×16显卡。

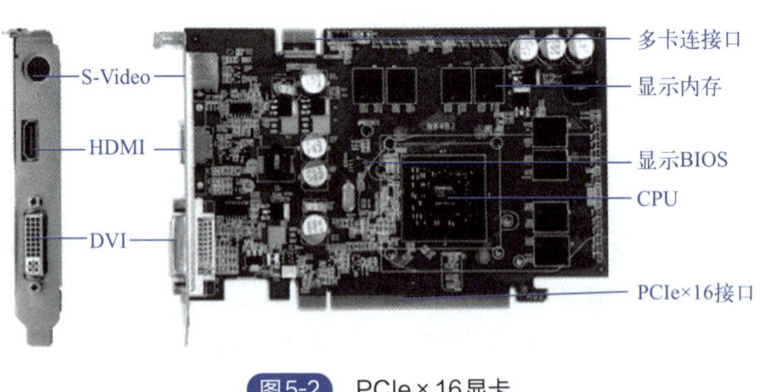

图5-2 PCIe×16显卡

（1）显示芯片及散热风扇

显示芯片是显卡的接口部件，是显卡的“CPU”，它直接决定了显卡档次的高低和性能的好坏。显示芯片的主要任务是处理计算机系统传送给显卡的视频信息，并对这些信息进行构建、渲染等工作。不同的显示芯片在内部结构和性能上都有着显著的差异。同时，采用不同制造工艺的显示芯片，它们的核心频率和显卡的集成度也各不相同。显示芯片的制造工艺经历了0.5mm、0.35mm、0.25mm、0.18mm、0.15mm、0.13mm和0.09mm等几个发展阶段。目前，设计、制造显示芯片的厂家有NVIDIA、ATI、SIS、3Dlabs等几家公司。因为显示芯片的处理速度很快，因此在工作过程中会产生大量的热量。为了帮助显卡散热，许多显卡专门为显示芯片安装了散热风扇。

（2）显示内存

显示内存简称为显存，也叫作帧缓存。它用来暂时存放显示芯片处理的数据或即将提取的渲染数据。显存也是显卡的核心部件之一，它的优劣和容量大小直接决定显卡的最终性能表现。可以这样理解，显示芯片决定了显卡所能提供的功能及其基本性能，而显卡性能能否更充分地发挥出来则在很大程度上取决于显存。无论显示芯片的性能如何优秀，最终其性能的发挥都要依靠配套的显存。因此，有效地提高显存的效能也就成了提高整个显卡效能的关键。衡量显存性能好坏的参数主要有显存位宽（显存在一个时钟周期内所能传送数据的位数，目前有64位、128位、256位等几种位宽）、显存容量（显存能存储数据的多少，目前主要有16MB、32MB、64MB、128MB和256MB等几种容量）、显存频率、显存带宽［指显示芯片与显存之间的数据传输速率，以字节为单位，计算公式：显存带宽=（工作频率×显存位宽）/8］、显存类型（主要有RAM显存、DDR显存、DDR2显存和DDR3显存等几种）、显存封装［主要有QFP（四面扁平封装）、TSOP-Ⅱ、BGA等几种封装形式］等几项。分辨率越高，像素也就越多，故要求的显存容量也就越大。

（3）RAMDAC

RAMDAC即随机存储器数模转换器，它的主要作用是将暂存于显存中要输出的数字信号转换为显示器能够识别并显示出来的模拟信号，它的转换速率以“MHz”表示。

（4）显卡BIOS芯片

显卡的BIOS芯片中存储了显卡的硬件控制程序和相关信息（如产品标识）。前几年生产的显卡的BIOS芯片大小与主板BIOS一样，现在显卡的BIOS很小，大小与内存条上的SPD相同。显卡的BIOS如图5-3所示。

（5）显卡输出接口

显卡的输出接口就是电脑与显示器之间的桥梁，它负责向显示器输出显卡处理过的图像信号。显卡的输出接口有S（Separate Video，分离视频）端子、DVI（Digital Visual Interface，数字视频接口）和VGA（Video Graphics Adapter，视频图形适配器）接口。

① VGA接口。VGA接口是一种D型接口，接口为15针母插座，15个孔平均被分成三排。VGA接口是显卡上应用最为广泛的接口类型，绝大多数的显卡都带有此种接口。显卡VGA接口如图5-4所示。

现在的显卡BIOS

早期的显卡BIOS

图5-3　显卡的BIOS

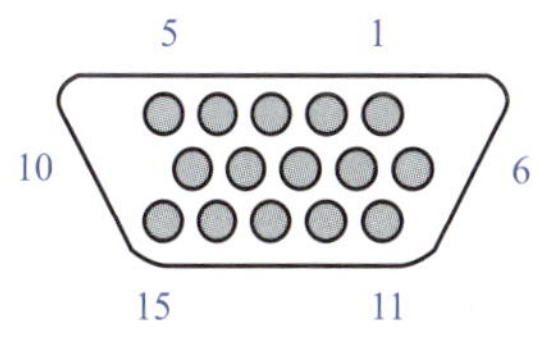

图5-4　显卡VGA接口

② DVI。DVI（Digital Visual Interface，数字视频接口）又称为数字接口，数字接口与传统的模拟信号接口相比，具有更高的清晰度，是目前比较流行的接口。目前的DVI主要有DVI-D和DVI-I两种。DVI-D只能传送数字信号，如图5-5所示。

DVI-I接口可同时兼容模拟和数字信号，兼容模拟信号并不意味着VGA接口可以连接在DVI-I接口上，而是必须通过一个转换接头才能使用，一般采用这种接口的显卡都带有相关的转换接头。DVI-I接口如图5-6所示。

（6）总线接口

显卡总线接口是指显卡与主板连接时所采用的接口方式。显卡总线接口决定着显卡与系统之间数据传输的最大带宽，不同接口的显卡性能差异较大。目前主要采用的显卡总线接口方式有PCI Express（PCIe）接口和AGP接口。AGP接口的传输速率最高可以达到2133MB/s（AGP

图5-5 DVI-D接口

图5-6 DVI-I接口

3.0标准）。PCI Express接口是一种新型显卡总线接口，它的最大传输速率可以达到8GB/s（PCI Express×16全双工标准），是当前显卡最常采用的接口。

（7）HDMI（High Definition Multimedia InterFace，高清晰多媒体接口）

HDMI是一种全数字化视频和声音发送接口，它可以提供高达5Gbit/s的数据传输带宽，并传送无压缩音频信号及高分辨率视频信号。HDMI可用于机顶盒、DVD播放机、个人计算机、电视游乐器、综合扩大机、数字音响与电视机等设备。HDMI可以同时发送音频和视频信号，由于音频和视频信号采用同一条线材，大大简化了系统线路的安装难度。最新的主板和显卡上已经开始配备HDMI插座。

5.1.4 集成显卡

集成显卡缺点为：当使用主内存作为显存，在运行需要大量占用显存的程序时，对整个系统的影响会比较明显，系统内存的频率通常比独立显卡的显存低很多，因此集成显卡的性能比独立显卡差很多；不能对显卡进行硬件升级。其优点是：系统功耗有所减少；不需要独立显卡实现普通的显示功能，以满足一般的应用，性价比高。

有些集成显卡的芯片组还可以支持单独的显卡插槽，而有些则不再支持专门的显卡插槽，集成显卡和独立显卡不能同时工作。

5.1.5 核心显卡

核心显卡是在Intel酷睿处理器和AMD的AGP处理器中，将图形核心与处理核心整合在同一块基板上，构成一个完整的处理器。

5.1.6 显卡的生产厂商与品牌

显卡生产厂商很多，但是显卡的核心部件——显示芯片的生产厂家却并不多。显卡的显示芯片的功能类似主机的CPU，它决定了显卡的档次，显示芯片生产厂家有Intel、ATI、AMD、NVIDIA、VIA（S3）、SIS、Matrox、XGI、3Dlabs等。常见的显卡品牌有华硕、技嘉、铭瑄、MSI、七彩虹等。

【任务实施】

在熟悉显卡主要性能指标基础上，才能根据需要选购出高性价比的显卡。

第一步：认识显卡的性能指标

衡量显卡性能好坏的指标主要有显存大小、色深、分辨率、刷新频率等几项。

（1）显存大小

显存大小是指显卡显示内存的容量大小，是选择显卡的关键参数之一。显存大小决定着显存临时存储数据的多少。目前，显存大小主要有16MB、32MB、64MB和128MB等几种。16MB和32MB显存的显卡已经很少见了，主流的显存大小为64MB和128MB，也有部分高档显卡使用的显存大小为256MB。用户选择多大显存的显卡合适取决于多方面的因素，可以参考计算公式来选择：显存容量=（显示分辨率×颜色位数）/8。

（2）色深

色深指的是每个像素可显示的颜色数，它的单位是bit（位）。每个像素可显示的颜色数取决于显卡上给它分配的DAC（数模转换器）位数，位数越高，每个像素可显示出的颜色数目就越多。但是在显示分辨率一定的情况下，一块显卡所能显示的颜色数目还取决于其显存的大小，比如一块2MB显存的显卡，在1024×768的分辨率下，就只能显示16位颜色（即65536种颜色），如果要显示24位颜色（即1.68×10^7种颜色），就必须要4MB显存。关于显存的计算方法较为复杂，并且专业性强，这里就不再多讲。通常说一个8位显卡，就是说这个显卡的色深是8位，它可以将所有的颜色分成2的8次方（也就是256）种表示出来。现在流行的显卡色深大多数达到了32位。

（3）分辨率

分辨率是指显卡在显示器上所能描绘的像素点的数量。显示器上显示的画面是由一个个的像素点构成的，而这些像素点的所有数据都是由显卡提供的，最大分辨率就是表示显卡输出给显示器并能在显示器上描绘的像素点的数量。显卡的分辨率一般用所能达到的最大分辨率来衡量。显卡的最大分辨率一定程度上与显存有直接关系，因为这些像素点的数据最初都要存储于显存内，因此显存容量会影响到最大分辨率。目前流行的64MB、128MB的显存容量足以应付显卡显示的要求，并不会制约最大分辨率。目前的显示芯片都能提供2048×1536的最大分辨率，但绝大多数的显示器并不能提供如此高的显示分辨率，还没到这个分辨率时，显示器就已经黑屏，所以显卡能输出的显示分辨率并不代表该计算机系统就一定能达到这个分辨率，它还必须要有相应的显示器配套才可以。

（4）刷新频率

刷新频率是指图像在显示器上的更新速度，也就是图像每秒钟在屏幕上出现的帧数，以Hz为单位。刷新频率越高，屏幕上图像的闪烁感就越弱，图像就越稳定，视觉效果就越好。

第二步：选购显卡

用户在购买显卡的时候，在重点关注显卡的性能指标的同时，还要考虑以下选购原则。

① 按需选购：如果只是用于日常办公，只需主板集成显卡就够了；如果是进行专业视频加工、玩大型游戏就要独立显卡，而且对显存也有较高要求。

② 考虑做工和品牌：显卡工作电流大，发热量也大，所以要买知名的、有品质保证的厂商生产的显卡，同时考虑显卡的整体做工。

③ 考虑经济能力：根据自己经济承受能力购买合适的显卡。

任务5.2 认识显示器

【任务描述】

知晓显示器的分类、工作原理，熟悉显示器的主要性能，并能够根据客户需求选购出当前市场上高性价比的显示器。

【必备知识】

5.2.1 显示器的分类

显示器是计算机的主要输出设备。离开显示器，用户将不能看到计算机处理的信息。一台显示器的好坏不但影响显示效果，更重要的是影响用户的身体健康，特别是眼睛。目前市场上流行的显示器的种类有三种：一种是CRT显示器，一种是液晶显示器，还有PDP（Plasma Display Panel，等离子显示器）。其实从不同的角度分类，显示器的种类有很多。

（1）按显示器的显像管分类

按显示器的显像管的不同，可以将显示器分为三种。一是传统显示器，即CRT（Cathode Ray Tube，阴极射线管）显示器，它主要采用电子枪产生图像。CRT显示器又可细分为球面显像管和纯平显像管两种显示器。所谓球面是指显像管的断面是一个球面，它在水平和垂直方向上都是弯曲凸起的。所谓纯平显像管是指无论在水平方向还是在垂直方向都是完全平面。球面显像管因失真度大，已经被淘汰，CRT显示器目前主要采用纯平显像管。二是LCD（Liquid Crystal Display，液晶显示器）。LCD是目前最热门的一种显示器，也是显示器发展的趋势所在。液晶显示器的结构很复杂，共有四种物理结构：TN（Twisted Nematic，扭曲向列）型、STN（Super Twisted Nematic，超扭曲向列）型、DSTN（Double Layer STN，双层超扭曲向列）型、TFT（Thin Film Transistor，薄膜晶体管）型。目前LCD的主流结构是TFT型。三是PDP（Plasma Display Panel，等离子显示器）。PDP是一种视频显示器，也叫作平板显示器。它屏幕上的每一个像素都由少量的等离子或充电气体照亮，有点像微弱的霓虹灯光。PDP的体积比CRT显示器小，色彩比LCD鲜艳、明亮，而且视角更大。图5-7所示为CRT、LCD和PDP三种类型的显示器。

认识一二三线显卡品牌

CRT显示器

LCD

PDP

图5-7 三种类型的显示器

（2）按显示色彩分类

按显示色彩分，可把显示器分为单色显示器和彩色显示器。其中单色显示器已经被淘汰，目前主要是彩色显示器。

（3）按屏幕大小分类

按显示屏幕大小分，可把显示器分为14in、15in、17in、19in、24in、27in、32in等几种。其中24～32in是目前台式机显示器的主流尺寸。

5.2.2 显示器的原理

不同种类的显示器的工作原理也各不相同。本节分别对CRT显示器、LCD、LED（发光二极管）显示器、有机发光二极管显示器和PDP的显示原理进行说明。

（1）CRT显示器原理

CRT显示器的显示系统与电视机相同，它的显像管实际就是电子枪，一般有三个电子枪。显示器的显示屏幕上涂有一层荧光粉，电子枪发射出的电子束击打在屏幕上，使被击打位置的荧光粉发光，产生一个个光点（像素），从而形成图像。每一个发光点又由“红、绿、蓝”三个小的发光点组成（三个电子枪）。由于电子束是分为三条的，分别射向屏幕上的这三种不同颜色的发光小点，从而在屏幕上出现绚丽多彩的画面。CRT显示器现在已经基本淘汰。

（2）LCD原理

液晶显示器（LCD）的显像原理是将液晶分子置于两片导电玻璃薄片之间（电极面向内），靠两个电极间电场的驱动，引起夹于其间的液晶分子扭曲向列的电场效应，以控制光源透射或遮蔽功能，在电源关开之间产生明暗而将影像显示出来，若加上彩色滤光片，则可以显示彩色影像。当两处玻璃基板上加入电场后，液晶层就会因偏振光的直射而透明，无电场时液晶层处于不透明状态。若对每个像素施加不同的电场，就会出现透明和不透明的状态，也就形成了在屏幕看到的图案或文字。

（3）LED显示器原理

LED显示器是采用无数多个高亮度的发光二极管组合成的大屏幕显示屏，集微电子技术、计算机技术、信息处理于一体，以其色彩鲜艳、动态范围广、亮度高、清晰度高、工作电压低、功耗小、寿命长、耐冲击和工作稳定可靠等优点，成为最具优势的新一代显示媒体。LED显示器已广泛应用于商业广告、信息传播、新闻发布、证券交易等领域中。LED显示器的构成如图5-8所示。LED显示器的核心原理是基于PN结的电致发光效应，通过控制红、绿、蓝三色LED的亮度和组合实现全彩显示。

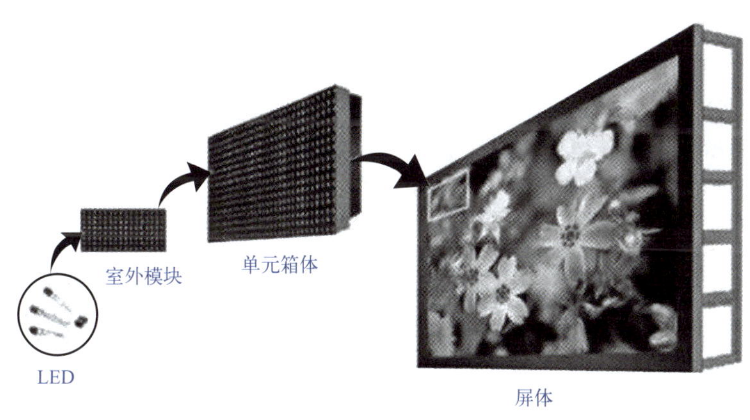

图5-8 LED显示器的构成

（4）有机发光二极管显示器（Organic LED）原理

OLED（Organic Light Emitting Diode，有机发光二极管）显示器是一种不同于CRT、LED和液晶技术的全新发光原理显示器。其发光机理为：在外界电压的驱动下，由电极注入的电子和空穴在有机材料中复合而释放出能量，并将能量传递给有机发光物质的分子，后者受到激发，从基态跃迁到激发态，当受激分子回到基态时辐射跃迁而产生发光现象。利用OLED制成的显示器，具备自发光、对比度高、厚度薄、视角广、反应速度快、可挠曲等特点。OLED显示器由玻璃基板、阳极（透明）、三基色有机发光体、阴极等组成。OLED显示器的组成结构如图5-9所示。

图5-9 OLED显示器的组成结构

（5）PDP（等离子显示器）原理

PDP是一种利用气体放电的显示装置，它采用等离子管作为发光元件，大量的等离子管排列在一起构成屏幕。在等离子管电极间加上电压后，封在两层玻璃之间的等离子管之间的氖氙气体就会产生紫外光，从而激活平板上的红、绿、蓝三原色荧光粉，发出可见光。每个离子管作为一个像素，由这些像素的明暗变化和颜色变化组合，产生各种灰度和色彩的图像，与显像管的发光原理类似。等离子显示器的导电玻璃有三层：第一层里面涂有导电材料的垂直条，中间层是灯泡排列，第三层表面涂有导电材料的水平条。要点亮某个位置的灯泡，要在相应行上加较高电压，等该灯泡点亮后，可用低电压维持灯泡亮度。关掉某个灯泡只需将相关的电压降为零。

【任务实施】

先要熟悉LCD的主要性能指标，才能根据需要选购出高性价比的显示器。

第一步：熟悉LCD的性能指标

八大参数
选购显示器

① 可视面积。可视面积是指液晶显示器屏幕对角线的长度，单位为英寸（in）。液晶显示器采用的标称尺寸就是它实际屏幕的尺寸，一般常见尺寸有24in、27in、32in。因此，15in的液晶显示器的可视面积相当于17in CRT显示器的实际尺寸。

② 点距。LCD的像素间距类似于CRT的点距。点距一般指显示屏相邻两个像素点之间的距离。LCD的点距与可视面积有直接关系，如一台LCD（14in）的可视面积为285.7mm×214.3mm，其最佳分辨率为1024×768，则其点距为285.7/1024或214.3/768，等于0.28mm左右。其实液晶显示器（LCD）的点距与CRT显示器的点距有些不同，液晶显示器的屏幕中任何一个地方的点距都是一样的。

③ 分辨率。分辨率是指屏幕上像素的数目，一般用“横向点数×纵向点数”来表示。标清720P为1280×720像素，高清1080P为1920×1080像素，超清1440P为2560×1440像素，超高清4K为4096×2160像素。

④ 亮度与对比度。LCD的亮度是指画面的明亮程度，以cd/m^2为单位。显示器画面过亮会引起人眼不适而诱发视觉疲劳，亮度必须均匀。LCD的亮度均匀与否与背光源、反光镜的数量及配置方式有关。目前市场上品质较佳的LCD，画面亮度均匀，画面中心亮度和距离边框部分区域的亮度差别不大，没有明显的暗区。

对比度则是指画面上某一点最亮时（白色）与最暗时（黑色）的亮度比值，它直接决定该液晶显示器能否表现出丰富的色阶。对比度越高，还原的画面层次感就越好，即使在观看亮度很高的图片时，黑暗部分的细节也可以清晰体现。高对比度意味着相对较高的亮度和呈现颜色的艳丽。

⑤ 刷新率和响应时间。屏幕刷新率是指每秒钟更新画面的帧数，单位是Hz，通常有60Hz、75Hz、144Hz、165Hz、360Hz等。刷新率低，屏幕就有闪烁感，眼睛容易疲劳。刷新率越高，画面越流畅。

响应时间是液晶显示器对输入信号的反应速度，以毫秒（ms）为单位。响应时间越短，画面延迟越低，玩游戏时拖影现象就会大幅度减弱。

⑥ 曲率。曲率是指显示器呈现弧形时与圆弧相切的圆半径。1000*R*～1800*R*是常见的曲率范围。曲率越小，屏幕弯曲越厉害，视觉包裹感越强。曲面显示器可以提供更好的视觉和沉浸感，减少眼部疲劳。

⑦ 最大显示色彩数。最大显示色彩数是衡量LCD色彩表现能力的一个参数，也是用户非常关心的一个重要指标。一台LCD的像素点一般为1024×768个，而每个像素由红（R）、绿（G）、蓝（B）三原色组成。高端LCD的每个原色能表现8位色（256种颜色），则可以算出该显示器的最大显示色彩数为256×256×256 =16777216，即24位真彩色。最大显示色彩数越多，所显示的画面色彩就越丰富，层次感也越好。用户在选购LCD时一定要咨询清楚所选购的LCD的最大显示色彩数是多少。

⑧ 视频信号的带宽。视频信号的带宽指的是显示卡输出视频的频谱宽度。显示模式越高，所要求的带宽越宽，带宽＝水平分辨率×垂直分辨率×场频×（1.2～1.5），单位为MHz。

⑨ 接口类型。主流的是HDMI、DVI和DP接口等。HDMI是高清晰多媒体接口，支持同时传输高清视频和音频信号。DP是高清数字接口，支持视频＋音频的传输，传输带宽更大，DP的分辨率要比HDMI高得多，画质最好，真正支持4K分辨率。

市场常见的显示器接口类型清晰度排名：DP>HDMI>DVI>VGA。最好选择带有DP接口的显卡和液晶显示器，DP接口如图5-10所示。

图5-10　DP接口

【知识贴士】 HDR技术：HDR（High Dynamic Range，高动态范围）是一种提高影像亮度和对比度的处理技术，该技术可以将每个暗部的细节变丰富，让电影、图片、游戏画面都能呈现出极佳的效果，使用户在观影、玩游戏时更接近真实环境中的视觉感受。

第二步：选购LCD

① 根据LCD的主要性能指标，如屏幕尺寸、分辨率、刷新率、点距等，来选购高性价比的显示器。

② 根据客户使用需求，如家用办公、追剧看片、电竞游戏、设计等选用。24～27in的显示器适合日常办公和娱乐；27～32in适合游戏和视频剪辑；超宽屏适合沉浸感强的游戏等对视野要求高的场景。

任务5.3　认识声卡

【任务描述】

知晓声卡的结构、作用以及工作原理，根据客户需求和主要性能指标能够选购出当前市场上高性价比的声卡。

【必备知识】

声卡也叫作音效卡，主要负责处理计算机系统中所有与声音有关的工作，如播放音乐及录制音乐等。虽然目前市场上声卡的品牌有40种之多，但声卡的结构与工作原理都大体相同。

5.3.1 声卡的结构

声卡主要由声音处理芯片、功率放大器、CODEC（编码器/解码器）芯片、总线接口、输入/输出端口、MIDI（乐器数字接口）/游戏接口和CD音频连接器等几部分组成。图5-11所示为一款声卡的结构图。

（1）声音处理芯片

声音处理芯片是声卡的核心部件，它从本质上决定了声卡的性能好坏和档次高低。从外观上看，它也是声卡上各个集成块中面积最大的和四边都有引线的一块集成块。该芯片上一般标有产品商标、型号、生产日期、编号、生产厂商等重要信息。声音处理芯片的基本功能包括对声波采样和回放的控制、处理MIDI（Musical Instrument Digital Interface，乐器数字接口）指令等，部分厂家还在其中增加了混响、和声、音场调整等本该DSP（Digital Signal Processor，数字信号处理器）实现的部分功能。声音处理芯片的另一种表现形式不是单独一块集成块，而是由3～6块集成块组成的芯片组。目前，声音处理芯片制造商主要有ALS、ESS、Yamaha、SB、Creative。

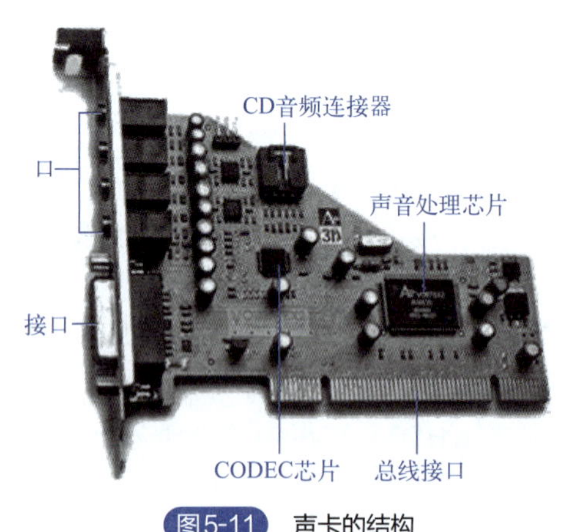

图5-11 声卡的结构

（2）功率放大器

由于声音处理芯片处理好的声音信号不足以推动音箱发声，因此需要增加功率放大器（简称功放），对声音信号进行放大，再送到扬声器或音箱中。在放大声音的过程中，不仅仅是放大了音乐信号，同时也放大了噪声信号，影响了音质。为解决这个问题，有的声卡便在功放前端放置一个滤波器，用于滤掉高频的噪声信号。这个方法对克服噪声有明显效果，但在滤掉噪声的同时，有一些高频的音乐信号也被过滤掉了，同样会引起音质下降。最有效的办法是绕过功放，直接通过线路输出端口连接音箱，让声音处理芯片和音箱的品质来决定音质的好坏。

（3）CODEC芯片

CODEC（Coder-Decoder）是编码器/解码器的英文缩写，它的标准名称是“多媒体数字信号编解码器”，主要负责数字信号转换为模拟信号（DAC）和模拟信号转换为数字信号（ADC）的工作。从外观上看，它是一片或多片四面都有引脚的正方形芯片，面积为0.5～1.0cm^2。声卡的声音处理芯片处理完的数字信号要通过声卡上的Line Out（线路输出）端口输出到音箱或耳机，或者用户使用录音设备将外部声音输入声卡的声音处理芯片中，这都必须经过CODEC芯片的转换处理才能完成。因此，声卡输入输出模拟音效品质的好坏与CODEC芯片的转换品质的好坏有直接的关系。

（4）总线接口

声卡的总线接口主要有三种：早期的多为ISA接口，因为此种接口功能单一，占用系统资源过多且传输速率低，已被市场淘汰；现在的声卡接口多为PCI接口，相对于ISA接口来说，PCI接口拥有更好的性能和兼容性；第三种接口用于外置式声卡上，采用USB接口，使用起来更为方便。

（5）CD音频连接器

通过CD音频连接器，将光驱与声卡相连接，便于声卡处理来自光驱的数字或模拟信号。

（6）输入/输出端口

声卡的输入/输出端口是主要用于声卡与音箱、话筒等声音或录音设备相连接的端口。一般有Speaker Out（喇叭输出）端口、Line In（线路输入）端口、Line Out（线路输出）端口、Mic In（话筒输入）端口等几种。Line In端口用于其他声音设备（如收录机）与声卡相连接，Mic In端口用于话筒与声卡相连接，Line Out端口用于外部的功率放大器与声卡相连接，Speaker Out端口用于无源或有源音箱与声卡相连接。当然，声卡所提供的输入/输出端口数的多少与它所支持的声道数是有关系的。

（7）游戏/MIDI接口

该接口是游戏手柄（操作杆）或MIDI设备（如MIDI键盘、电子琴等）与声卡相连时所用的接口。

5.3.2 声卡的作用

声卡是多媒体计算机系统中必不可少的、最基本的组成部分，也是实现模拟声波信号/数字信号相互转换的功能部件。声卡的作用主要是把来自外界的原始声音信号（模拟信号），如来自话筒、磁带等设备上的声音信号，加以转换后输出到音箱、耳机等声响设备上播放出来。声卡也可以通过外接音乐设备（如MIDI键盘、电子琴等）使这些设备发出美妙的声音。概括地说，声卡共有七大作用：播放音乐、录音、语音通信、实时效果器、接口卡、音频解码、音乐合成。

5.3.3 声卡的工作原理

声卡的工作原理其实很简单。话筒、喇叭、音箱等设备所能识别和处理的信号均为模拟信号，而计算机所能处理的均为数字信号。要将计算机中的数字信号送给音箱等设备播出，或要将话筒输入的模拟信号送给计算机处理，均需要进行信号转换。声卡就是完成这个转换工作的部件。声卡从话筒或其他输入设备中获取声音模拟信号，通过CODEC芯片将之转换为数字信号，然后送给计算机进行处理。当需要播放这些声音信号时，声卡再将计算机中存储的这些数字信号送给CODEC芯片转换还原为模拟波形，经过放大电路放大后送给音箱、喇叭等设备进行播放。

【任务实施】

熟悉声卡的主要技术性能指标，才能根据需求选购出好的高性价比的声卡。

第一步：熟悉声卡的性能指标

要衡量一块声卡性能的好坏和档次的高低，主要看它的采样位数、采样频率、声道数和输出信噪比等几个性能指标。

① 采样位数。采样位数可以理解为声卡处理声音的解析度（相当于显卡的分辨率），是用来衡量声音波动化的一个参数。这个参数值越大，声音解析度就越高，录制和回放的声音就越真实。声卡的采样位数是指声卡在采集和播放声音时所使用的数字信号的二进制位数。声卡的采样位数准确地反映了数字信号与模拟信号的对应关系。声卡的采样位数有8位、16位、32位和64位等几种，目前市场主流产品为32位声卡，部分高档次声卡采用64位的采样位数。

② 采样频率。采样频率是指录音设备在1s内对声音信号的采样次数。采样频率越高，声音

的质量就好，声音的还原也就越真实。常见的采样频率有22.05kHz、44.1kHz、48kHz三个等级。22.05kHz的采样频率只能达到FM广播的声音品质，44.1kHz则相当于CD音质效果，48kHz采样频率要更加精确一些。采样频率高于48kHz后，人耳已无法分辨出来了，所以在计算机上没有多大价值。早期的采样频率还出现过8kHz、11.025kHz、16kHz等几个等级，因频率太低，从16位声卡开始便不再采用了。

③ 声道数。声道数就是声卡处理声音的通道的数目。声卡所支持的声道数是衡量声卡档次的重要指标。声卡的声道数经过了单声道到双声道再到4声道、5.1声道、7.1声道的发展变迁，目前主产品为5.1声道系统。

④ 输出信噪比。输出信噪比是衡量一块声卡好坏的重要指标，它是指声音输出的信号与噪声电压的比值，单位为分贝（dB）。这个值越大，输出信号中所掺杂的噪声就越小，音质也就越纯净。

第二步：选购声卡

① 确定自己的需求。在选购声卡之前，首先要明确自己的需求。是想要用来听音乐、看电影、玩游戏，还是用来录音、唱歌？不同的需求，对声卡的要求也是不同的。对于一个音乐爱好者，那么可能需要一款具有高品质音频输出的声卡；对于一个游戏玩家，那么可能需要一款具有低延迟、高稳定性的声卡。所以，确定自己的需求是选购声卡的第一步。

② 选择合适的接口类型。声卡的接口类型有很多种，如PCI、USB等。不同的接口类型，适用于不同的设备和使用场景。比如说，如果计算机比较老旧，可能没有空闲的PCI插槽，可以选择USB接口的声卡。所以，根据自己的实际情况，选择合适的接口类型是非常重要的。

③ 关注声卡的性能参数。在选购声卡时，还需要注意一些性能参数，如采样频率、采样位数、输出信噪比等。这些参数直接影响到声卡的音质表现。一般来说，采样频率越高，音质越好；采样位数越高，细节表现越好；信噪比越大，噪声越小。但是，这些参数的提升也会带来成本的增加，所以应根据自己的需求和预算来权衡。

④ 考虑声卡的附加功能。现在的声卡不仅仅是一个单纯的音频处理设备，很多声卡还具有一些附加功能，如音效调节、麦克风增益、耳机放大器等。这些功能可以让使用更加便捷、舒适。但是，附加功能越多，价格也会相应提高。所以，在选购时要根据自己的实际需求来选择是否需要这些附加功能。

⑤ 选择知名品牌和正规渠道。在选购声卡时，还需要关注品牌的知名度和渠道。一个知名品牌的声卡，往往意味着更好的品质和售后服务。而正规渠道购买的声卡，可以保证产品的正品率，避免购买到假冒伪劣产品。所以，在选购声卡时，要尽量选择知名品牌，并通过正规渠道进行购买。

⑥ 参考用户评价和专业评测。最后，还可以参考一些用户评价和专业评测来了解声卡的实际表现。如了解声卡在实际使用中的优点和不足，从而更加全面地评估一款声卡是否适合自己。同时，专业评测也能够提供更加详细、客观的声卡性能数据，有助于做出更加明智的选择。

任务5.4 认识音箱

【任务描述】

知晓音箱的分类、组成及工作原理，熟悉音箱的主要性能，并根据客户需求能够选购出当前市场上高性价比的音箱。

【必备知识】

5.4.1 音箱的分类

音箱的分类方法有很多，此处主要介绍几种常见的分类方法。

（1）按使用场合分类

按音箱的使用场合分类，可以把音箱分为专业音箱和家用音箱两大类。家用音箱一般用于家庭放音，音质细腻柔和，外形较为精致美观；专业音箱一般用于歌舞厅、影剧院、会议室等场所，灵敏度高，放音声压高，力度好，功率大，音质偏硬。计算机所用的音箱多为家用音箱。

（2）按箱体结构和发声原理分类

按音箱的箱体结构和发声原理分类，可以把音箱分为密封式音箱、倒相式音箱、迷宫式音箱、声波管式音箱和多腔谐振式音箱等几种类型。最主要的形式是密封式音箱和倒相式音箱。密封式音箱就是在封闭的箱体上装上扬声器，效率比较低。倒相式音箱则在前或后面板上装有圆形的倒相孔，灵敏度高，功率较大且动态范围广，效率要高于密封式音箱。倒相式音箱是目前音箱的主流类型。

（3）按音箱的数量分类

按音箱的数量分类，可以把音箱分为2.0音箱（双声道立体声）、2.1音箱、4.1音箱、5.1音箱、6.1音箱和7.1音箱等几种类型。前面的数字（如2、4、5、6、7）表示环绕音箱的个数，小数点后的数字（如1）表示一个专门设置的超低音声道（俗称“低音炮”）。可以通俗理解为：2.0，两个音箱播放全频段的声音（高、中、低都是一个扬声器单元）；2.1，两个音箱播放中、高音，1个“低音炮”播放低音，有更强的低音效果，但中音不如2.0。

（4）按音箱的材质分类

按音箱使用的材质分类，可以把音箱分为塑料材质的音箱（塑料音箱）和木质音箱。塑料材质的音箱大多是低档次的音箱，它的箱体单薄，无法克服谐振，音质音效较差。木质音箱降低了箱体谐振，音质普遍好于塑料材质的音箱。

5.4.2 音箱的组成及作用

按音箱是否带功放电路分类，可以把音箱分为无源音箱（没有功率放大器的音箱）和有源音箱（有功率放大器的音箱）两大类。计算机所使用的音箱多为有源音箱。此处以有源音箱为例来介绍音箱的组成及作用。

有源音箱主要由箱体、扬声器、功放电路、分频器等部件组成。

（1）箱体

箱体是构成音箱的基础。目前市场上常见的音箱主要用两种材料作为箱体：一种是塑料，一种是木质。塑料箱体具有加工容易、外形时尚、成本低、音质效果不理想的特点。当然，某些高档塑料音箱的音质也还不错。木质箱体大多采用中密度板作为箱体材质，高档的音箱采用真正的纯木板作为材料。这种箱体木板的厚度、木板之间结合的紧密程度和箱体密封性等都会影响音箱的音色。

（2）扬声器

音箱的扬声器又称为扬声单元，有高音单元和低音单元之分。每个单元都是由振膜、磁铁和线圈等组成的。按照扬声器的结构分类，可以把它分为锥盆扬声器、球顶扬声器和平板扬声器三大类，主要区别在于口径大小和振膜类型的不同。扬声器单元的口径大小一般和振动频率成反比，口径越大，其低音表现力越好，高音则正好相反。锥盆扬声器上常用的振膜种类比较多，有纸盆、羊毛盆、防弹布盆、金属盆、陶瓷盆和PP（聚丙烯）盆等。各种振膜不存在绝对的好坏之分，所不同的是各有个性的音色。如纸盆和PP盆适应性最好，音色适中；羊毛盆音色温暖而轻柔；陶瓷盆和金属盆反应速度快，材质轻，中高音表现力好，但低音不柔和。

（3）功放电路

内置功放电路是有源音箱区分于无源音箱的一个重要特征。功放电路的主要作用就是将声音信号的功率放大，包括电压和电流，使输出的信号能推动扬声单元。功放电路主要由线路输入、电源、功放和运放组成。线路输入包括电源线输入和信号线输入，而且在工艺上要实现信号线和电源线的分离式进线，以防止电源线的电磁波对信号线形成强干扰。运放电路也叫作前级放大电路，功放也叫作后级放大电路，运放主要负责对原始音频信号进行电压放大，功放主要负责对声音信号进行功率放大。图5-12所示为音箱的功放电路。

（4）分频器

分频器的作用是将高、低音信号分开，分别送给高、低音扬声单元输出。分频器的作用至关重要，如果不分频，高、低音信号就会混杂在一起同时由高音单元或低音单元输出，声音就会变得混乱，且因低音信号功率大于高音的功率，故还有烧坏高音单元的可能。即使有的音箱中没有专门的分频器，也会直接在高音单元上串接一个电容来达到分频的效果。图5-13所示为音箱内的分频器。

图5-12 功放电路

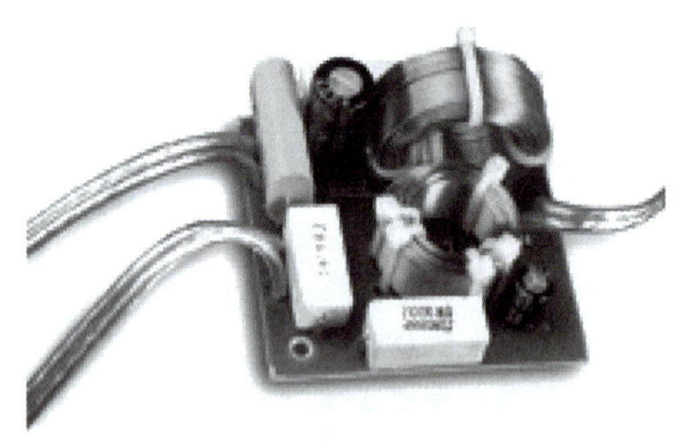

图5-13 分频器

【任务实施】

熟悉音箱的主要性能指标，才能根据需要选购出高性价比的音箱。

第一步：熟悉音箱的性能指标

音箱是将电信号还原为声音信号的一种装置。这种还原效果的好坏有很多参数可以反映，这也是用户在选购音箱时所应关注的方面。下面重点介绍音箱的五项重要的性能指标：输出功率、频响范围、信噪比、灵敏度和谐波失真。

① 输出功率。从严格意义上讲，音箱音质的好坏和功率没有直接的关系。音箱的功率决定的是音箱所能发出的最大声响，即通常所说的震撼力。音箱的功率有两种标注方法：标称输出功率（额定输出功率）和最大瞬间输出功率（瞬间峰值功率）。标称输出功率是指在额定范围内驱动一个8 Ω 扬声器所规定的持续模拟信号波形时，音箱在长时间安全工作下输出功率的最大值，它的谐波失真在标准范围内变化。最大瞬间输出功率是指音箱接收信号输入时，在保证不受损坏的前提下瞬间所能承受的输出功率最大值。通常，商家为迎合用户心理，标出的是瞬间峰值功率，它大约是额定输出功率的8倍。选购音箱时，要以额定输出功率为准。音箱的功率也不是越

大越好，适用即可。20m^{2}的房间60W功率就足够了。

② 频响范围。频响范围是指音箱的频率范围和频率响应。频率范围是指最低有效声音频率到最高有效声音频率之间的范围，单位为赫兹（Hz）。就人耳而言，普通人耳的听力范围是20Hz ～20kHz，因此要求音箱的频率范围要达到45Hz ～20kHz，只有这样才能保证覆盖人耳的有效听力范围。频率响应是指将一个以恒定电压输出的音频信号与音箱系统相连接时，音箱产生的声压随频率的变化而发生增大或衰减以及相位随频率发生变化的现象。频率响应的单位是分贝（dB），其值越小，表明音箱的失真越小。

③ 信噪比。信噪比是指音箱回放的正常声音信号与无信号时噪声信号强度的比值，用dB表示。例如，某音箱的信噪比为60dB，表示输出的有效声音信号比噪声信号的功率大60dB。信噪比越高，表示噪声越小，音箱的音质也就越好。信噪比低时，小信号输入时噪声严重，声音会嘈杂不清，建议不要购买信噪比低于80dB的音箱和信噪比低于70dB的“低音炮”。

④ 灵敏度。灵敏度也是衡量音箱性能的一个重要技术指标。灵敏度越高，音箱的性能就越好。音箱的灵敏度每差3dB，输出的声压就相差1倍。普通音箱的灵敏度一般在70～80dB之间，高档音箱通常可达到80～90dB，专业音箱则在95dB以上。灵敏度的提高是以增加失真度为代价的，所以，要保证音色的还原程度与再现能力，就必须降低一些对灵敏度的要求。

⑤ 谐波失真。谐波失真也叫失真度，是指在音箱在工作时不可避免地会出现谐振现象，这样就会在声音信号中夹杂谐波及其倍频成分，这些成分将导致音箱放音时产生失真。音箱失真度越低越好。

第二步：选购音箱

电脑音箱对提升音频体验和享受音乐、游戏以及电影等媒体内容非常重要。下面是一些选择音箱的建议。

① 使用需求：根据自身需求和预算进行权衡，日常办公和影音娱乐选用普通音箱即可。

② 考虑品牌和口碑：建议选择知名品牌的音箱，这样可以更好保障音箱的质量和售后服务。国产音箱品牌性价比高，而进口音箱定位中高端。中国品牌有惠威和漫步者；美国的有声擎、博士、JBL、哈曼卡顿；英国的有宝华韦健（B&W）和KEF；瑞士的有罗技（logitech）。可以通过查看消费者的评价和口碑来了解不同品牌的产品质量和性能。

③ 根据音质、功率和音量、外观、连接方式及易用性等进行综合考量。

a. 音质：音质是选择音箱的最关键因素之一。优秀的音质都具备调音准确、清晰，三频均衡。优质的音箱应该能够提供清晰、平衡的声音，并有较宽的频率响应范围。通过查看音箱的规格表，可以了解音箱的频率响应范围，以及是否能够提供高保真音质。音箱的尺寸、材质、发声单元功率等都能影响音质的好坏。一般来说，木质音箱效果优于金属和塑料。

b. 功率和音量：选择时要考虑音箱的功率和音量。功率较大的音箱能够提供更强大、清晰的音质和低音效果，根据个人需求选择适合的功率和音量水平。

c. 频率范围和驱动单元：音箱的频率范围决定了它所能表现的音频细节和音乐风格。较宽的频率范围可以提供更加真实的音频体验。驱动单元的质量也是决定音箱音质的关键因素，通常比较常见的有动圈驱动单元和扬声单元。

d. 外观：高级音箱通常采用原木为主体，做工比较好，同时也考虑到音质。有的也用全塑料外壳，设计和搭配上也是各不相同，还有的用透明玻璃等等。

e. 连接方式：有线和无线连接。有线比较常用，采用USB接口或采用3.5mm的插头与计算机连接。大部分音箱提供3.5mm音频接口，可以直接连接到台式电脑或其他多媒体设备上。这种连接方式稳定可靠，没有信号延迟问题。无线音箱的优势是避免繁琐布线，方便携带。传输方式一般是蓝牙和Wi-Fi，可以方便地与手机、平板电脑和其他无线设备连接。

f. 易用性：电源插口位置是主要影响因素，还有音源线的数量、位置和接口类型等。接口位置更合理，类型兼容性更高的话，就越有优势。

任务5.5 认识打印机

【任务描述】

知晓打印机的分类方法、组成以及工作原理，熟悉激光打印机的常见故障与维护方法，能够根据使用需求选购市场上高性价比的打印机。

【必备知识】

打印机是计算机常见的外围设备之一，也是计算机系统中除显示器之外的另一种重要的输出设备。利用打印机，用户可以把计算机处理的文字、图片等信息输出到纸张上。打印机已经成为办公自动化不可缺少的工具。

5.5.1 打印机的分类及性能指标

（1）打印机的分类

打印机按工作原理分为：激光打印机、针式打印机、喷墨打印机、热转印式打印机。按用途可以分为：通用打印机、家用打印机、商用打印机、专用打印机、网络打印机等。

（2）打印机的性能指标

衡量一台打印机性能好坏的指标有以下几个。

① 分辨率（dpi）。打印机的分辨率即每平方英寸多少个点。分辨率越高，图像就越清晰，打印质量也就越好。一般分辨率在360dpi以上的打印效果才能令人满意。

② 打印速度。打印机的打印速度是以每分钟打印多少页纸来衡量的。厂商在标称该项指标时，通常用黑白和彩色两种打印速度进行标注。打印速度在打印图像和文字时是有区别的，而且还和打印时的分辨率有关，分辨率越高，打印速度就越慢。所以，衡量打印机的打印速度要进行综合评定。

③ 打印幅面。一般家用和办公用的打印机多选择A4幅面的打印机，它基本上可以满足绝大部分的使用要求。A3、A2幅面的宽幅打印机价格较贵，一般用于CAD、广告制作、艺术设计等领域。

④ 色彩数目。即彩色墨盒数。色彩数目越多，色彩就越丰富。

5.5.2 针式打印机

针式打印机在打印机的历史上曾经占有重要的地位，甚至到现在还有不少领域仍在使用这种打印机。针式打印机结构简单、技术成熟、性价比高、消耗费用低，但噪声很大、分辨率较低、打印针易损坏，故已从主流位置上退下来了，逐渐向专用化、专业化方向发展。目前市场上主要有9针和24针两种针式打印机。针式打印机是一种击打式打印机，它利用机械和电路驱动原理，使打印针撞击色带和打印介质，进而打印出点阵，再由点阵组成字符或图形来完成打印任务。从结构和原理上看，针式打印机由打印机械装置和控制驱动电路两大部分组成，在打印过程中共有三种机械运动：打印头横向运动、打印纸纵向运动和打印针的击打运动。这些运动都是由软件控制驱动系统通过一些精密机械来执行的。针式打印机外观如图5-14所示。

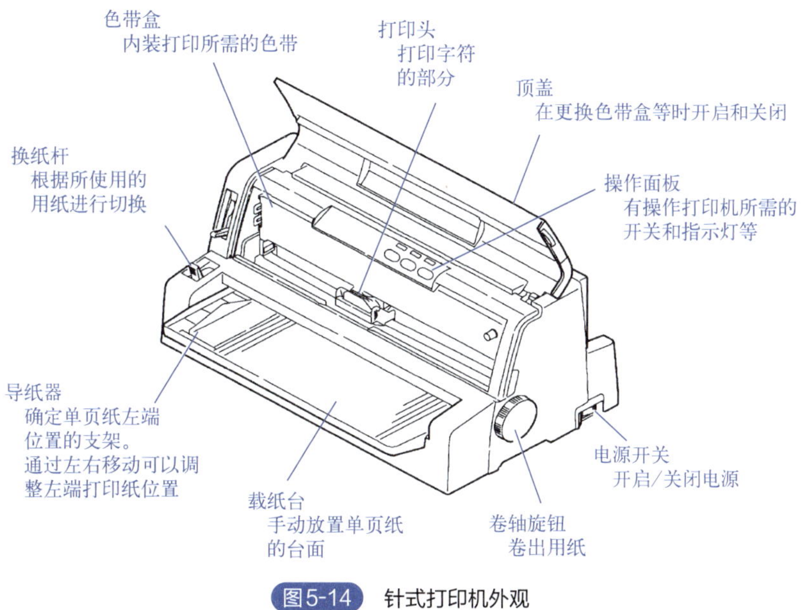

图5-14　针式打印机外观

5.5.3　喷墨打印机

喷墨打印机是打印机家族中的后起之秀，是一种经济型、非击打式的高品质打印机。喷墨打印机具有打印质量好、无噪声、可以用较低成本实现彩色打印等优点，但它的打印速度较慢，而且配套使用的墨水非常贵，故较适合于打印量小、对打印速度没有过高要求的场合使用。目前此类打印机在家庭中较为常见。喷墨打印机按喷墨形式又可分为液态喷墨和固态喷墨两种。液态喷墨打印机是让墨水通过细喷嘴，在强电场作用下高速喷出墨水束，在纸上形成文字和图像。从技术上看，有佳能（Canon）公司专利的气泡式（Bubble Jet）技术，它的工作原理是利用加热产生气泡，气泡受热膨胀形成较大的压力，压迫墨滴喷出喷嘴，喷到纸上形成文字和图像，喷到纸上墨滴的多少可以通过改变加热元件的温度来进行控制；有爱普生（EPSON）公司专利的多层压电式（MACH）技术，该技术在装有墨水的喷头上设置换能器，换能器受打字信号的控制产生变形，挤压喷头中的墨水，从而控制墨水的喷射；有惠普（HP）公司专利的热感式（Thermal）技术，该技术将墨水与打印头设计为一体，受热后将墨水喷出。固态喷墨打印机是由泰克（Tekronix）公司在1991年推出的专利技术，它使用的墨水在室温下是固态的，打印时墨被加热液化，之后喷射到纸上并渗透其中，附着性相当好，色彩也极为鲜亮。喷墨打印机外观如图5-15所示。

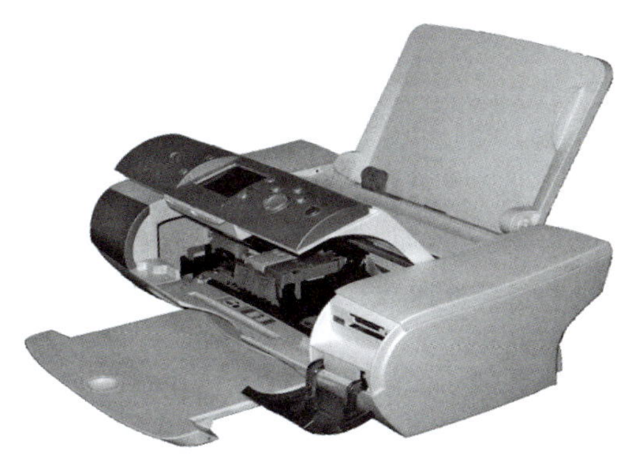

图5-15　喷墨打印机外观

5.5.4　激光打印机

激光打印机是高档非击打式打印机。激光打印机的速度快，文字分辨率高，打印的文字及图像非常清楚。新型产品还带有网络功能，在办公室可实现打印机共享。它也是最终全面取代喷墨打印机的产品。激光打印机分为黑白和彩色两种。HP激光打印机外观如图5-16所示。

（1）激光打印机的组成

激光打印机是光、机、电一体化的精密设备，结构比较复杂，主要组成部件及功能如表5-1所示。

图5-16　HP激光打印机外观

表5-1　激光打印机主要组成部件及功能

部件	功能
激光器	发射激光，对感光鼓曝光
硒鼓	完成充电、感光、显影，产生墨粉图像
转印单元	将感光鼓表面上的墨粉图像转印到打印介质上
定影单元	将墨粉融化固定在打印介质上
纸张传输机构	取纸、传输纸张、输出纸张
控制电路	处理计算机传来的打印内容，控制各部件的运转

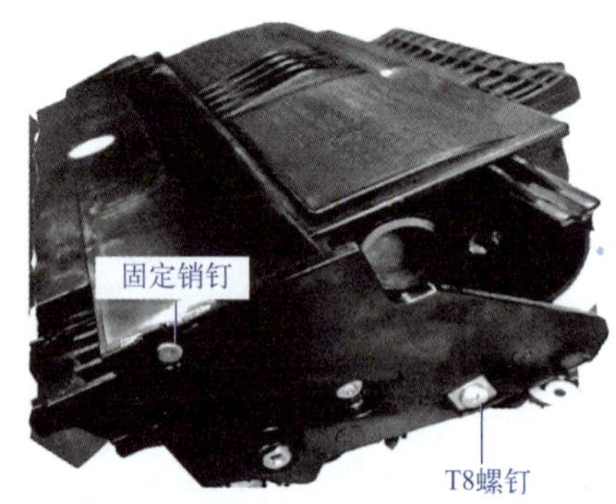

图5-17　激光打印机硒鼓

其中最为重要的部件是硒鼓。硒鼓是激光打印机成像系统的核心部件，因为早期的感光鼓材料多是采用硒碲（砷）合金而得名。硒鼓是需要经常更换的耗材，它由感光鼓、充电机构、显影机构、墨粉仓、墨粉、废粉回收机构等组成。激光打印机硒鼓如图5-17所示。

（2）激光打印机的电路组成

激光打印机电路主要组成：供电系统、直流控制系统、接口系统、激光扫描系统、成像系统、搓纸系统等。

① 供电系统。高压主要用于激光器的供电；直流主要供给电机、传感器、控制芯片、CPU等电路。电压一般为5V、12V等。

② 直流控制系统。直流控制系统主要用来协调和控制打印机的各系统之间的工作，如数据的接收、扫描单元的控制、传感器的测试，以及各种直流电的监控和分配等。

③ 接口系统。负责把计算机传送过来的数据“翻译”成为打印机能够识别的语言。接口系统一般包括三个小部分，分别为接口电路、CPU、BIOS电路。接口电路由能够产生稳压电流的芯片组成，用来保护和驱动其他芯片。

④ 激光扫描系统。激光扫描系统通常也称为激光扫描组件，它主要由多边形旋转电机、发光控制电路以及透镜组三个部件组成。旋转电机主要通过高速旋转的多棱角镜面，把激光束通过透镜折射到感光鼓表面。发光控制电路包括激光控制电路和发光二极管，用来产生调控过的激光束。而透镜组则是通过发散、聚合功能把光线折射到感光鼓表面，从而进行下一步的成像工作。激光扫描系统如图5-18所示。

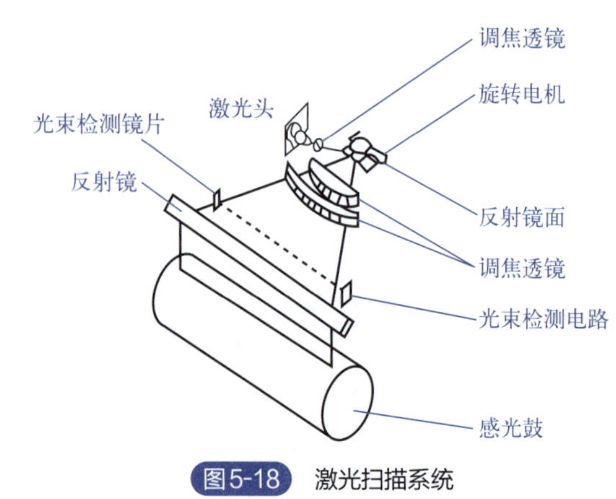

图5-18　激光扫描系统

⑤ 成像系统。成像系统是一台激光打印机最重要的工作系统，其工作性能的好坏直接影响着输出文稿的质量。

⑥ 搓纸系统。搓纸系统分进纸和出纸两个部分，它由输纸导向板、搓纸轮、输出传动轮等传输部件组成，因此也可以说成传输系统。纸张在整个

输纸路线的走动都依靠搓纸系统的工作，因为这一传送过程都有着严格的时间限制，超过了这个限制就会造成卡纸现象，因此若想得到顺畅的输出效果，归根结底要从搓纸系统入手。通常在搓纸系统中，都会配置几个光电感应器，用来监控纸张存在与否的情况，这些光电感应器一般由光敏二极管元件构成。

(3) 激光打印机的工作流程

激光打印机打印需要经过8个过程：鼓芯充电、曝光、显影、转印、定影、清洁、消电、废粉回收。激光打印机工作的有关部件如图5-19所示。

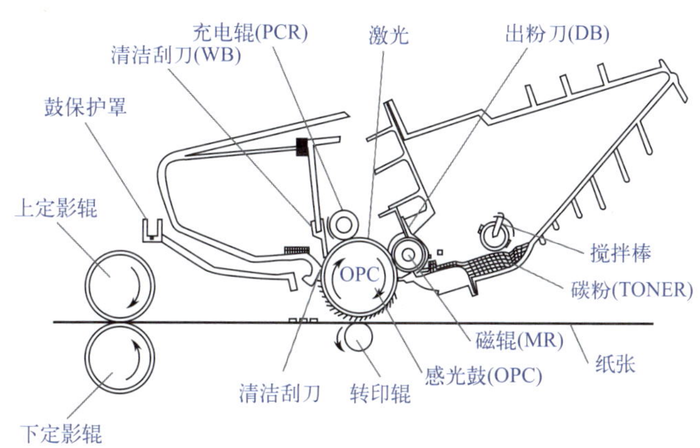

图5-19 激光打印机工作的有关部件

① 鼓芯充电。打印开始时，充电辊给鼓芯均匀充上约–500V电势的负电荷，激光扫描系统产生了激光束后，会把激光束投射到带有正电荷或负电荷的感光鼓上，从而产生由之前“翻译”得来的点阵图样。使感光鼓带电的这一过程就叫作上电，它由供电系统的高压部件通过充电辊供电。鼓芯的充电示意图如图5-20所示。

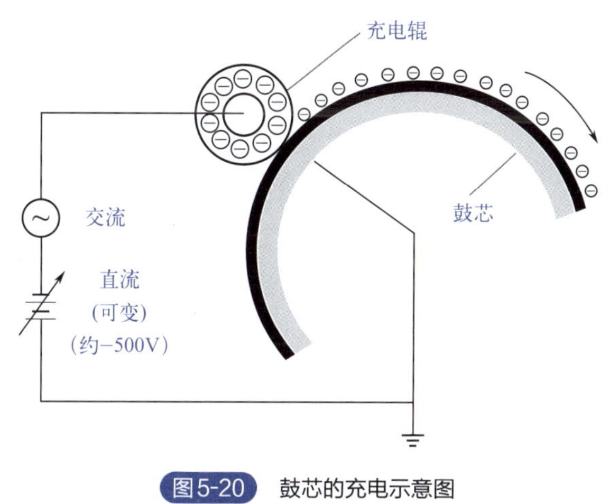

图5-20 鼓芯的充电示意图

激光打印机充电辊实物如图5-21所示。

图5-21 激光打印机的充电辊实物

② 曝光。鼓芯被激光照射过的地方趋于导体，电荷经铝基质释放，电压上升至-100V乃至0V。鼓芯没有被激光照射的地方由于保持绝缘状态，电压仍然为-500V。至此，鼓芯上形成打印内容的静电潜像。激光打印机的鼓芯（感光鼓）如图5-22所示。

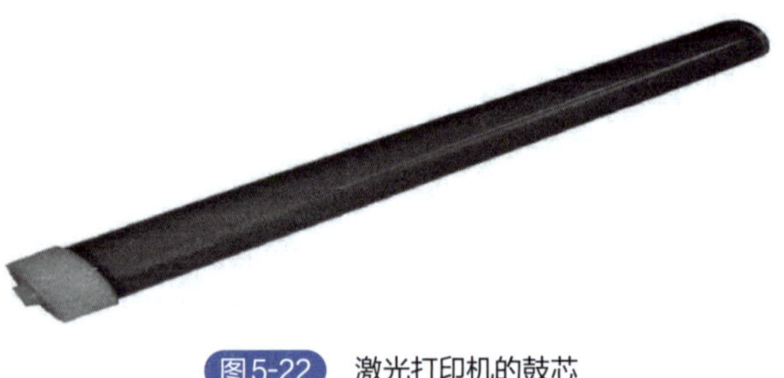

图5-22 激光打印机的鼓芯

曝光其实就是利用感光鼓表面的光导特性，使感光鼓表面曝光，从而形成一定形状的电荷区，形成用户所需要的图样“雏形”，因为这只是电荷的形成，因此是“隐形”的，此时还看不到真实图像。

③ 显影。磁辊上被施加约-400V的直流电压和交流电，磁辊上吸附的碳粉被直流电压极化而带上约-400V的负电荷，交流电用以帮助碳粉脱离磁辊。由于鼓芯上的静电潜像电压为-100V左右，与磁辊上碳粉所带的电压-400V形成巨大的电压差，通过曝光得来的带有静电潜像的感光鼓，会以快速卷动的方式接近装有碳粉的碳粉夹。这时，带有电气的碳粉便会吸附在感光鼓上，形成看得见的图像，这就是显像过程。显影原理示意图如图5-23所示。

鼓芯上静电潜像区电压实际上是在-500～0V之间。电压的高低取决于打印内容的灰度。打印内容为纯黑色时，对应的静电潜像电压为0V；打印内容为纯白色时，对应的静电潜像电压为-500V；中间灰度色调内容对应的电压为-500～0V。

④ 转印。鼓芯正下方的胶辊为转印辊，转印辊上被施加正电压（电压大小目前未知），帮助碳粉从鼓芯上转印到纸上。当打印纸经过转印辊时，被带上与碳粉相反的电荷，由于异性相吸，从而碳粉能够按原来的形状转印到纸张上去。打印纸经过转印辊后，由一个铁片对纸进行消电。激光打印机转印示意图如图5-24所示。

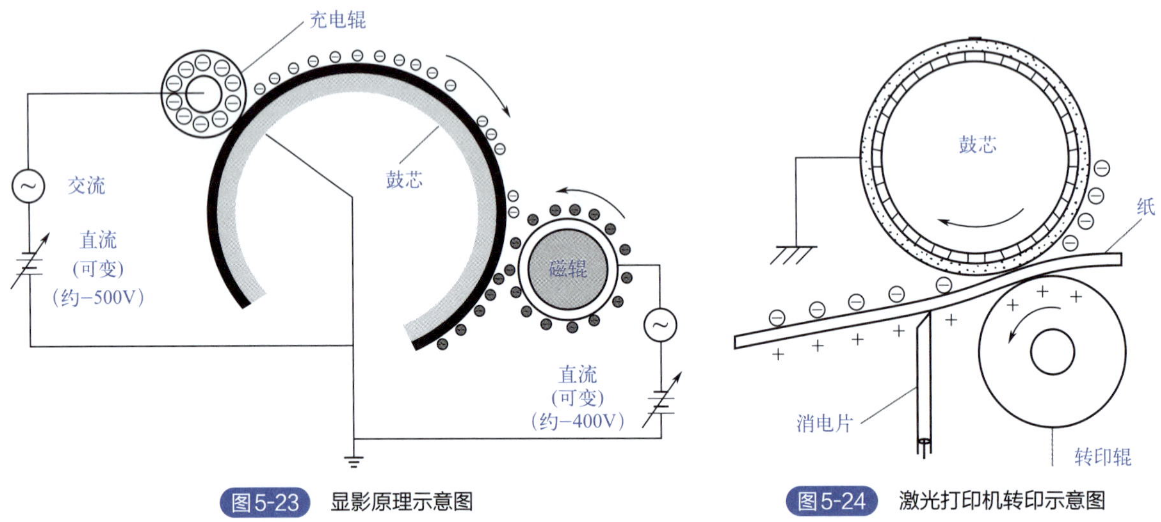

图5-23 显影原理示意图

图5-24 激光打印机转印示意图

⑤ 定影。打印纸上的碳粉被200℃左右的定影膜加热熔化，在定影辊的压力下，熔化状态的碳粉渗透进打印纸纤维里，打印纸冷却后碳粉固化，要打印的信息在纸上呈现。虽然图像是被转印到纸张上了，但这时碳粉还不是完全固定，稍微摩擦或保存几天，纸上的碳粉就会脱落，因此，就需要在高温、高压的情况下把碳粉熔化并使其永久地“定影”渗透到纸张里面，以利于长期保存。目前产生高温高压的部件主要有两种形式：一种是陶瓷加热，它的特点是速度快、预热时间短，缺点是易爆、易折；另一种是灯管加热，它在各个方面都表现得相对稳定，但预热时间较长。激光打印机定影示意图如图5-25所示。

⑥ 清洁。由于鼓表面的碳粉并不会100%地被转移到纸上，残余在OPC上的粉要用清洁刮刀清除下来，并收集到粉盒废粉仓内。激光打印机清洁示意图如图5-26所示。

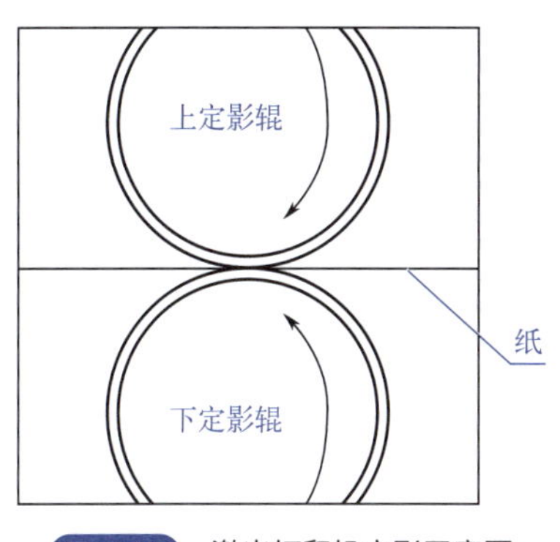

图5-25　激光打印机定影示意图

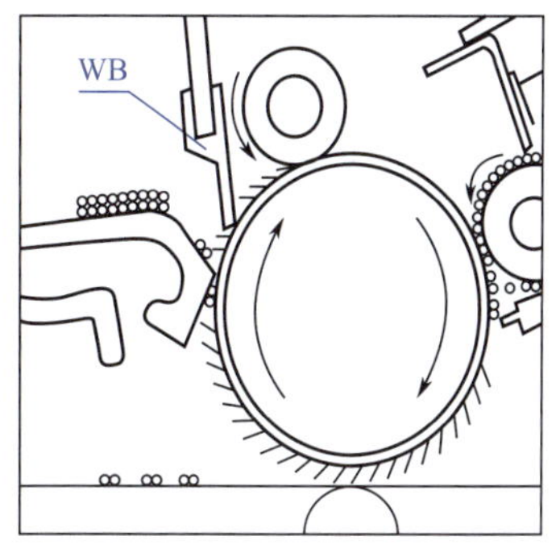

图5-26　激光打印机清洁示意图

⑦ 消电。经过转印后鼓表面仍带有静电荷，要靠充电辊将其静电消除，以便进行下一周期的显影。激光打印机消除静电（消电）示意图如图5-27所示。

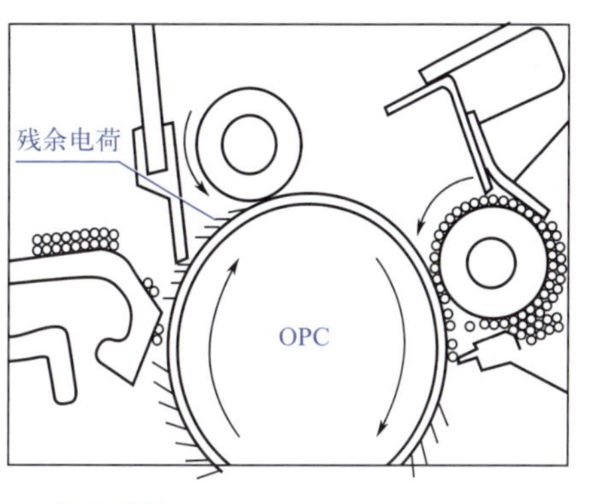

图5-27　激光打印机消除静电示意图

5.5.5　三种打印机的耗材

（1）墨盒

墨盒是喷墨打印机的常用耗材，从结构上可以分为一体式墨盒和分体式墨盒。

（2）硒鼓

硒鼓是激光打印机中最重要的部件，也是关键耗材，它的质量高低直接影响打印效果。

（3）色带

色带是针式打印机的常用耗材，它是以尼龙丝为原料编织而成的带，经过油墨的浸泡染色而成，长度在14m左右的色带能打印400万字符，能够有效降低打印成本。

（4）打印介质

打印介质主要指的是打印所使用的纸张。

【任务实施】

由于激光打印机的日常应用最为普遍，因此重点讲述该种打印机的选购要点，其他打印机可查阅有关资料。激光打印机选购时注意以下几点：

① 打印速度。打印速度用ppm（每分钟打印张数）表示。打印机厂商所标注的打印速度，其实是最大速度。实际打印速度与缓存有关，没有足够多的缓存，会影响打印速度。

② 分辨率。分辨率是指在一定面积内激光打印机所能打印的点数，通常缩写为dpi（每英寸打印的点数）。一般来讲，分辨率越高，则输出的图像就越精细，越没有颗粒感。

③ 内置字体。内置字体也是激光打印机的关键特性之一。使用打印机字体，提高打印效率。在网络上打印，更可以减轻网络的负担。

④ 激光打印机的耗材。激光打印机耗材最常更换的是硒鼓和碳粉。对于硒鼓和碳粉来说要看它最多能打印多少张纸。

项目评价与反馈

表5-2为输出设备认识与选购评分表，请根据表中的评价项和评价标准，对完成情况进行评分。学生完成评分后教师再根据学生完成情况进行评分。其中：学生自评占40%，教师评分占60%。

表5-2 输出设备认识与选购评分表

班级：		姓名：		学号：	
评价项	评价标准	项目占比	学生自评	教师评分	得分
显卡	依据国内外权威的计算机部件评测网站，结合当前市场显卡的品牌、用途、主要技术指标、价格以及需求等进行综合评价	20			
显示器	依据国内外权威的计算机部件评测网站，结合显示器当前市场的品牌、性能指标、价格及需求等进行综合评价	20			
声卡	依据国内外权威的计算机部件评测网站，结合声卡的品牌、性能指标、价格及需求等进行综合评价	15			
音箱	依据国内外权威的计算机部件评测网站，结合音箱的品牌、性能指标、价格及需求等进行综合评价	15			
打印机	依据国内外权威的计算机部件评测网站，结合打印机的品牌、性能指标、价格及需求等进行综合评价	20			
专业素养	各项的完成质量	10			
总分		100			

思考与练习

1. 如何挑选显卡与声卡？
2. 液晶显示器的性能指标有哪些？
3. 什么是RAMDAC？它在显卡中的作用是什么？
4. 试列出组成显卡的主要部件的名称，并说明各个部件在显卡中的作用。
5. 简述激光打印机的组成及工作原理。
6. 查阅资料，说明在Windows 7与Windows 10共存的局域网中，如何设置网络打印机并实现共享打印。
7. 查阅有关资料，说明显卡标注的型号是什么含义。

① RTX-3050Ti。

② RX-7600MXT。

8. 声卡有哪些主要技术指标？
9. 简述音箱的组成及工作原理。

机箱与电源认识及选购

项目导入

机箱除了能有效保护计算机主机内部的硬件，还要有良好的散热和防辐射功能，并且要有时尚外观和人性化设计；电源是计算机运行动力的唯一来源，是计算机最为核心的部件之一。选择实用、美观的机箱和稳定的电源是保证计算机正常工作的基本条件。

学习目标

知识目标：

① 了解机箱的分类、结构；

② 了解电源的输出端口的用途；

③ 熟悉电源的种类及性能指标。

能力目标：

① 能够根据需求选购机箱；

② 能够根据需求选购电源；

③ 会判断主机电源的好坏。

素养目标：

① 通过资源查找，养成自主学习的习惯；

② 通过实践操作，培养开拓创新、勇于探究的精神；

③ 通过小组合作，提高团队协作意识及语言沟通能力；

④ 通过项目实施，形成吃苦奉献的良好品质。

任务6.1 认识机箱

【任务描述】

通过本任务能够熟悉机箱的分类和结构，并能够根据客户需求选购市场上高性价比的机箱。

【必备知识】

计算机机箱是用来放置和固定计算机配件的，如CPU、主板、内存、硬盘、显卡、声卡等部件，均需放在机箱内。机箱在计算机系统中的作用有两个方面：其一，它为计算机配件提供一个放置空间，固定计算机配件；其二，它对各配件起着保护作用，可以防压、防冲击、防尘和屏蔽电磁辐射。从这个意义上讲，机箱是计算机所穿的“外衣”。

6.1.1 机箱的分类

机箱的分类方法有很多，此处主要介绍几种常见的分类方法。

（1）按外形样式分类

按机箱的外形样式分类，可以把机箱分为立式机箱和卧式机箱两种。图6-1所示分别为卧式机箱和立式机箱。

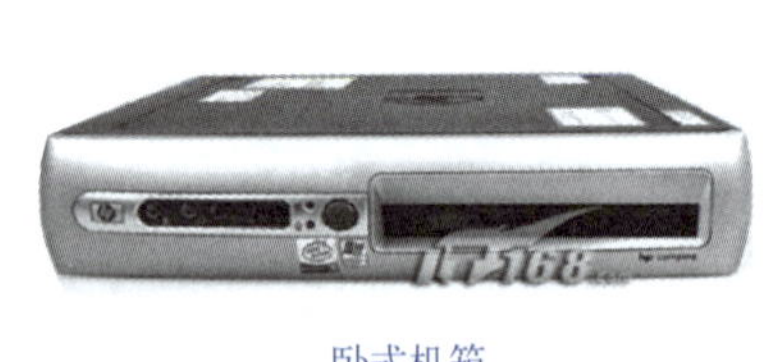

卧式机箱

立式机箱

图6-1 卧式机箱和立式机箱

卧式机箱曾在相当长的一段时间内占据着主要的地位，它外形小巧，显示器可以直接放置其上，所占空间也很小，但它的缺点主要在于内部空间较小，不利于扩充和散热通风，故慢慢被立式机箱所取代，现在只有在少数商用机和教学用机上才可以看见这种样式的机箱。立式机箱是主流样式的机箱，它的历史虽然比卧式机箱短，但立式机箱没有高度限制，扩展性能和通风散热性能要比卧式机箱强。从奔腾时代开始，人们便大量地选择使用立式机箱。

（2）按外观大小分类

因卧式机箱已经很少见了，故此处主要介绍按立式机箱的外观大小进行分类的方法。立式机箱从外观大小上分，可以分为全高机箱、3/4高机箱、半高机箱和超薄机箱等几种。全高机箱和3/4高机箱就是市场上常见的标准立式机箱，它拥有三个及以上的5.25in槽和两个3.5in槽。半高机箱是一些品牌计算机所采用的Micro ATX机箱或NLX机箱，它有2个或3个5.25in槽。超薄机箱主要是一些AT机箱，只有一个3.5in和两个5.25in槽。如果没有特殊要求，建议选购全高和3/4高机箱，有利于扩充和通风。图6-2所示分别为几种外观大小不同的机箱。

全高机箱

3/4高机箱

半高机箱

超薄机箱

图6-2 几种外观大小不同的机箱

（3）按机箱的结构分类

按机箱的结构分类，可以把机箱分为AT机箱、ATX机箱、Micro ATX机箱和NLX机箱等几种类型。AT机箱的全称应为Baby AT机箱，只能支持安装AT主板的早期计算机，现已很少见了。ATX机箱是目前最为常见的机箱，支持现有的绝大部分的主板。ATX机箱的设计要比AT机箱更为合理。Micro ATX机箱是在ATX机箱的基础上设计的，它的体积比ATX机箱要小一些，可以节省桌面空间。目前市场上最常见的机箱就是ATX机箱和Micro ATX机箱，分别安装ATX主板和Micro ATX主板，其中ATX机箱中也可以安装Micro ATX主板，反之则不行。NLX机箱支持NLX结构的主板（即系统板和扩充板分开的主板），多见于采用整合主板的品牌计算机中，外形和大小与Micro ATX机箱比较接近。AT机箱与NLX机箱现在都比较少见，不在普通用户的选购范围。

6.1.2 机箱的结构

机箱的组成与主要部位如图6-3所示。

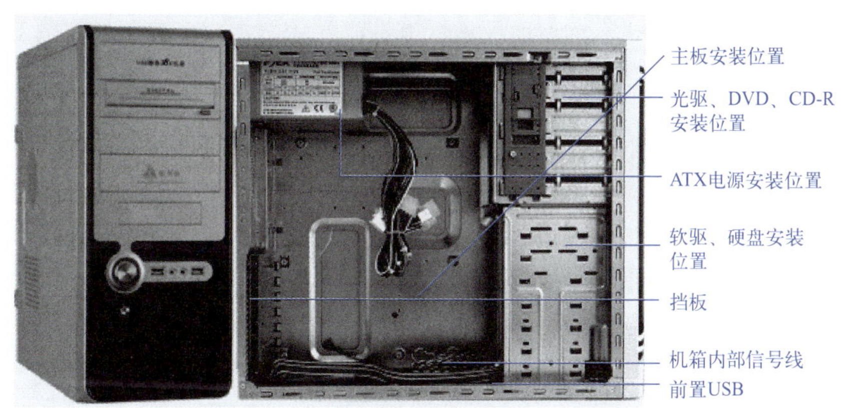

图6-3 机箱的结构

机箱外壳是用双层冷镀锌钢板制成的，钢板的厚度与材质均直接影响到机箱质量的好坏，尤其是影响机箱的抗冲击力和防电磁波辐射的能力。一款品质优良的机箱，它的外壳钢板厚度应在1mm以上，正规厂家生产的机箱，其外壳钢板厚度甚至可以达到1.3mm以上。外壳钢板的材质要具备韧性好、不变形和高导电性的特点。用户在选择机箱时的简要鉴别方法：用手指弹弹机箱外壳，若发出的声音清脆，则说明钢板薄而脆；若发出的声音沉闷、厚重，则说明该机箱的选料不错。也可以用手掂一下机箱的重量，一般使用好材料的机箱，重量在8kg以上。机箱面板多采用硬塑制成（ABS工程塑料，硬度较高），比较结实稳定，长期使用不会褪色和开裂。若采用普通塑料制作，时间一长，机箱面板就会发黄，也易断裂。机箱支架所用的材料也是一些硬度较高的优质钢材，折成角钢形状或条形安装于机箱内部。

机箱的前面板上还提供一些常见的按钮开关、指示灯和设备接口，如电源开关、电源指示灯、复位按钮（Reset）、硬盘工作状态指示灯、前置USB接口和前置音频接口等，机箱前面板如图6-4所示。

图6-4 机箱前面板

机箱的后面板上提供有电源槽（用于安装电源）、输入输出孔和扩展槽挡板等几个组成部分。

机箱的选购

【任务实施】

了解机箱的类型和结构是为了选购符合需求的机箱。要选购一款美观、稳固的机箱，应从以下几个方面进行考虑。

第一步：观察机箱的外观，了解机箱用料

机箱的外观要美观大方，这是一款机箱吸引用户眼球的第一条件。不同的用户对机箱的外观会有不同的喜好，这也是各机箱制造厂商设计、生产多种多样外观的机箱的主要原因，有时一个很小的亮点就会成为用户决定购买此款机箱的主要动力。机箱用料要坚固，要有良好的防电磁辐射的性能，否则会影响各部件的稳定工作。

第二步：了解机箱内的布局

机箱内的布局要科学合理，要有很充分的扩充升级空间。为满足使用的需要，用户在选购机箱时要考察该机箱提供了多少个5.25in槽和多少个3.5in槽，以及它们的分布设计。一般来说，理想的状况是具备3～4个5.25in槽和2～3个3.5in槽。除了要考察所提供的槽数量外，还要考察机箱内部的结构是否利于散热，机箱的前面板是否提供前置USB接口、前置IEEE 1394接口和音频接口等。

第三步：考察机箱的防尘性能与散热性能

主要是考察机箱散热孔与扩展插槽挡板的防尘能力和机箱提供的散热风扇或散热孔的多少。

第四步：考虑机箱使用的便利性与安全性

机箱使用的便利性是指在拆装机箱时都很方便，比如目前市场上有一种无需工具就能进行拆装操作的机箱，给用户带来了很大的便利。机箱的安全性是指机箱对电磁辐射的屏蔽效果，包括机箱内电子配件工作时产生的电磁辐射和来自外部环境的电磁干扰对主机的渗入，都要完全屏蔽掉，否则会影响人体的健康和计算机的正常工作。

任务6.2 认识电源

【任务描述】

通过本任务能够知晓电源的输出电压、分类，熟悉电源的性能指标，并能够根据客户需求选购市场上高性价比的电源。

【必备知识】

计算机各部件的工作电压大都在–12～+12V之间，并且是直流电。而日常照明所用的市电却是220V的交流电，因此不能直接把照明电接入主机内，必须有一个电源来负责将220V的交流电转换为计算机所能使用的直流电。电源一般安装于计算机内部。

6.2.1 电源的分类

计算机的电源从规格上可以分为两大类：AT电源和ATX电源。由于AT电源早已淘汰，所以只介绍ATX电源。

ATX电源是目前计算机中使用的主流电源。图6-5所示为一款ATX电源实物。

图6-5　ATX电源实物

6.2.2　ATX电源的输出

ATX电源输出电压供给主板、CPU、显卡以及外部设备。最新的ATX电源外观及各种电源接口如图6-6所示。

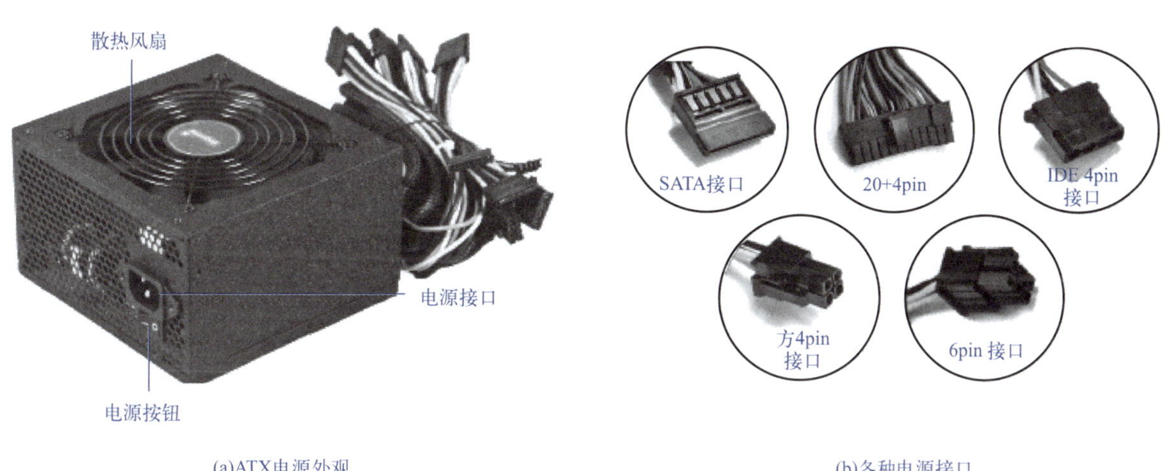

图6-6　ATX电源外观及各种电源接口

(1)主板电源插头

主板电源插头用于将电源与主板相连接。由于主板上的供电插座有20与24针（pin）两种类型，所以ATX电源的主板电源插头也分为20或24针（即20+4pin），具有防反插设计。当主板供电接口是24针的，接上就可以用了；如果主板是20针的，将电源供电线后面组合的4针去掉才可以使用。电源输出端20+4输出端口如图6-7所示。

(2)24针ATX电源接口

24针的ATX电源主供电接口（电源接口）定义如图6-8所示。

(3)其他外设电源插头

主要有三类外设电源插头：第一类是D型插头，用来连接硬盘、光驱等设备，为它们提供电力支持，此类插头一般有4～5个；第二类是专用于连接3.5in槽的电源插头，一般只有1个；第三类是部分电源提供的专为CPU供电的4芯插头。

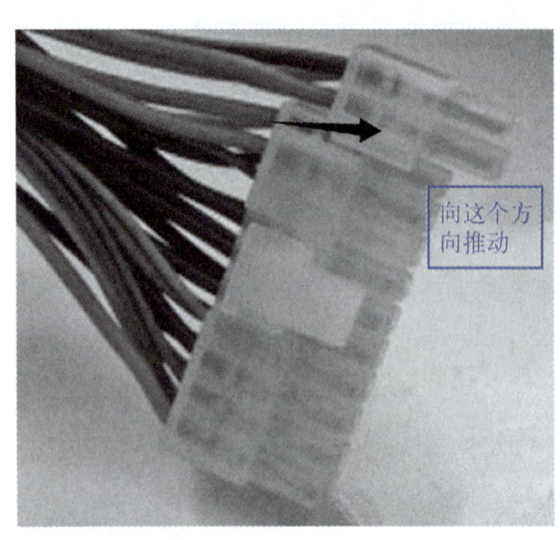

图6-7 电源输出端20+4输出端口

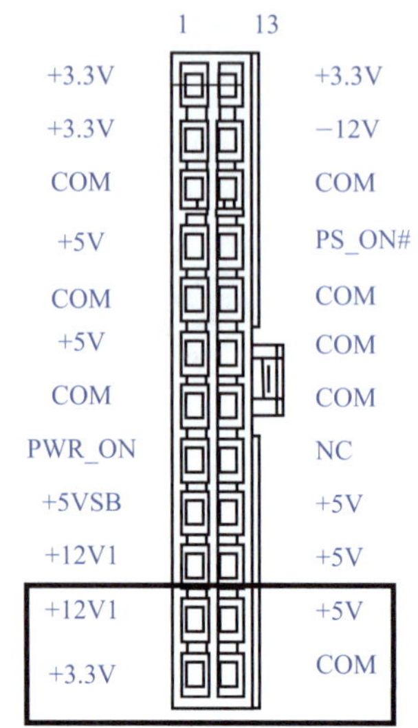

图6-8 24针的ATX电源主供电接口定义

（4）ATX电源输出排线

ATX电源输出多种电压，分别供给计算机不同设备及电路工作。ATX电源输出排线功能定义见表6-1，各路电压的额定输出电流见表6-2。

表6-1 ATX电源输出排线功能定义

pin	导线颜色	功能	pin	导线颜色	功能
1	橘黄	提供+3.3V电源	11	橘黄	提供+3.3V电源
2	橘黄	提供+3.3V电源	12	蓝色	提供–12V电源
3	黑色	地线	13	黑色	地线
4	红色	提供+5V电源	14	绿色	PS_ON电源启动信号，低电平，电源开启；高电平，电源关闭
5	黑色	地线			
6	红色	提供+5V电源			
7	黑色	地线	15	黑色	地线
8	灰色	PW_OK电源正常工作	16	黑色	地线
9	紫色	+5V SB提供+5V Stand by电源，供电源启动电路用	17	黑色	地线
			18	白色	提供–5V电源
			19	红色	提供+5V电源
10	黄色	提供+12V电源	20	红色	提供+5V电源

表6-2 ATX电源各路电压的额定输出电流

电源各输出端	+5V	+12V	+3.3V	–5V	–12V	+5V SB
额定输出电流	21A	6A	14A	0.3A	0.8A	0.8A

各输出端电压功能如下。

① +5V：供电给各驱动器的控制电路、主板连接设备、USB外设等。

② +12V：供电给各种驱动器的电机、散热风扇，部分主板连接设备。增加了4芯插头，为CPU供电（因CPU功耗大增，对供电要求提高），通过提供+12V给主板，经变换后为CPU供电。开机时各驱动器电机同时启动，会出现较大的峰值电流，故要求+12V能瞬间承受较大的电流而保证输出电压稳定。

③ +3.3V：经主板变换后为芯片组、内存、主板连接设备、SATA驱动器的部分控制电路供电。

④ +5V SB：辅助+5V，是在系统关闭后保留的待机电压，为待机负载供电，为随时开机做准备。随着主板功耗的提高，现在的ATX的+5V SB电流已可达到2A。

⑤ –5V：为某些ISA板卡供电，输出电流通常小于1A。现在生产的ATX电源已经取消该插头。

⑥ –12V：因某些串口的放大电路需要同时用到+12V和–12V，但电流要求并不高，故输出电流通常小于1A。

【特别提示】 现在电源输出端–5V电压已经取消，增加了多个SATA接口的电源插头，用于连接SATA接口硬盘和光驱，比以前的IDE硬盘电源增加了+3.3V。+5V、+3.3V和+12V的误差率要求为5%以下；对–5V和–12V的误差率要求为10%以下。

【任务实施】

电源参数解读及选购

电源是保证计算机各部件稳定运行的核心部件，先要熟悉电源供应器的主要性能指标，才能选购出高性价比电源。

第一步：了解电源的性能指标

电源的性能指标主要有功率、电源插头的种类与数量、可靠性和安全认证等。

① 功率。电源功率的大小决定着电源所能负载的设备的多少。普通用户一般选择功率在250～300W的电源就足够了。如果用户希望在计算机中使用双硬盘、双光驱、双CPU和安装多个大功率散热风扇的话，那么最好选择功率在350W以上的高品质电源，以确保各配件有充足的电力支持。原则上，购买电源要选择功率较大的电源。

② 电源插头的种类与数量。电源插头的种类和数量的多少也是一个非常重要的问题。一般情况下，所选择的电源应具有三种类型的插头（D型插头、软驱电源插头和专用CPU插头），总数量在6个或以上。

③ 可靠性。衡量电源的可靠性与衡量其他设备的可靠性一样，一般采用MTBF（Mean Time Between Failure，平均无故障时间）作为衡量标准，单位为小时（h）。电源的MTBF指标应在10000h以上。

④ 安全认证。为确保电源的可靠性和稳定性，每个国家或地区都根据自己区域的电网状况制定了不同的安全标准，目前主要有CCC（中国强制性产品认证，即3C认证）、CE（欧盟强制性产品合规认证）、FCC（美国联邦通信委员会认证）、TUV（德国技术监督协会认证）等几种认证标准。电源产品至少应具有这些认证标准中的一种或多种。

⑤ 品牌。最好选择质量有保障的品牌电源。例如目前市场上销售的长城、金和田、航嘉、世纪之星等。

第二步：选购电源

在计算机的组成部件里，电源是给主机所有硬件供电的专业设备，要让计算机稳定运行，除了要配置合理的处理器、显卡、内存、硬盘等，还需要配置一款安全可靠的高品质电源。电源的选择要点包括：电源的额定功率、质量、接口类型、价格等。

① 电源的额定功率。主机能不能稳定运行，电源额定功率很关键，主机所有部件加起来的额定功率一定要小于电源的额定功率，而且必须有一定的冗余，以应对主机的峰值功率，还要可以应对计算机未来的升级扩张需求。

② 电源的质量。电源好坏直接关系到电脑的稳定性和周期寿命，因此，我们在购买电源时需要选择质量更高的产品。

电源的品牌、材质、散热等指标都会影响电源的质量。

③ 电源的接口类型。电源的接口类型也是要考虑的因素之一，需要确保电源与计算机内部的各组件能够良好匹配。常见的接口类型有20+4pin、24pin、6pin、8pin等，根据自己的电脑零件的接口类型来选择相应的电源。

④ 价格。电源的价格也是需要考虑的因素之一。质量不错的电源价格一般在300元左右，而高端电源价格则会比较贵。考虑到电源是计算机最为核心的部件，可以适当地考虑购买质量更好的电源。

总的来说，选择合适的电源对于电脑的稳定性和寿命都有着重要的影响。在选购电源时，首先要根据电脑用途来确定需要的功率；其次需要考虑电源的质量，选择知名品牌和良好材质的产品。

第三步：电源启动与检测

① ATX电源的正常（带主板）启动原理。ATX电源的启动原理示意图如图6-9所示。

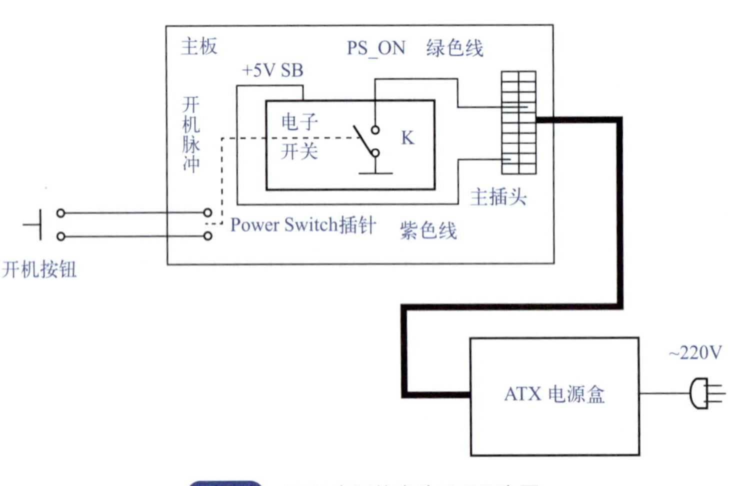

图6-9 ATX电源的启动原理示意图

原理说明如下。

a. ATX电源取消了传统的市电交流220V电源开关，代之以机箱面板上的轻触开关，其连线接到主板的Power Switch两插针上（开机按钮）。

b. 采用“+5V SB”和“PS_ON”的组合实现电源的开与关。

c. +5V SB始终维持对主板的电源监控电路（电子开关）供电。

d. 主板通过电子开关向ATX电源送出PS_ON低电平信号时电源启动，送出PS_ON高电平时电源关闭。

② 单独检测ATX电源的好坏。不带主板启动ATX电源，按如下操作步骤。

a. 电源输出主插头不接主板，其余的输出插头也不接其他设备。

b. 插入电源线并接通电源，使其处于待机状态。

c. 检测20芯主插头的第9脚（紫色线）+5V SB，检测第14脚（绿色线）PS_ON信号电平（高电平）。

d. 检测+5V SB正常、PS_ON正常后，用导线或回形针短路14脚（绿色线）与任一接地脚（黑色线），好的ATX电源就能正常启动。

项目评价与反馈

表6-3是机箱与电源认识及选购项目评分表，请根据表中的评价项和评价标准，对完成情况进行评分。学生完成评分后教师再根据学生完成情况进行评分。其中：学生自评占40%，教师评分占60%。

表6-3　机箱与电源认识及选购项目评分表

班级：		姓名：		学号：	
评价项	评价标准	项目占比	学生自评	教师评分	得分
机箱的选购	依据权威的计算机部件评测网站，结合当前市场机箱的品牌、用途、外观设计、价格以及需求等主要技术指标进行综合评价	25			
电源的选购	依据权威的计算机部件评测网站，结合电源当前市场的品牌、性能指标、价格及需求等进行综合评价	25			
电源检测	空载启动电源，依据电源外部的标签的标称值和实测值计算电源输出误差	40			
专业素养	各项的完成质量	10			
总分		100			

思考与练习

1. 机箱的种类有哪些？选购原则是什么？
2. 电源的主要性能指标有哪些？如何选购一款好的电源？
3. 如果让台式机电源脱离主机，空载如何启动电源？
4. 主机电源通电不启动，输出端哪两根线有电压？记录输出线颜色及实际输出电压。
5. 描述主机电源通电启动后，输出电压与线颜色的对应关系并记录。

计算机组装与调试

项目导入

选购好计算机各部件以后，接下来是计算机的硬件组装。操作中要讲究一些技巧和方法，然后按照正确的方法、正确的部件组装顺序，才能组成一台完整的计算机。安装前需要准备好组装常用的工具及注意事项，也要掌握一些计算机最基本的调试方法，以对组装好的计算机进行开机调试。

学习目标

知识目标：

① 了解计算机部件的安装过程与一般步骤；

② 了解台式计算机部件组装注意事项；

③ 熟悉计算机通电测试及故障检查方法。

能力目标：

① 能够正确组装台式计算机；

② 会进行组装后的故障排除。

素养目标：

① 通过资源学习，养成自主学习的习惯；

② 通过实际动手操作，培养勇于探究的精神；

③ 通过小组合作，提高团队协作意识及语言沟通能力；

④ 通过项目实施，形成吃苦奉献的良好品质。

任务　装机与调试

【任务描述】

通过本任务能够知晓计算机部件组装需要提前准备的工具及组装注意事项，并熟悉计算机部件组装的一般步骤，避免损坏计算机部件，掌握计算机通电测试步骤及故障检查方法。

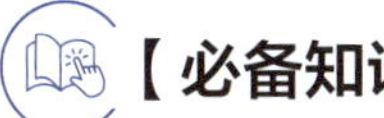

【必备知识】

DIY是一个时尚的话题，既培养了动手能力，又能增加硬件知识。对于初学者来说，只要对配件有足够认识与了解，按照计算机的常规组装方法来操作，一般是不会损坏硬件的。因为各PC接口连接时要依照严格的规范要求进行常规安装与连接，一般不会发生接口方向接反的现象。但是，如果操作员装机时使用蛮力，就可能损坏配件。

7.1.1 组装计算机的准备工作

在组装一台计算机前，首先应该根据计算机的用途来确定各种配件的性能指标，再进行市场调查，依照要求列出一个详细的配置单，然后依照配置单购买各部件。

动手组装前，应做好以下准备。

① 准备好装机所用的部件：CPU、主板、内存、显卡、硬盘、软驱、光驱、机箱、电源、键盘、鼠标、显示器、各种数据线和电源线等。

② 准备好插座：由于计算机系统不止一个设备需要供电，所以一定要准备一个万用多孔型插座，以方便测试机器时使用。

③ 准备好器皿：计算机在安装和拆卸的过程中有许多螺钉及一些小零件需要随时取用，所以应该准备一个小器皿，用来盛装这些东西，以防止丢失。

④ 准备好工作台：为了方便进行安装，应该有一个高度适中的工作台，最好是防静电的。无论是专用的电脑桌还是普通的桌子，只要能够满足使用需求就可以了。

7.1.2 组装计算机的注意事项

组装计算机前进行适当的准备十分必要，充分的准备工作可确保组装过程的顺利，并在一定程度上提高组装的效率与质量。首先需要将组装计算机的所有硬件都整齐地摆放在一张桌子上，并准备好所需的各种工具，然后了解组装的步骤和流程，最后再确认相关的注意事项。在动手组装计算机前，应当首先学习组装计算机的相关基础知识，主要包括硬件结构、配件接口类型，并简单了解各种配件在进行搭配时是否会出现硬件冲突等问题。

组装计算机是一项比较细致的工作，任何不当或错误的操作都有可能使组装好的计算机无法正常工作，严重时甚至会损坏计算机硬件。因此，在装机前还需要了解一些组装计算机时的注意事项。

(1) 防止静电

由于衣物会相互摩擦，很容易产生静电，而这些静电则可能将集成电路内部击穿造成设备损坏，这是非常危险的，因此，最好在安装前，用手触摸一下接地的导电体或洗手以释放掉身上携带的静电荷。专业的释放静电的方法是使用一个传导纤维腕带，把腕带一端戴在手腕上，另一端牢牢地与地面连接，以使静电从人体内流走。

(2) 防止液体进入微机内部

在安装微机元器件时，也要严禁液体进入微机内部的板卡上。因为这些液体可能造成短路而使元器件损坏，所以要注意不要将喝的饮料摆放在微机附近，对于爱出汗的人来说，也要避免头上的汗水滴落，还要注意不要让手心的汗沾湿板卡。

(3) 掌握正常的安装方法

在安装的过程中一定要注意正确的安装方法，对于不懂不会的地方要仔细查阅说明书，不要强行安装，防止用力不当使引脚折断或变形。严禁暴力拆装配件，注意安装方向。对于安装后位置不到位的设备不要强行使用螺钉固定，因为这样容易使板卡变形，日后易发生断裂或接触不良的情况。

（4）零件摆放有序

把所有零件从盒子里拿出来（部件不要从防静电袋子中拿出来），按照安装顺序排好，仔细看说明书，看有没有特殊的安装需求。准备工作做得越好，接下来的工作就会越轻松。

（5）以主板为中心

以主板为中心，把所有东西摆好。在主板装进机箱前，先装上处理器与内存。此外要确定各插件安装是否牢固，因为很多时候，上螺钉时卡会跟着翘起来，造成运行不正常，甚至损坏。

（6）测试前，只装必要的部件

测试前，建议先只装必要的部件：主板、CPU、CPU的散热片与风扇、硬盘、光驱以及显卡。其他如视频采集卡、网卡等，可以在确定没问题的时候再装。此外，第一次安装最好不要上机箱盖，这样通电测试时可以观察机箱内部件情况，以便随时断电，以免故障处理不及时而造成无法挽回的损失。

（7）不要带电插拔

带电插拔是指计算机处于加电状态时插拔元器件、插头及接线等。这种操作对元器件的伤害很大，因为元器件处于带电时，突然断电会在元器件内部产生瞬时大电流，对元器件损伤很大。

（8）仔细查阅计算机部件的说明书

装机前还要仔细阅读各种部件的说明书，特别是主板说明书，根据CPU的类型正确设置好跳线。

7.1.3 组装计算机的必备工具

在组装计算机前还必须准备一些必要工具。

① 十字螺钉旋具：用于拆卸和安装螺钉的工具，俗称螺丝刀。计算机上的螺钉全部都是十字形的，所以需要准备一把十字螺钉旋具。最好准备磁性的螺钉旋具，磁性螺钉旋具可以吸住螺钉，在安装时非常方便。

② 一字螺钉旋具：一般也需要准备一把一字螺钉旋具，不仅可方便安装，而且可用来拆开产品包装盒、包装封条等。

③ 镊子：可以用来夹取螺钉、跳线帽及其他的一些零碎物品。

④ 尖嘴钳：一般用于在机箱里安装固定主板的铜柱、剪断导线和拆卸金属挡板。

⑤ 导热硅脂：适量地涂抹导热硅脂，可以让CPU核心与散热器很好地接触，从而达到导热的目的。

⑥ 捆扎带：处理机箱内杂乱的电源线、数据线，将线置于扎带的圈内，然后扎进扎带的一头，拉紧，并用剪刀去掉多余的扎丝头。

⑦ 防静电手套：防静电手套可以防止人体的静电对计算机配件（如主板芯片、CPU、显卡芯片和硬盘芯片等）造成损害。

此外，还要备全安装用的螺钉、测量用的万用表等。

7.1.4 微型计算机的硬件组装步骤

组装计算机并没有一个固定的步骤，通常由个人习惯和硬件类型决定，这里按照专业装机人员最常用的装机步骤进行操作。

首先是安装机箱内部的各种硬件，如安装电源、CPU和散热风扇，安装内存、主板、显卡，安装其他硬件卡，如声卡、网卡，安装硬盘（固态硬盘或普通硬盘）、光驱（可以不安装）；其次是连接机箱内的各种线缆，如连接主板电源线、硬盘数据线和电源线，连接光驱数据线和电源线（可以不安装），连接内部控制线和信号线；最后是连接主要的外部设备，如连接显示器、键盘和鼠标，连接音箱（可以不安装），连接主机电源等，然后整理并做通电测试准备。

【特别提示】注意通电前检查是否有导电金属物（如螺钉）掉入主板造成短路。

【任务实施】

计算机的组装包括主机和外部设备两个部分。各部件的组装有一定顺序，最后才是通电调试。

第一步：安装主机

（1）安装机箱和电源

如今，虽然机箱的外形各种各样，但其实很多机箱的内部结构基本一致，只是前面板外观略有不同而已，如图7-1所示。一般情况下，在购买机箱的时候可以买已装好电源的。不过，有时机箱自带的电源品质太差，或者不能满足特定要求，则需要更换电源。由于电脑中的各个配件基本上都已模块化，因此更换起来很容易，电源也不例外。

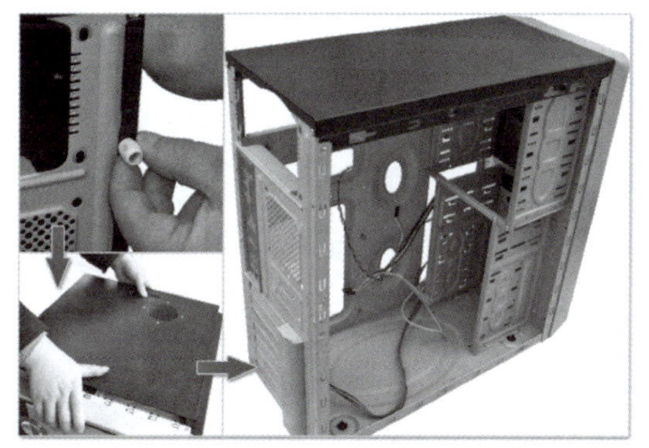

图7-1 机箱外观

新手装机

安装电源很简单，先将电源放进机箱上的电源位，并将电源上的螺钉固定孔与机箱上的固定孔对正；先拧上一颗螺钉（固定住电源），再拧上剩下的螺钉即可，如图7-2所示。

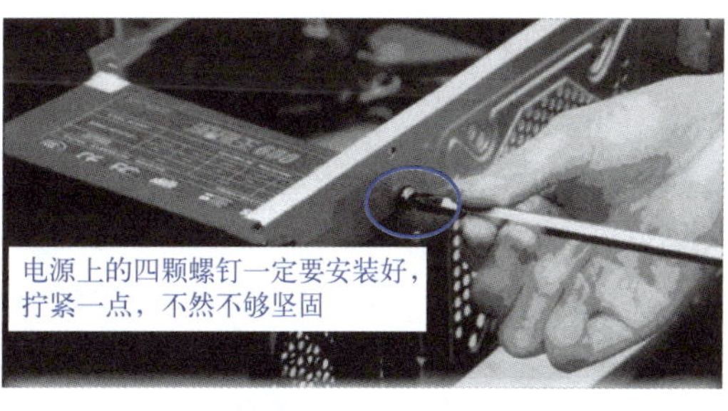

图7-2 电源的安装

（2）安装CPU和散热风扇

在将主板装进机箱前，最好先将CPU和内存安装好，以免将主板安装好后机箱内狭窄的空间影响CPU等的顺利安装。在安装CPU和内存时，为了避免损伤主板，需要先将主板放置在主板包装盒上。此时，可以先来观察一下主板上的CPU插座与内存插槽。

安装CPU前，首先需要了解CPU与主板的兼容问题：主板的处理器卡槽型号是与处理器的针脚相配的，也就是说任何处理器都有相应的主板型号搭配，必须严格遵循兼容性。比如，Intel公司生产的LGA 775接口处理器 E6300/E5500等需搭配 G31/G41等主板，LGA 1155接口的处理器酷睿i3 2100/i5 2300/i7 2600等需搭配 H61/P67/Z68主板。以上两种接口的主板不能兼容不同接口的处理器，这个是用户需要注意的。

下面，以两款不同型号的CPU为例，分别讲解AMD CPU和Intel CPU的安装方法。

① AMD CPU的安装。从以往的AM2到现在的AM3+、FM1平台，安装方法基本相似，关键在于找到CPU的金属小三角与主板接口上的小三角，将其对应即可安装。这里，选取技嘉A770主板（AM3接口）和AMD速龙Ⅱ X4 630处理器来讲解AM3主板如何安装CPU。

首先是拉起CPU锁紧杆，拉到与主板垂直的位置，如图7-3所示。

选好金属三角，对正两个三角形，很容易安装AMD处理器，如图7-4所示。

金属锁紧杆归位，这步很重要，下压锁紧杆至卡住，这样处理器会被主板插槽固定，使引脚接触良好，如图7-5所示。

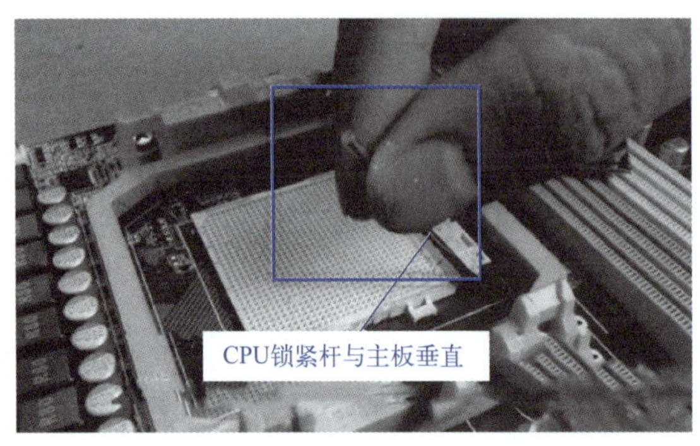

图7-3 拉起CPU锁紧杆，与主板垂直

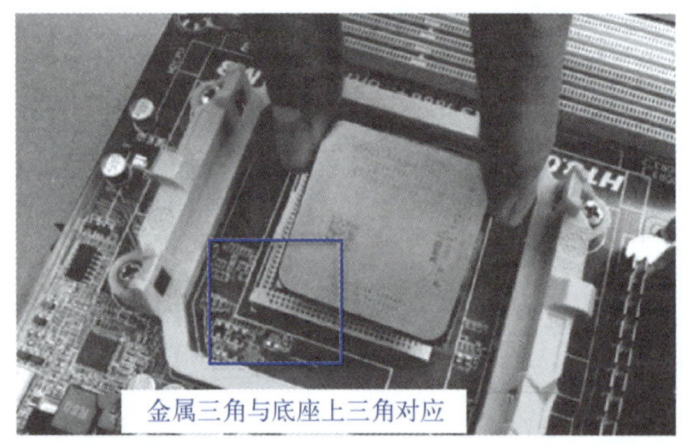

图7-4 对正金属三角，安装AMD处理器

AM3/AM2+/AM2接口处理器安装注意如下几点：

- 用食指将压杆（锁紧杆）从卡扣处侧移出来。
- 压杆抬起，与主板成90°的角度。
- 将处理器的“金属三角”与主板插槽上的三角对齐，轻放CPU，让其插入插槽内。
- CPU插入底座之后不要随便晃动CPU，防止接触不当或处理器针脚受损。
- 用食指顺势下压压杆，将其恢复到卡扣处。

图7-5 锁紧杆归位至卡扣，固定CPU

② Intel CPU的安装。Intel平台有很多，如LGA 775、LGA 1155、LGA 1156、LGA 1366以及LGA 2011，虽然它们针脚数不一样，但安装的过程是十分类似的。这里，就参照华硕P8P67主板讲解安装LGA 1155接口处理器的步骤。

a. 拉起压杆。下压压杆并向外侧抽出，拉起带有弯曲段的压杆，与主板成170°角度顺势将口盖翘起，然后保持口盖自然打开（口盖与主板角度略大于100°），如图7-6所示。

b. 利用凹凸槽对准CPU插槽，如图7-7所示。

图7-6 拉起CPU压杆

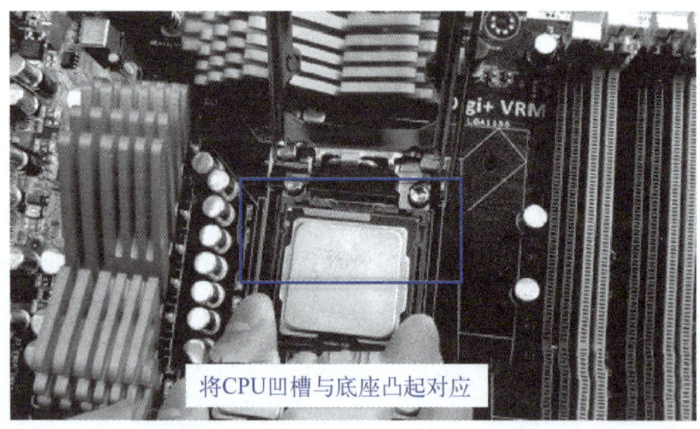

图7-7 利用凹凸槽对准CPU插槽

Intel二代智能酷睿处理器采用的是双凹槽设计，让用户方便安装。如图7-8所示。

c. 将压杆匀力下扣，在口盖需搭在主板上时，注意微调口盖，使其可以被螺钉固定，利用压杆末端的弯曲处牢固扣入扣点内，如图7-9所示。

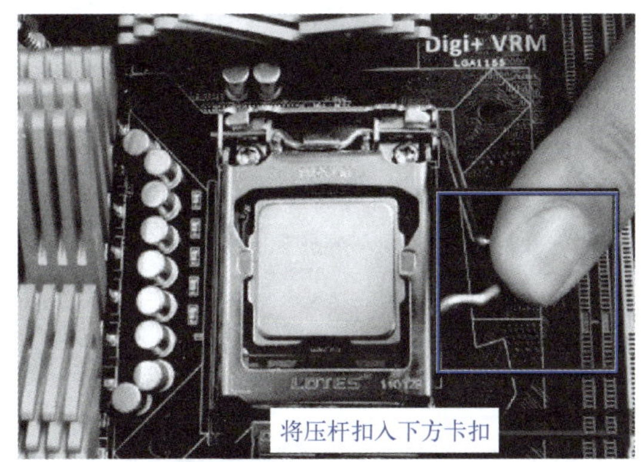

图7-8 双凹槽设计安装CPU

图7-9 压杆下压锁紧CPU

经过以上三步操作，Intel处理器可顺利安装到主板上。在轻放处理器的时候一定要一气呵成，不可以在处理器接触到触点后继续微调CPU位置。

LGA 1155/1156接口处理器安装注意如下几点：

- 用食指将压杆从卡扣处侧移出来，食指可以直接按压压杆弯曲部分。
- 压杆抬起一定角度（与主板夹角约为170°），此时口盖被翘起。
- 利用插槽上的两个凸点来确定处理器安放位置。
- CPU插入底座之后不要随便晃动CPU，以免底座接触不良。
- 先将扣盖顶端插入主板螺钉，再顺次将压杆扣入卡扣处。

【特别提示】Intel处理器在针脚上和AMD不同的是，Intel把针脚挪到了主板处理器插槽上，使用的是点面接触式。这样设计的好处是可以有效防止CPU的损坏，但是弊端是如果主板的处理器插槽针脚有损坏，更换会更加麻烦。

和安装AMD处理器时在主板的插槽上会予以三角符号标识以防止插错不同，安装Intel处理器也有自己的一套“防呆”方法：处理器一边有两个缺口，而在CPU插槽上，一边也有两个凸出，对准放下去就可以了。

CPU散热风扇的安装步骤如下：

① 在CPU的表面上均匀涂上足够的散热膏（硅脂），这有助于将CPU发出的热量传导至散热风扇上。但要注意不要涂得太多，只要用手均匀地涂上薄薄一层即可，如图7-10所示。

图7-10 在CPU上均匀涂抹导热硅脂

② 安装CPU散热器（散热风扇）。安装Intel原装CPU散热器，首先，要把四个脚钉位置转动到上面箭头相反的方向，然后对准主板四个孔位，用力下压，即可完成一个位置的安装，重复四次即可，如图7-11所示。

如果要拆卸散热器，把四个脚钉位置向上面箭头相反的方向转动，然后用力拉，重复四次即可拆卸，如图7-12所示。

③ 连接风扇电源。CPU加装了散热器后，将散热器的电源输入端插入主板上CPU附近的“CPU_FAN”上，如图7-13所示。

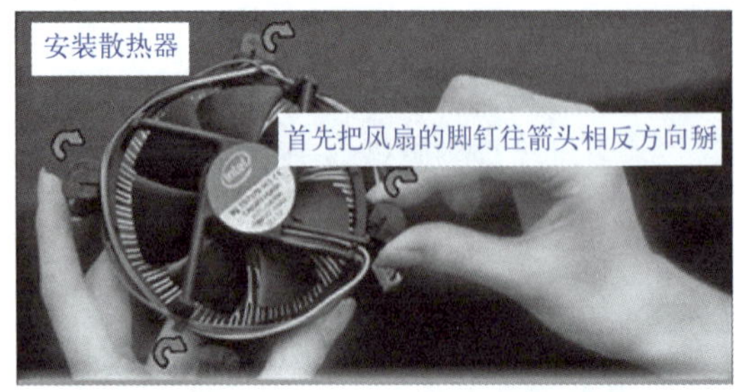

图7-11 安装CPU散热器

图7-12 拆卸CPU散热器

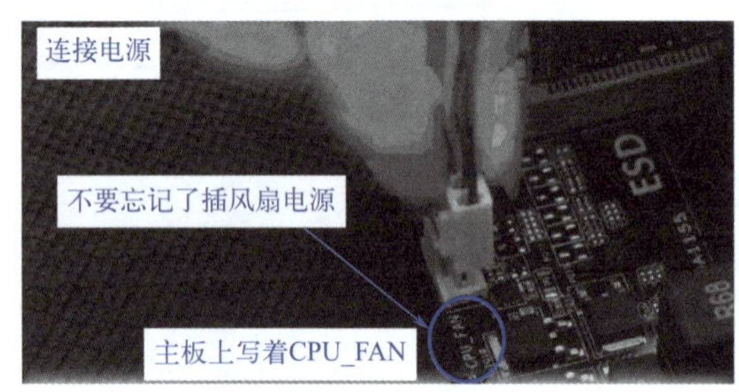

图7-13 插CPU风扇电源

（3）安装内存条

内存的安装与CPU安装相比相对简单。先打开内存插槽两端卡扣，对准内存与内存插槽上的凹凸位，左右两手同时用力下压内存条，如图7-14所示。当听到“啪”的一声，主板上的卡扣会自动复位卡住内存条两边缺口，这样内存条就安装好了。

图7-14 对好内存与内存插槽上的凹凸位

【特别提示】如果内存与内存插槽的凹凸位对不上怎么办？如果换一个方向，内存的凹位与内存插槽的凸位还是对应不上，那么说明主板不支持这种内存，解决方法只能是换内存或主板。

（4）安装主板

安装好主板上的CPU、散热器和内存后，接下来需要把电源、主板和硬盘安装到机箱内。

主板的安装主要是将其固定在机箱内部，并将主板接口插入机箱后部的挡片，如图7-15所示。安装时，用户需要先将机箱后面的主板接口挡片或密封片拆下，并换上主板盒内的专用接口挡片。

完成这一工作后，观察主板螺钉孔的位置，并在机箱内相应位置处安装铜柱或脚钉，一般是6~9个，主板全部螺钉孔都要装上以便更好地固定主板，并使用尖嘴钳或螺钉旋具将其拧紧，如图7-16所示。

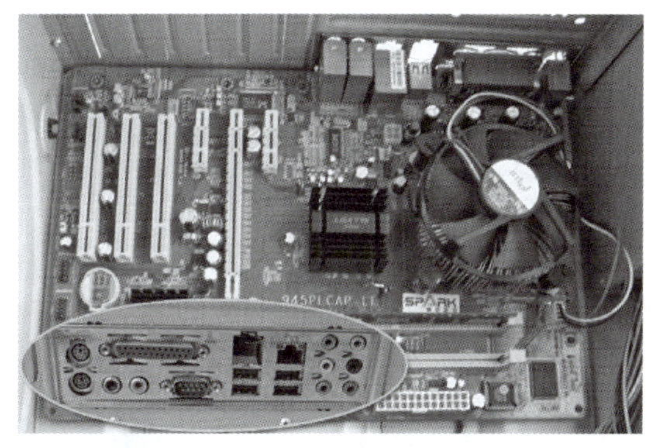

图7-15 将主板后面接口对准机箱后部的挡片

图7-16 用螺钉或铜柱固定主板

（5）安装显卡

现在主流显卡已经全部采用了PCIe×16总线接口，其高效的数据传输能力暂时缓解了图形数据的传输瓶颈。与之相对应的是，主板上的显卡插槽也已经全部更新为PCIe×16插槽，该插槽大致位于主板中央，较其他插槽要长一些。安装显卡时，需要首先将机箱背面显卡位置处的挡板卸下。此时用户应尽量使用工具进行拆卸，螺丝刀或尖嘴钳都可以，但不应徒手操作，避免挡板划伤皮肤。

接下来，将显卡“金手指”处的凹槽对准PCIe×16显卡插槽处的凸起隔断，并向下轻压显卡，使显卡“金手指”全部插入显卡插槽内，然后用螺钉固定即可，如图7-17所示。

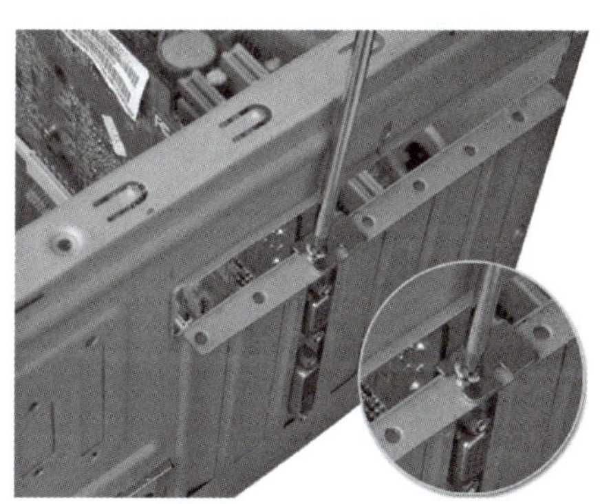

图7-17 显卡的安装

【特别提示】 如果PCIe插槽有防滑扣的话，必须查看此防滑扣是不是真的防止显卡插入。如果是的话，在安装之前要按下PCIe插槽末端的防滑扣，如图7-18所示。

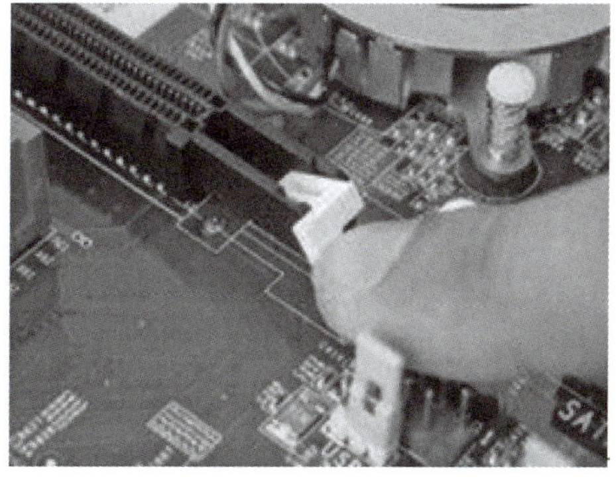

图7-18 PCIe插槽末端有防滑扣

如果主板有多条PCIe×16插槽，优先接到靠近CPU端那条，这样保证显卡是全速运行。

（6）安装驱动器

在固定光驱或硬盘的过程中，应该按照对角线的方式依次拧紧螺钉，这样光驱或硬盘受力较为均匀，切忌一次将所有的螺钉拧紧。

① 安装硬盘。托住硬盘，正面（标注硬盘容量及类型等信息的标签）朝上对准3.5in的硬盘托架，并确认硬盘的螺钉孔与固定架上的螺钉孔位置相对应，然后拧上螺钉。安装与固定硬盘如图7-19所示。然后连接好SATA接口硬盘的数据线和电源线。

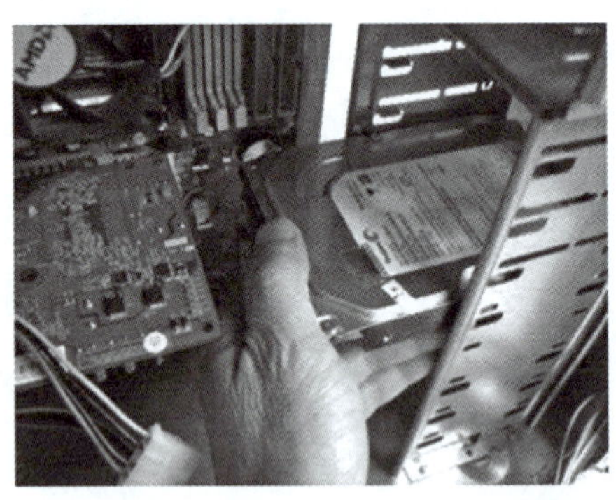

图7-19 安装与固定硬盘

② 安装光驱。首先取下机箱的前面板用于安装光驱的挡板，然后将光驱反向从机箱前面板装进机箱的5.25in槽位，注意调整好位置，使得光驱的螺钉孔与侧面挡板托架的螺钉孔对应，安装与固定光驱如图7-20所示。确认光驱的前面板与机箱对齐平整，在光驱的每一侧用两个螺钉初步固定，先不要拧紧，这样可以对光驱的位置进行细致的调整，然后把螺钉拧紧，这主要是考虑到机箱前面板的美观。

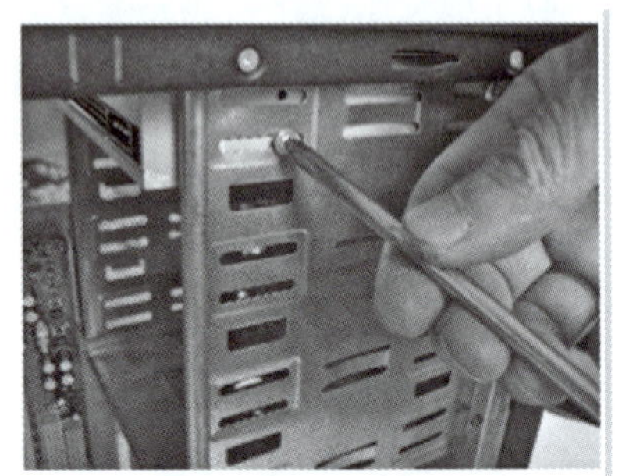

图7-20 安装与固定光驱

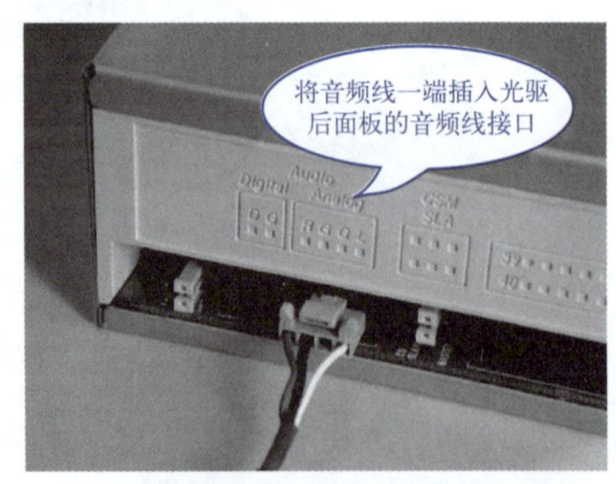

图7-21 光驱的音频线接口

光驱一般还附赠有音频线，将音频线一端按照正确的方向插入光驱后面板的音频线接口中，如图7-21所示，另一端插入声卡上标记有CD-In的插座上。有些外接声卡或板载声卡还会对应不同品牌的光驱，提供2个以上CD-In插座，这时就要根据光驱的品牌对应插入适用的插座中。

音频线是最容易插错的，为了避免这种情况的发生，在音频线接头处都会有一个箭头标示（一般是在白色那根线的位置），将其与光驱和声卡的音频线接口上标示的“L”相对应插入即可。

③ 连接SATA接口硬盘与光驱的数据线与电源线。现在硬盘和光驱基本都是SATA接口了，将SATA电源转接线的黑色扁长一端，插入SATA硬盘的电源接口，由于SATA电源插头和SATA硬盘的电源接口上都有防误插设计，所以不用担心会插错。SATA设备电源线和数据接口如图7-22所示。

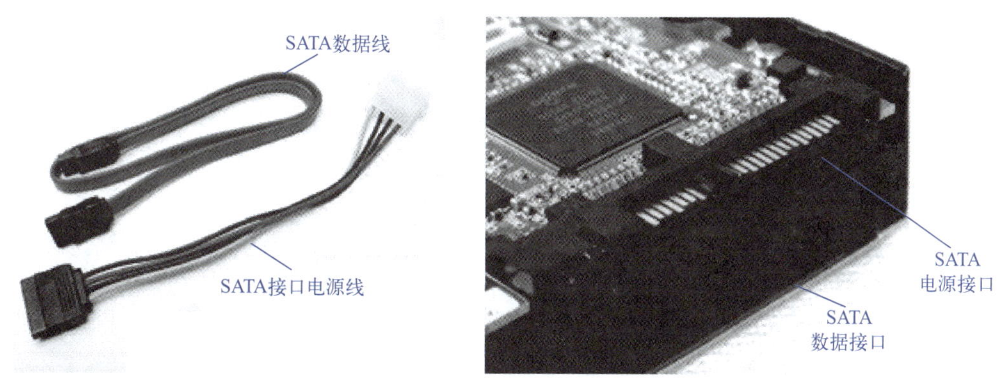

图7-22 SATA设备电源线和数据接口

（7）机箱面板与主板连线

所有的机箱前面板都有电源键、重启键、电源指示灯、硬盘工作指示灯。要想让这四个部分正常工作就必须把机箱内部的连线正确插接在主板上。机箱面板与主板连线是计算机硬件组装的难点，可以根据说明书或连接头与主板上的英文字母相对应来插接。

① 机箱面板连线。主板上的机箱面板连线插针一般都在主板左下端靠近边缘的位置，一般是双行插针，一共有10组左右。但是，也有部分主板的机箱面板连线插针采用的是单行插针。主板上的前面板插针如图7-23所示。

机箱前面板连线包括硬盘指示灯线、电源指示灯线、开机信号线、重启（复位）信号线和机箱喇叭线这五根机箱连线，如图7-24所示。

图7-23 主板上的前面板插针

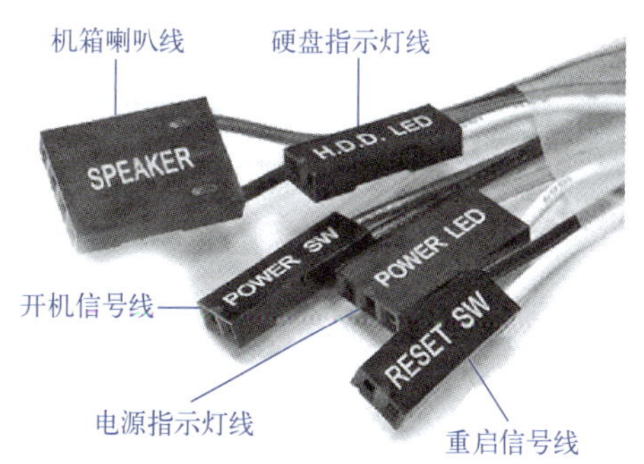

图7-24 机箱前面板的连线

在主板说明书中，都会详细介绍哪组插针应连接哪个连线，只要对照插入即可。即使没有主板说明书也没关系，因为大多数主板上都会将每组插针的作用印在主板的电路板上。只要细心观察就可以通过这些英文字母来正确地安装各种连线。下面介绍这些英文的含义。

a. POWER SW：电源开关，英文全称为Power Swicth，开机信号。

可能用名：POWER、POWER SWITCH、ON/OFF、POWER SETUP、PWR SW等。

功能定义：机箱前面的开机按钮。

b. RESET SW：复位/重启开关，英文全称为Reset Swicth，重启信号。

可能用名：RESET、RESET SWICTH、RESET SETUP、RST等。

功能定义：机箱前面的复位按钮。

c. POWER LED：电源指示灯：+/–。

可能用名：PLED、PWR LED、SYS LED等。电源指示灯采用的是发光二极管，它的连接是有方向性的。有些主板上会标示“P LED+”和“P LED–”字样，只要将绿色的一端对应连接在P LED+插针上，白线连接在P LED–插针上即可。

功能定义：在计算机接通电源后，电源指示灯会发出绿色的光，以表示电源接通。

d. H.D.D LED：硬盘指示灯，英文全称为Hard Disk Drive Light Emitting Diode（硬盘驱动器发光二极管）。

可能用名：H.D.D LED、H.D LED。

功能定义：在读写硬盘时，硬盘指示灯会发出红色的光，以表示硬盘正在工作。硬盘指示灯采用的是发光二极管，插时要注意方向性。一般主板会标有“HDD LED+”“HDD LED–”，将红色一端对应连接在HDD LED+插针上，白色插在标有“HDD LED–”的插针上。

e. SPEAKER：机箱喇叭。

可能用名：SPK。

功能定义：用于计算机故障报警。现在许多主板上有蜂鸣器报警，省去前面板的喇叭线。

② 前置USB与前置音频连线。在主流机箱都流行采用前置音频输出端口，只要机箱配备前置音频输出端口，组装计算机时，连接好前置端口线缆，就可以通过前置音频输出端口连接音箱、耳机与麦克风等设备，方便使用。

早期生产的机箱的前置USB接口与前置音频接口，没有做到一体化设计，所有线都是散开的，接错了就可能给设备带来损坏，安装难度较大。主板上前置音频接口（J_AUDIO）也是9针，但空针一般是第7针，该接口通常在主板集成的输入输出端口附近。

现在，大部分机箱已采用一体化设计，而且做了“防呆”设计，一般不会接错，如图7-25所示。

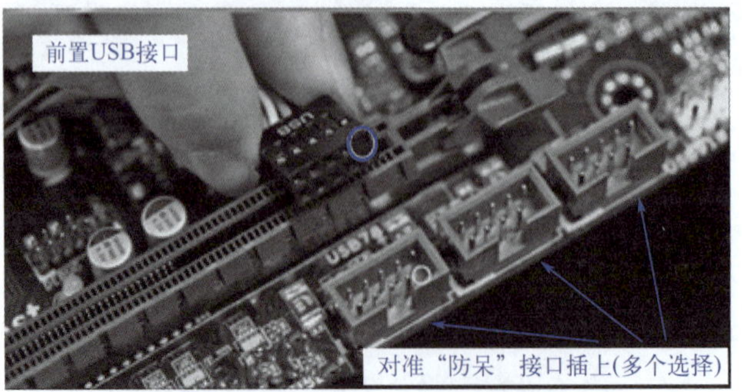

图7-25 主板上的前置音频和前置USB接口

主板上前置USB针脚定义如图7-26所示（NC表示空脚）。

一般情况下，机箱说明书中会标明USB接线的定义，也可以从接线的颜色来了解其定义，具体如下。

红线：电源正极（接线上的标识为+5V或V_{CC}）。

白线：负电压数据线（标识为Data–或USB Port–）。

绿线：正电压数据线（标识为Data+或USB Port +）。

黑线：接地（标识为GND）。

【特别提示】开机信号线、重启信号线和机箱喇叭线在插入时可以不用注意插接的正反问题，怎么插都可以。但电源指示灯线和硬盘指示灯线等是采用发光二极管来显示，所以连接是有方向性的。

记住一个最重要的规律：彩色线连接正极，黑/白线连接负极。

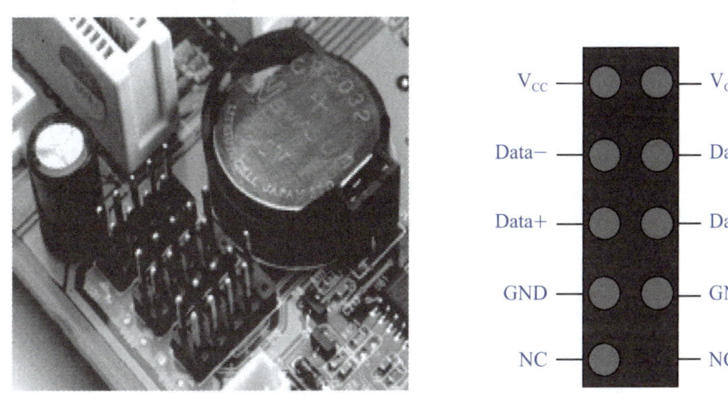

图7-26 主板上前置USB针脚定义

③ 流行的主板面板连线。会正确连线，必须先了解连线从哪儿开始数，这个其实很简单。在主板上（任何板卡设备都一样），跳线的两端总是有一端会有较粗的印刷框，而连线就应该从这里数。找到这个较粗的印刷框之后，就本着从左到右、从上至下的原则数。

图7-27所示的主板前面板采用的是 9个针脚。目前，市场上多数品牌都采用的是这种方式，特别是几大代工厂推出的主板，采用这种方式的比例更高。图7-28所示就是这种9针面板连接线示意图。

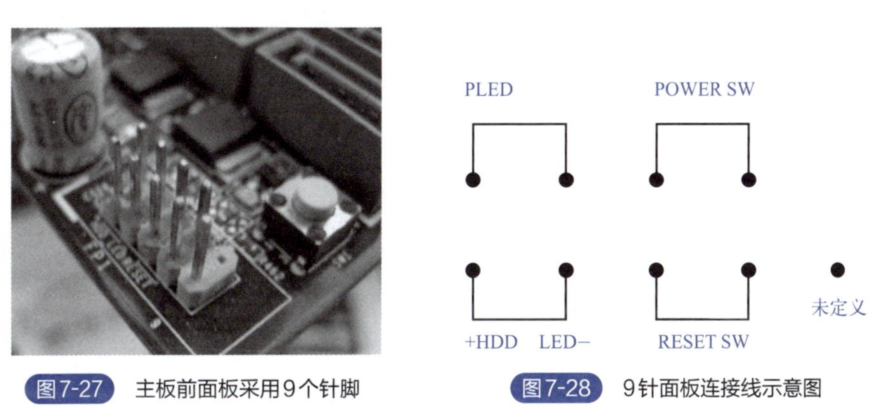

图7-27 主板前面板采用9个针脚

图7-28 9针面板连接线示意图

图7-28中，第9针并没有定义，所以连接线的时候也不需要插这一根。连接的时候只需要按

照示意图连接就可以。电源开关（POWER SW）和复位开关（RESET SW）都是不分正负极的，而两个指示灯需要区分正负极，正极连在靠近第1针的位置（也就是有印刷粗线的位置）。机箱上的线区分正负极也很简单，一般来说彩色的线是正极，而黑色/白色的线是负极（接地，有时候用GND表示）。

这里用4句话来概括9针定义开关、复位、电源灯、硬盘灯位置：

- 边插电源；
- 电源对面插复位；
- 电源旁边插电源灯，负极靠近电源线；
- 复位旁边插硬盘灯，负极靠近复位线。

（8）主板其他接口的连接及整理

① 主板电源连线。在主板上的电源，一般有两种线，24针总电源与4针或8针的CPU辅助供电，如图7-29所示。

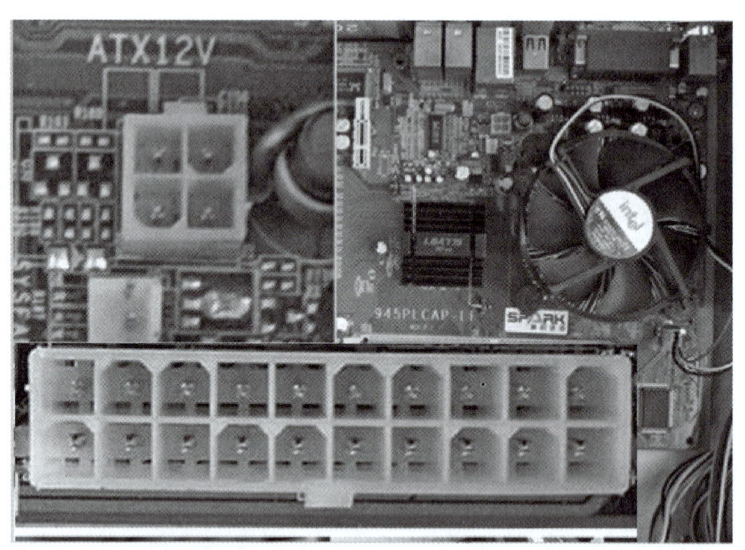

图7-29 主板上4针CPU及24针主供电插座

主板电源连接很简单，都有防误插设计，有对应的卡扣，对准卡位插上即可。

【特别提示】 CPU辅助供电部分，会有两种特殊情况。

a. 主板是8针，电源只有4针。这种情况下，主板只插4针也是可以的，只要不大幅度超频。要注意只有一种方向可以插入，反之则无法插入。

b. 主板是4针，电源是8针。这种情况下电源8针可以拆分为两个4针，其中一个4针插在主板上即可。

② 声卡、网卡的安装。现在，主板上一般都自带声卡、网卡，如果需要安装外置声卡、网卡，步骤如下。

a. 确认机箱电源在关闭的状态下，找到空余的PCI插槽，并从机箱后壳上移除对应PCI插槽上的扩充挡板及螺钉。

b. 声卡、网卡细心插入PCI插槽中，一定要把卡插紧。

c. 螺钉用螺丝刀锁上，使声卡、网卡确实地固定在机箱壳上。

③ 整理内部连线。至此，计算机机箱内部硬件安装基本完成，但是机箱内部的连线比较乱，

不像品牌电脑的内部连线井然有序。所以，需要将机箱内的各种连线整理好。各种数据线和电源线不要相互搅在一起，减少线与线之间的电磁干扰有利于机器工作。将过长的连线捆扎起来，这样看起来井然有序，而且有利于机箱内部件散热，如图7-30所示。

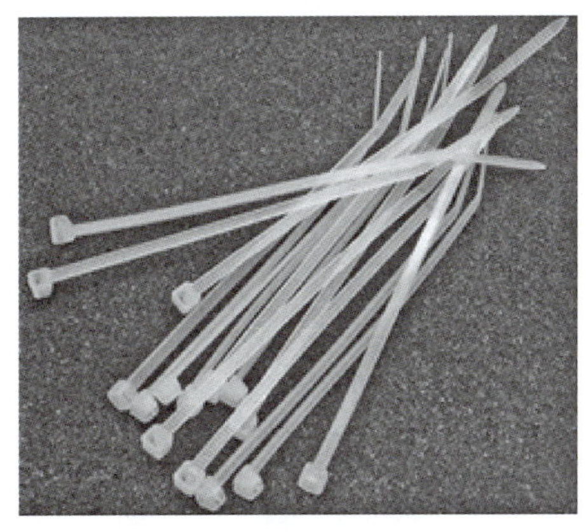

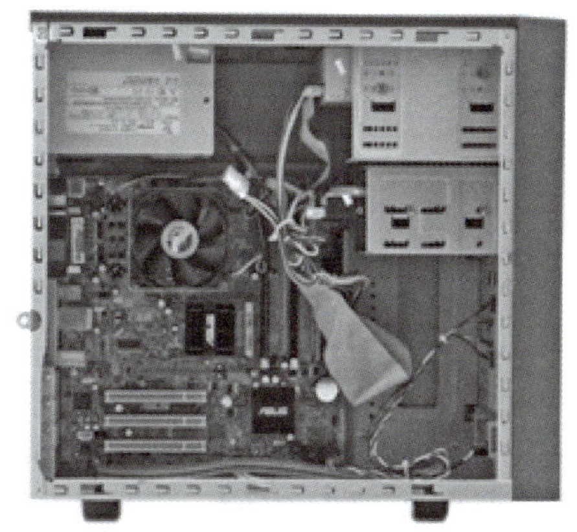

图7-30 将机箱箱内连线捆扎

第二步：安装外部设备

主机安装完成后，还需要连接显示器、键盘、鼠标、音箱、打印机等外部设备（外设）。

（1）连接显示器

在连接液晶显示器与主机前，需要先将液晶显示器组装在一起。目前，常见液晶显示器大都由屏幕、底座和连接两部分的颈管组成，每个部件上都有与相邻部件进行连接的锁扣或连接头。安装时，只需将底座与颈管上的锁扣对齐后，将两者挤压在一起，并将颈管上的卡式连接头插入屏幕上的卡槽内即可，如图7-31所示。

显示器组装完成后，根据显示器的接口是VGA还是DVI，将对应的连接线对应连接到主机显卡的输出端即可，如图7-32所示。

图7-31 组装液晶显示器

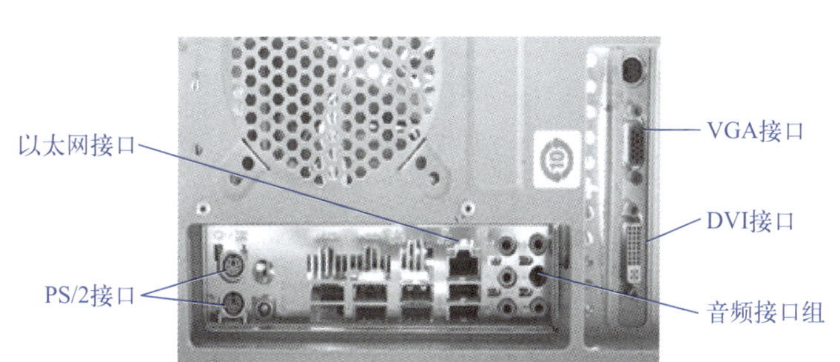

图7-32 主机显卡DVI和VGA接口连接显示器

最新的主板后部用于连接高清显示器的还有DP接口、HDMI接口和DVI接口，如图7-33所示。对于这些接口，最简单的连接方法就是对准针脚，向接口方向平直地插进去并固定好。如果连接线对应的接口不匹配，必要时需要加装转接头。

（2）连接鼠标、键盘

PS/2接口有两组，分别为紫色的键盘接口和绿色的鼠标接口，两组接口不能插反，否则对应设备不能使用。在使用中不能进行热拔插，否则会损坏相关芯片或电路。

图7-33　主板后部的DP、HDMI、DVI接口

连接键盘时，将键盘插头（即PS/2插头）内的定位柱对准主机背面PS/2接口中的定位孔，并将插头轻轻推入接口内。使用相同方法连接鼠标后即可完成键盘和鼠标与主机的连接。

不过，现在很多计算机流行使用USB接口的鼠标，该种鼠标与PS/2不同，可以即插即用，还可以带电插拔。

（3）连接主机电源

电源接口（黑色）负责给整个主机电源供电，有的电源背部还有电源开关，为了安全，建议在不使用电脑的时候关闭这个电源开关，主机电源后部接口如图7-34所示。

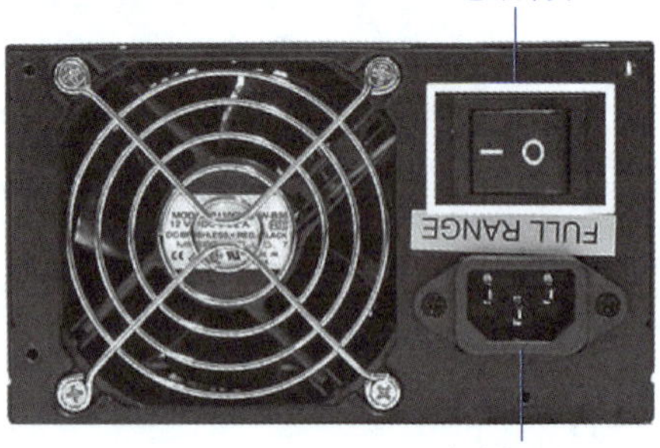

图7-34　主机电源后部接口

（4）连接外部音箱、网络等设备

① 音频输出端口包括Line Out、Line In和Mic接口。

a. Line Out接口（淡绿色）：通过音频线来连接音箱的Line接口，输出经过电脑处理的各种音频信号。

b. Line In接口（淡蓝色）：位于Line Out和Mic中间的那个接口，意为线路输入接口，需和其他专业设备相连，家庭用户一般闲置无用。

c. Mic接口（粉红色）：Mic接口与麦克风连接，用于聊天或者录音。

② 以太网接口。该接口一般位于网卡的挡板上（目前很多主板都集成了网卡，网卡接口常位于USB接口上端）。将网线的水晶头插入，正常情况下网卡上红色的链路灯会亮起，传输数据时则亮起绿色的数据灯。

第三步：裸机测试及故障检查

（1）通电测试

开机测试前，用户应该将所有的设备安装完成，然后接上电源，检查是否异常，其操作步骤如下。

① 再重新检查所有连接的地方，有无错误和遗漏。

② 将电源线的一端连接到交流电插座上，另一端插入机箱电源的插口中。

③ 按下机箱的POWER电源开关，可以看到电源指示灯亮起，硬盘指示灯闪烁，显示器显示开机画面，并进行自检，到此表明硬件组装就成功了。假如开机加电测试时，没有任何警告音，也没有一点反应，则应该再重新检查各个硬件的插接是否紧密、数据线和电源线是否连接到位、供电电源是否有问题、显示器信号线是否连接正常等。

④ 待计算机通过开机测试后，切断所有电源。使用捆扎带对机箱内部所有连线分类整理，并进行固定。整理连接线时应注意，尽量不要让连线触碰到散热片、CPU风扇和显示卡风扇。

⑤ 所有工作完成后，将机箱挡板安装到机箱上，拧紧螺钉即可。至此，一台完整的计算机

就组装完成了。

（2）开机不正常时的检查步骤

刚组装完成的计算机通电后可能会出现问题，检查步骤如下。

① 首先检查电脑的外部接线是否接好，把各个连线重新插一遍，看故障是否排除。

② 如果故障依旧，接着打开主机箱查看机箱内有无多余金属物或主板变形造成的短路，闻一下机箱内有无烧焦的煳味，检查主板上有无烧毁的芯片、CPU周围的电容有无损坏等。

③ 如果没有，接着清理主板上的灰尘，然后检查电脑是否正常。

④ 如果故障依旧，接下来拔掉主板上的Reset线及其他开关、指示灯连线，然后用镊子短路主板上的电源开关两针，看能否开机。

⑤ 如果不能开机，接着使用最小系统法，将硬盘、光驱的数据线拔掉，然后检查电脑是否能开机，如果电脑显示器出现开机画面，则说明问题在这几个设备中。接着再逐一把以上几个设备接入电脑，当接入某一个设备时，故障重现，说明故障是由此设备造成的，最后重点检查此设备。

⑥ 如果故障依旧，则故障可能由内存、显卡、CPU、主板等设备引起。接着使用插拔法、交换法等方法分别检查内存、显卡、CPU等设备是否正常，如果有损坏的设备，更换损坏的设备。

⑦ 如果内存、显卡、CPU等设备正常，接着将BIOS放电，采用隔离法，将主板安置在机箱外面，接上内存、显卡、CPU等进行测试，如果电脑能显示了，接着再将主板安装到机箱内测试，直到找到故障原因。如果故障依旧则需要将主板返回厂家修理。

⑧ 当电脑开机启动时，系统BIOS开始进行加电自检，当检测到电脑中某一设备有致命错误时，便控制扬声器发出声音报告错误。因此，可能出现开机无显示有报警声的故障。对于电脑开机无显示有报警声的故障，可以根据BIOS报警声的含义来检查出现故障的设备，以排除故障。

【特别提示】计算机出现故障，采用最小系统法缩小范围，有利于故障排除。硬件最小系统包括：电源、主板、CPU、内存、显卡、显示器。有这6大件就可以让计算机显示字符。

项目评价与反馈

表7-1是计算机硬件组装与调试项目评分表，请根据表中的评价项和评价标准，对完成情况进行评分。学生完成评分后教师再根据学生完成情况进行评分。其中：学生自评占40%，教师评分占60%。

表7-1　计算机硬件组装与调试项目评分表

班级：		姓名：		学号：	
评价项	评价标准	项目占比	学生自评	教师评分	得分
主机的安装	依据权威的计算机维护教材和计算机专业网站，对计算机主机部件组装的顺序与合理性进行综合评价	40			
外设的安装	依据权威的计算机维护教材和计算机专业网站，对外设的连接与安装正确性进行综合评价	30			
通电检测	开机后是否能正常显示	20			
专业素养	各项的完成质量	10			
总分		100			

思考与练习

1. 简述微机硬件组装的合理步骤及注意事项。
2. Intel 与 AMD 的 CPU 安装有何区别？
3. 机箱前面板连接线有哪些？写出常见主板和线材上的英文标识。
4. 通电测试之前有哪些注意事项？
5. 计算机硬件最小系统包括哪些部件？

项目8 BIOS设置与升级

项目导入

计算机操作系统安装和系统硬件参数修改都与BIOS设置有关。进行BIOS设置有几个问题需要解决：如何进入设置界面；要进行设置的BIOS是什么型号的；UEFI、传统的BIOS设置项目及设置方法是什么；CMOS与BIOS有何关系；CMOS放电方法是什么；老主板不能支持新硬件时，如何对BIOS进行升级。

学习目标

知识目标：

① 了解BIOS设置程序各个项目的作用和功能；
② 了解BIOS与UEFI的异同，认识UEFI的优势；
③ 掌握BIOS设置、更新、升级的技巧及注意事项。

能力目标：

① 掌握BIOS设置程序的基本操作；
② 掌握CMOS放电操作；
③ 掌握BIOS的更新、升级方法。

素养目标：

① 通过资源学习，养成自主学习的习惯；
② 通过各种类型的BIOS设置，培养勇于探究的精神；
③ 通过小组合作，提高团队协作意识及语言沟通能力；
④ 通过项目实施，形成吃苦奉献的良好品质。

任务8.1 认识BIOS

【任务描述】

通过本任务能够知晓BIOS的功能和作用，能够对各种计算机的BIOS进行设置，会清除CMOS密码。

【必备知识】

8.1.1 BIOS基础

电脑启动的时候，需要一组专门程序来提供最底层的、最直接的硬件设置和控制，并负责对计算机所有的硬件进行检测，保证电脑在运行其他软件之前处于正常状态，这组程序就是BIOS（Basic Input/Output System，基本输入/输出系统）。

BIOS被固化到计算机主板上的BIOS芯片中，现在的BIOS芯片一般采用快速闪存，以方便刷新和升级。常见的BIOS芯片外观如图8-1所示。

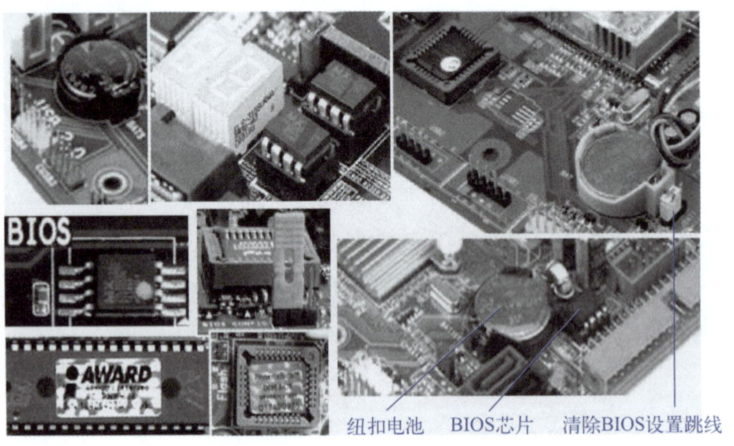

图8-1 常见的BIOS芯片外观

8.1.2 BIOS的类型

目前在计算机上使用的BIOS程序，根据制造厂商的不同，分为Award BIOS程序、AMI BIOS程序、Phoenix BIOS程序以及其他的免跳线BIOS程序和品牌机特有的BIOS程序，如IBM等。

（1）Award BIOS

Award BIOS是由Award Software公司开发的BIOS产品，在目前的主板中使用最为广泛。Award BIOS功能较为齐全，支持许多新硬件，市面上多数主机板都采用了这种BIOS。

（2）AMI BIOS

AMI BIOS是AMI公司（American Megatrends Incorporated，美国安迈公司）出品的BIOS软件，开发于20世纪80年代中期，早期的286、386大多采用AMI BIOS，它对各种软、硬件的适应性好，能保证系统性能的稳定。到20世纪90年代后，绿色节能电脑开始普及，AMI却没能及时推出新版本来适应市场，使得Award BIOS占领了大半市场。当然AMI也有非常不错的表现，新推出的版本依然功能强劲。

(3) Phoenix BIOS

Phoenix BIOS是Phoenix公司产品。Phoenix已经合并了Award，因此在台式机主板方面，虽然标有Award-Phoenix，其实际还是Award BIOS。

Phoenix BIOS多用于高档的原装品牌机和笔记本电脑上，其画面简洁，便于操作。

8.1.3　BIOS的功能和作用

BIOS芯片是主板上的重要部件，具体功能和作用有以下几点。

(1) 处理器BIOS中断服务

BIOS中断服务程序实质上就是计算机系统中硬件与软件之间的一个可编程接口，主要用于程序软件功能与微机硬件之间转接。例如操作系统对软驱、光驱、硬盘等设备的管理，中断的设置等服务。

(2) 系统设置

BIOS芯片中保存着计算机各配件的基本记录，如CPU、软驱、硬盘、光驱等配件的基本信息都在其中，只有保存功能的BIOS芯片是不够的，它还必须提供一个设置程序给用户来配置系统，以便于用户对硬件进行最底层的设置。如今的BIOS都具备这样的功能，一般只要在系统启动时按相应的快捷键（如Award BIOS是按“Del”键）就能进入BIOS设置程序，通过该程序对系统进行设置，也就是常说的“BIOS设置”。

(3) POST（上电自检）

POST（Power on Self Test，上电自检）也就是接通电脑的电源，让系统执行一个自我检查的例行程序，它也是BIOS功能的一部分。完整的POST包括：对CPU、主板、基本的640KB内存、1MB以上的扩展内存、系统ROM BIOS的测试；CMOS中系统配置的校验；初始化视频控制器，测试视频内存，检验视频信号和同步信号，对CRT接口进行测试；对键盘、软驱、硬盘及CD-ROM子系统做检查；对并行口（打印机）和串行口（RS-232）进行检查。

自检中如发现错误，将按两种情况处理：对于严重故障（致命性故障）则停机，此时由于各种初始化操作还没完成，不能给出任何提示或信号；对于非严重故障则给出提示或声音报警信号，等待用户处理。

(4) BIOS系统启动自举

系统完成POST后，BIOS将按照系统设置中保存的启动顺序搜索软、硬盘驱动器及CD-ROM、网络服务器等有效的启动驱动器，读入操作系统引导记录，然后将系统控制权交给引导记录，并由引导记录来完成系统的顺序启动。

8.1.4　CMOS的放电

计算机用户经常听到给电脑“放电”这个说法，“放电”就是将CMOS中存储的电能人为地释放掉，使CMOS中所有的数据丢失，可以达到清除BIOS密码的目的。在主板上进行CMOS放电的方法如下。

(1) 跳线放电

大多数主板都设计有CMOS放电跳线以方便用户进行放电操作，这是最常用的方法。该放电跳线一般为3针，位于主板CMOS电池插座附近，并附有电池放电说明。在主板的默认状态下，会将跳线帽连接在标识为“1”和“2”的针脚上，从放电说明上可以知道此状态为“Normal”，即正常的使用状态。

要使用该跳线来放电，首先用镊子或其他工具将跳线帽从“1”和“2”的针脚上拔出，然后再套在标识为“2”和“3”的针脚上将它们连接起来，从放电说明上可以知道此时状态为“Clear CMOS”，即清除CMOS。经过短暂的接触后，就可清除用户在BIOS内的各种手动设置，恢复到主板出厂时的默认设置。

对CMOS放电后，需要再将跳线帽由“2”和“3”的针脚上取出，然后恢复到原来的“1”和“2”针脚上。注意，如果没有将跳线帽恢复到Normal状态，则无法启动电脑，有的还会有报警声提示。

（2）取出电池放电

取出供电电池来对CMOS放电的方法虽然有一定的成功率，却不是万能的，对于一些主板来说，即使将供电电池取出很久，也不能达到CMOS放电的目的。CMOS电路放电存在许多误区，人们还创造了许多对CMOS放电的方法，如“电池短接法”“电池插座短接法”等。电池电压一般为3V左右。

8.1.5 进行BIOS设置的时机

BIOS是计算机启动和操作的基石，一块主板或者说一台计算机性能优越与否，很大程度上取决于板上的BIOS管理功能是否先进。用户在使用Windows操作系统时常会碰到很多奇怪的问题，诸如安装一半死机或使用中经常死机、Windows 系统只能工作在安全模式、声卡与显示卡发生冲突、CD-ROM找不到等。事实上这些问题在很大程度上与BIOS设置密切相关，也就是BIOS根本无法识别某些新硬件或对现行操作系统的支持不够完善。在这种情况下，就只有重新设置BIOS或者对BIOS进行升级才能解决问题。

BIOS通用设置项详解

进行BIOS或CMOS设置是由操作人员根据微机实际情况需要人工完成的一项十分重要的系统初始化工作。在以下情况下，一般需要进行BIOS或CMOS设置。

（1）新购微机

即使带PnP（Plug and Play，即插即用）功能的系统也只能识别一部分微机外围设备，而软硬盘参数、当前日期、时钟等基本资料必须由操作人员进行设置，因此新购买的微机必须通过CMOS参数设置来告诉系统整个微机的基本配置情况。

（2）新增设备

由于系统不一定能认识新增的设备，所以必须通过CMOS设置来告诉它。另外，一旦新增设备与原有设备之间发生了IRQ、DMA冲突，也往往需要通过BIOS设置来进行排除。

（3）CMOS数据意外丢失

系统后备电池失效、病毒破坏了CMOS数据程序、意外清除了CMOS参数等情况，常常会造成CMOS数据意外丢失，此时只能重新进入BIOS设置程序完成新的CMOS参数设置。

（4）系统优化

对于内存读写等待时间、硬盘数据传输模式、内/外Cache的使用、节能保护、电源管理、开机启动顺序等参数，BIOS中预定的设置对系统而言并不一定就是最优的，往往需要经过多次试验才能找到系统优化的最佳组合。

8.1.6 传统的BIOS设置

BIOS设置（或者说是CMOS设置）程序是储存在BIOS芯片中的，一般可以在开机时进行设置。台式机一般开机后屏幕会有英文提示界面（笔记本电脑一般没有），如图8-2所示，屏幕下部有一行提示“Press Del to enter SETUP”时，按下“Del”键即可进入BIOS设置程序主菜单。

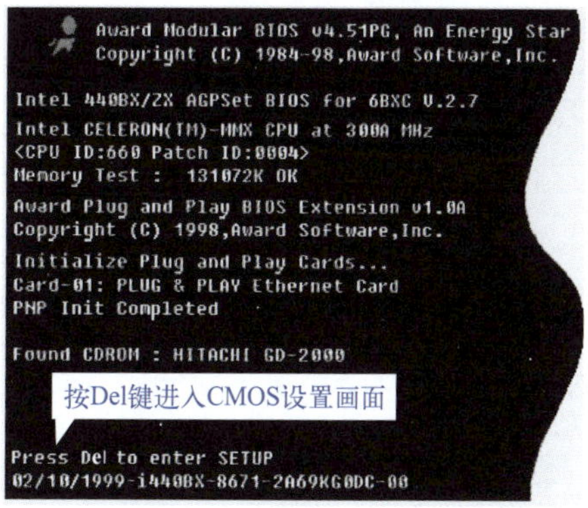

图8-2　开机屏幕英文提示界面

不同种类的BIOS甚至同一种类BIOS在不同型号的主板上，进入方法都可能不同，用户需根据启动时的提示信息或按特定的按键进入BIOS。笔记本电脑一般是开机按F2、F1、Esc、Del、F10等键；台式机一般是按F2、F1、Del等键，个别机型需要按下Fn+F1或Fn+F2组合键。

进入BIOS设置界面后，通过对BIOS各个选项的了解，不仅可以用最优化的设置来提升系统的速度，而且往往可以使用BIOS设置排除系统故障或者诊断系统问题。

【特别提示】戴尔（Dell）电脑通常在开机时按F2键进入BIOS。有些型号可能需要按F12键，然后在启动菜单中选择“BIOS Setup”选项。惠普（HP）电脑大多可以在开机时按F10键进入BIOS。部分惠普笔记本可能需要按Esc键，然后再按F10键。华硕（ASUS）电脑一般在开机时按F2键或Del键进入BIOS。宏碁（Acer）电脑通常在开机时按F2键进入BIOS。

8.1.7　BIOS密码遗忘的处理方法

（1）Setup级密码的清除

BIOS RAM在DOS（磁盘操作系统）中的访问端口为：地址端口70，数据端口71。在DOS窗口中调用DEBUG程序并输入以下指令：

```
debug
-o70, 10
-o71, 10
-q
```

然后按〈Ctrl+Alt+Delete〉键重新启动系统，系统要求重新配置，此时密码已被清除。

对于新推出的主板，这种方法已不适用，可以使用专门清除BIOS密码的工具软件来清除。

（2）System级密码的清除

① 跳线短接法。一般的主板在后备电池的附近都有一个“Ext. Battery”“CMOS Reset”或“JCMOS”的跳线，如图8-3所示。断开微机电源，打开机箱，按照主板说明书找到它，并将其中的两个引脚短接数秒钟，然后将跳线恢复原状，即可清除密码。

② 去掉纽扣电池法。关闭电源，用十字的螺丝刀启开电脑机箱，注意在接触电脑硬件之前一定要用手摸一下金属的东西，以防静电对硬件造成伤害，用一字的小螺丝刀顶一下主板电池旁边的一个小卡子，电池的一端就会翘起来，将它拿出即可。

图8-3 跳线位置

【任务实施】

梳理 BIOS 在系统启动、硬件初始化及设置方面的功能，掌握不同计算机进入 BIOS 的方法，能熟练调整启动顺序与硬件参数，整理总结操作过程、问题及解决办法，形成报告提交。

任务8.2 UEFI与BIOS参数设置

【任务描述】

通过本任务能够知晓UEFI BIOS的特点、功能，了解传统的BIOS与新的UEFI功能的异同点，能够对UEFI参数进行设置。

【必备知识】

8.2.1 UEFI基础

UEFI，全称Unified Extensible Firmware Interface，即“统一的可扩展固件接口”，是一种详细描述全新类型接口的标准，是适用于电脑的标准固件接口，其主要目的是提供一组在OS（操作系统）加载之前（启动前）在所有平台上一致的、正确指定的启动服务，是一种更快捷的电脑启动配置，旨在代替BIOS。

UEFI拥有传统BIOS所不具备的诸多功能，比如图形化界面、多种多样的操作方式、允许植入硬件驱动等，这些特性让UEFI相比于传统BIOS更加易用、更加方便。

每一台普通的电脑都会有一个BIOS，它主要负责开机时检测硬件和引导操作系统启动。而UEFI是新一代的BIOS，用于操作系统自动从预启动的操作环境，加载到一种操作系统上，从而达到开机程序化繁为简、节省时间的目的。BIOS与UEFI运行流程如图8-4所示。

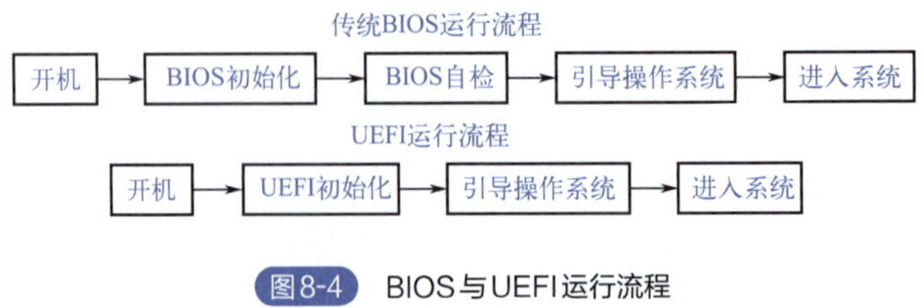

图8-4 BIOS与UEFI运行流程

与BIOS相比，UEFI最大的特点：

① 支持文件系统，可以直接读取FAT（文件分配表）分区中的文件；

② 可以直接在UEFI环境下运行应用程序；

③ 缩短了启动时间和从休眠状态恢复的时间；

④ 支持容量超过2.2TB的驱动器；

⑤ 支持64位的现代固件设备驱动程序；

⑥ 弥补BIOS对新硬件的支持不足的缺陷。

目前UEFI主要由这几部分构成：UEFI初始化模块、UEFI驱动执行环境、UEFI驱动程序、兼容性支持模块、UEFI高层应用和GPT（GUID分区表）磁盘分区。

值得注意的是，一种突破传统MBR（主引导记录）磁盘分区结构限制的GPT［GUID（全局唯一标识符）分区表］磁盘分区系统将在UEFI规范中被引入。MBR结构磁盘只允许存在4个主分区，而这种新结构却不受限制，分区类型也改由GPT来表示。

8.2.2 UEFI的特点和优势

UEFI启动是一种新的主板引导项，它被看作BIOS的继任者。UEFI内置图形驱动功能，可以提供一个高分辨率的图形化界面（也有很多UEFI支持采用传统的BIOS样式菜单界面）。UEFI使用模块化设计，在逻辑上可分为硬件控制与软件管理两部分，前者属于标准化的通用设置，而后者则是可编程的开放接口，因此主板厂商可以借助开放接口实现各种丰富的功能，包括数据备份、硬件故障诊断、UEFI在线升级等。UEFI的图形界面如图8-5所示。

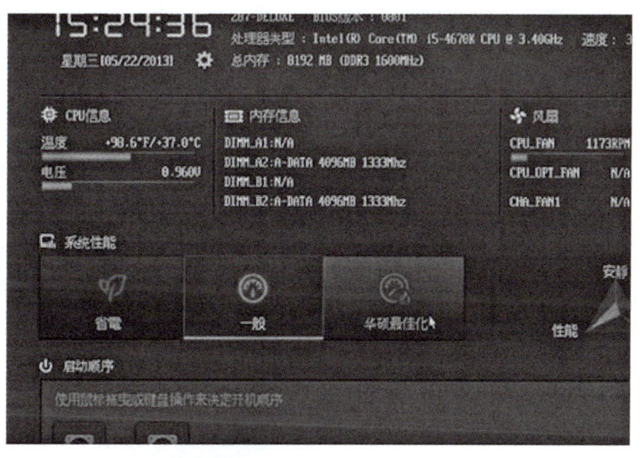

图8-5 UEFI的图形界面

很多UEFI同时兼容BIOS模式，可以在设置里看到UEFI和Legacy两个选项。UEFI是新式的BIOS，Legacy是传统BIOS。在UEFI模式下安装的系统，只能用UEFI模式引导；同理，如果在Legacy模式下安装的系统，也只能在Legacy模式下进入系统。

UEFI只支持64位系统且磁盘分区必须为GPT模式，传统BIOS使用Int13中断读取磁盘，每次只能读64KB，非常低效，而UEFI每次可以读1MB，载入更快。

因为目前主要的系统引导方式是传统的Legacy BIOS和新型的UEFI，一般来说，有两种引导+磁盘分区表组合方式：Legacy BIOS+MBR和UEFI+GPT。

Legacy BIOS无法识别GPT格式，所以也就没有Legacy BIOS+GPT组合方式。

UEFI可同时识别MBR分区和GPT分区，所以UEFI下，MBR和GPT磁盘都可用于启动操作系统。不过由于微软公司限制，UEFI下使用Windows安装程序安装操作系统时只能将系统安装在GPT磁盘中。

如果是安装在UEFI+GPT模式下的Windows 10系统，想重新安装32位的Windows 7（简称WIN 7或Win 7）系统，必须改为Legacy BIOS模式，并且将硬盘改为MBR模式才可以。

8.2.3 进入BIOS的方法

用户在对BIOS进行设置时，千万不要在没有准备的情况下盲目设置，应该仔细阅读主板说明书，然后再设置BIOS程序。另外，由于主板品牌不同，BIOS程序也有所不同，而且进入

BIOS程序设置的操作方法也不尽相同。

下面介绍市场上有代表性的两款主板——微星和华硕的BIOS参数设置方法。

（1）微星主板

在计算机刚重启时，按Del键即可进入Click BIOS 4设置界面，如图8-6所示。

图8-6　微星主板Click BIOS 4设置界面

这里BIOS菜单按照功能不同分为6个部分：

UEFI设置

- SETTINGS：该项包括了整合在南桥和主板上的各种设备的参数设置，例如SATA控制器、USB控制器、声卡、网卡、PCI总线、ACPI（高级配置与电源接口）、IO芯片的设置等。
- OC：该项用于超频参数的设置。
- M-FLASH：该项可以从U盘启动BIOS或更新BIOS。
- OC PROFILE：该项用于超频档案管理，可以保存多个超频配置。
- HARDWARE MONITOR：该项用于设置主板硬件的相关信息。
- BOARD EXPLORER：该项用于查看主板主要硬件对应的信息。

① 微星主板-设置系统时间。在Click BIOS 4环境下，选择“SETTINGS”菜单，在菜单列表中再次选择“系统状态”选项，这时显示如图8-7所示。

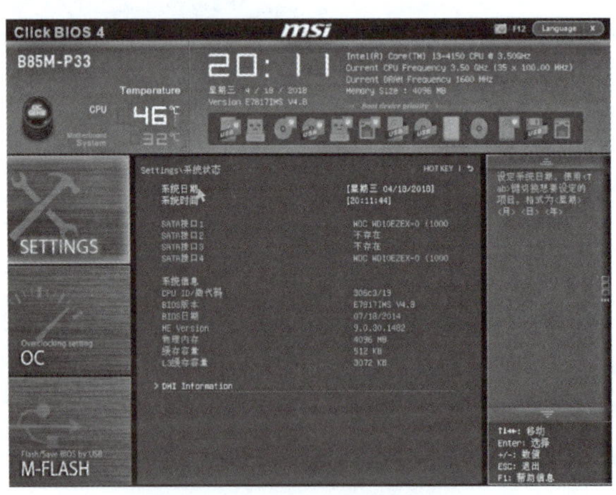

图8-7　微星主板的系统时间设置

② 微星主板-设置设备启动优先顺序。在Click BIOS 4环境下设置设备启动优先顺序十分简单。首先，选择“SETTINGS”菜单，在菜单列表中再次选择“启动”选项，显示如图8-8所示。

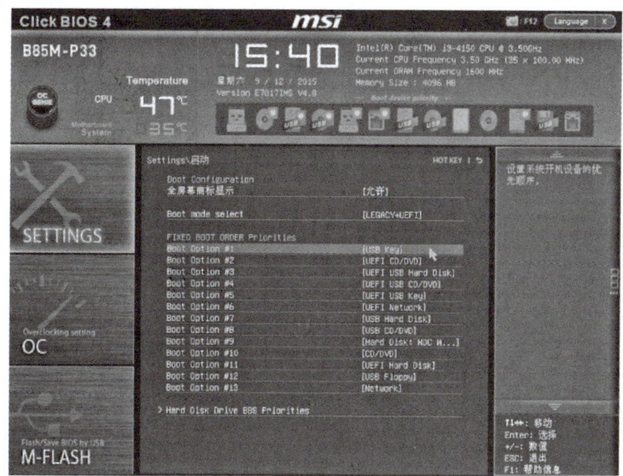

图8-8 微星主板的设备启动优先顺序设置

③ 微星主板-设置硬盘优先级。在Click BIOS 4环境下，选择“SETTINGS”菜单，在菜单列表中依次选择“启动”→“Hard Disk Drive BBS Priorities（硬盘驱动器优先级设置）”选项，这时显示如图8-9所示。

图8-9 微星主板的硬盘优先级设置

（2）华硕主板

按Del键即可进入UEFI BIOS Utility-EZ Mode设置界面，如图8-10所示。在此界面中显示了当前计算机的基础信息，包括处理器类型、内存信息、风扇转速、启动顺序、系统整体性能等。

图8-10 华硕主板的EZ Mode设置界面

① 华硕主板-高级模式。在华硕主板的UEFI BIOS初始界面下，单击界面下方的“高级模式”按钮，即可进入可以对更多参数进行设置的高级模式，如图8-11所示。

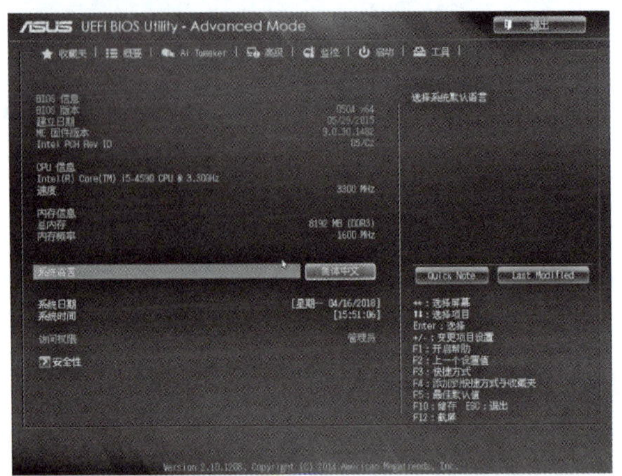

图8-11 华硕主板的高级模式设置

② 华硕主板-设置设备启动优先顺序。在华硕主板的UEFI BIOS环境下，更改设备启动的优先顺序非常简单，只需直接在图8-10的“启动顺序”栏目中，使用鼠标拖拽对应“图标”即可改变顺序。

③ 华硕主板-设置硬盘优先级。在华硕主板的UEFI BIOS初始界面下，单击界面下方的“高级模式”按钮，并在高级设置界面中选择顶部的“启动”标签。在之后页面的“启动选项属性”类别中，选择“硬盘BBS属性”，进入如图8-12所示的界面。光标移动到加装的第二块硬盘上，按回车确认，第二块硬盘就变成了第一启动项。

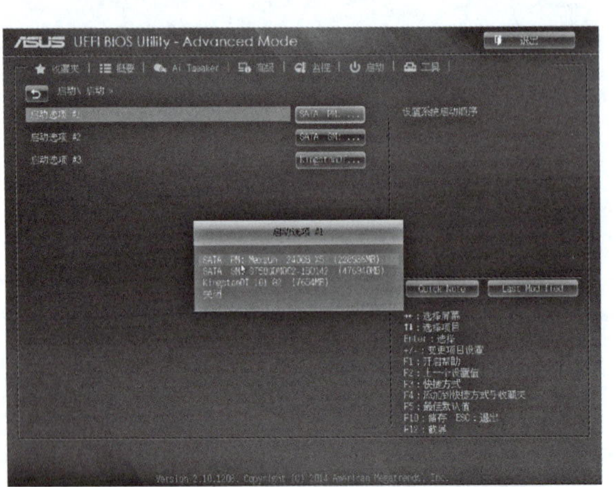

图8-12 华硕主板的硬盘优先级设置界面

传统的BIOS与UEFI的参数设置项还有很多，限于篇幅不再详述，有兴趣的读者可查阅网络资源自己学习。

【特别提示】UEFI的缺点：UEFI编码由C语言编写，与使用汇编语言编写的传统BIOS相比，更容易受到病毒的攻击，程序代码也更容易被改写，因此目前UEFI虽然已经被广泛使用，但其安全性和稳定性还有待提高。

【任务实施】

对学校使用的电脑进行UEFI和BIOS设置，完成书面报告并提交。

任务8.3 BIOS的升级

【任务描述】

本任务是了解如何对计算机的BIOS进行升级，掌握Windows下主板BIOS的升级的具体操作方法。

【必备知识】

8.3.1 升级BIOS的原因

计算机的硬件技术发展很快，为了使原来的计算机具备更高的性能，需要对BIOS进行升级。

目前，主板的BIOS绝大多数采用的是Flash EPROM（闪速可擦写可编程只读存储器），可直接用软件改写升级，因而给BIOS的升级带来极大的方便。升级的好处总体上可以归纳为以下两点。

首先，提供对新的硬件或技术规范的支持。计算机硬件技术日新月异的发展使得早期生产的主板不能正确识别新硬件或新技术规范，升级BIOS以后，可以很好地支持新硬件。比如能支持新频率和新类型的CPU；突破容量限制，能直接使用大容量硬盘；获得新的启动方式；开启以前被屏蔽的功能，例如英特尔的超线程技术、VIA的内存交错技术等；识别其他新硬件等。

其次，修正老版本BIOS中的一些Bug（缺陷），这也是升级BIOS的一个十分重要的原因。例如有些主板在启动时检测CD-ROM的时间过长，但升级BIOS后，检测速度有了明显的改观，而且对硬件的支持也更好了。

所以，从某种意义上说，升级主板的BIOS就意味着整机性能的提升和功能的完善。

【特别提示】 如果主板BIOS使用稳定，没出现任何问题，并且用户不需要增加新的功能的话，那么不建议更新BIOS。操作不当会导致严重后果，甚至会使主板报废。

8.3.2 升级前的准备工作

升级之前，必须明确自己的主板是否支持BIOS的升级，最好的办法是找到主板的说明书，从中查找相关的说明。

新型计算机主板都采用Flash BIOS，使用相应的升级软件就可进行升级。Flash BIOS升级需要两个软件：一个是新版本BIOS的数据文件（需要到Internet网上去下载）；另一个是BIOS刷新程序（一般在主板的配套光盘上可以找到，也可到Internet网上去下载）。

BIOS刷新程序有以下功能。

① 保存原来的BIOS数据。

② 更新BIOS数据（将新数据刻进BIOS芯片）。

③ 其他功能。

升级之前，必须拥有专用的BIOS写入程序（编程器）和新版本的BIOS数据文件。BIOS的写入程序其实就是一个可执行文件，不同的BIOS生产商使用的程序是不同的，最好不要混用。在升级BIOS之前，必须确定主板型号，然后从主板生产商官方网站下载相应的写入程序。目前主板上使用最多的是Award和AMI芯片，其写入程序分别为Award Flash和AMI Flash。

8.3.3 Windows下主板BIOS的升级

在确定已经具备升级条件后，就可以进行BIOS的升级操作了。刷新BIOS的普遍方式有两种，以前只可以在DOS下刷新，现在可以在Windows下直接刷新，且操作简单。下面介绍操作步骤。

① 准备刷新软件。在Windows系统下刷新BIOS需要下载第三方软件WinFlash，这个软件可以在Windows系统下直接刷新BIOS。

② 准备与主板对应的数据文件。到主板厂商的主页上去下载与主板对应的BIOS刷新文件，预先存入硬盘，不要放到C盘。

③ 运行WinFlash软件。WinFlash软件运行界面如图8-13所示。

④ 单击“文件”→“更新BIOS”，系统会提示选择存入硬盘的BIOS数据文件，界面如图8-14所示。

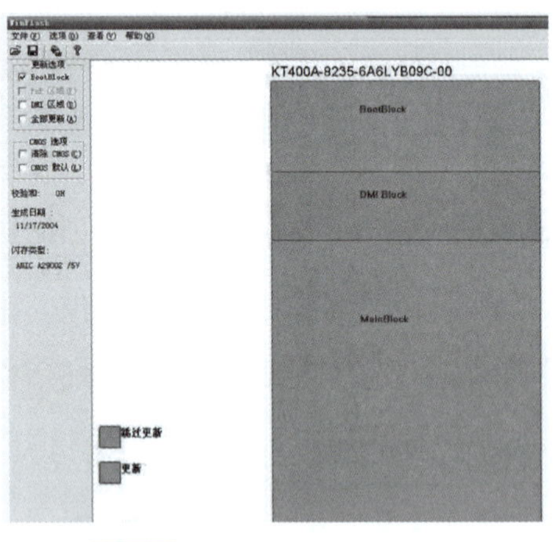

图8-13 WinFlash软件运行界面

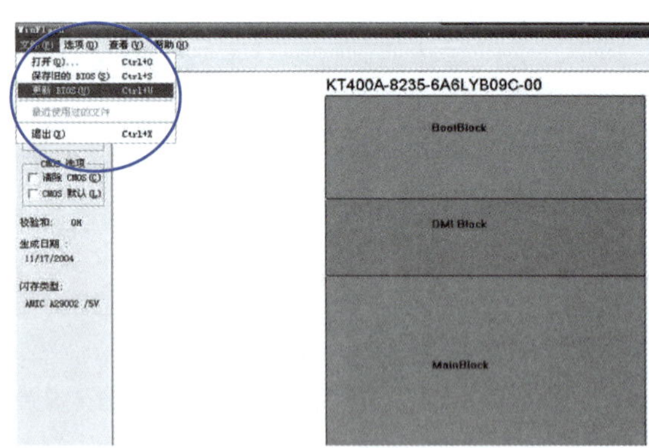

图8-14 存入硬盘的BIOS数据文件

⑤ 然后选择预先下载的BIOS数据文件，单击“确定”即出现图8-15所示界面。

⑥ 更新完成后，系统会提示BIOS更新成功，并提示重启。BIOS更新成功提示如图8-16所示。至此，主板的BIOS刷新完成。

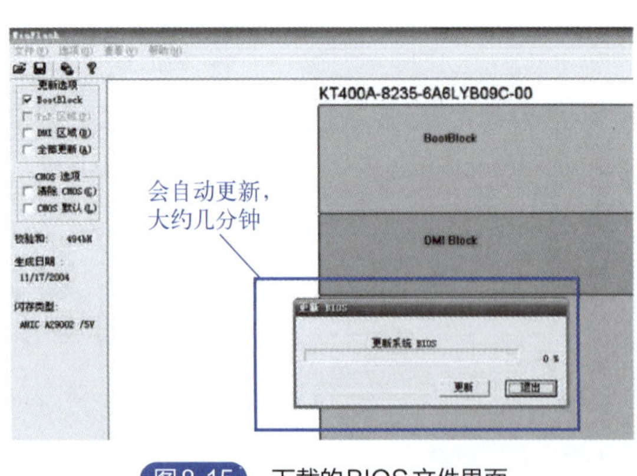

图8-15 下载的BIOS文件界面

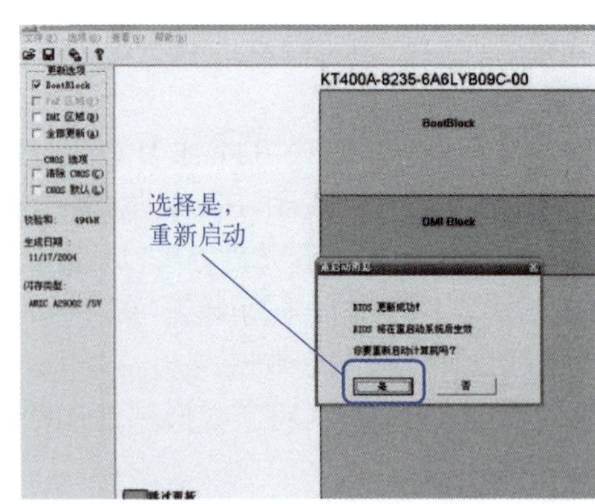

图8-16 BIOS更新成功提示

【特别提示】 新版本的Award擦写程序运行时，会检查指定的新版本的BIOS文件是否与主板匹配。如果不匹配，该程序将会给出“您想要升级使用的BIOS文件与您的主板不匹配”的警告信息。

升级BIOS时，最好使用在线式的UPS（不间断电源）对主机供电，以避免在擦写BIOS的过程中主机掉电。无论是使用了错误的主板BIOS版本，还是在BIOS擦写过程中主机掉电，电脑都将有可能从此不再正常启动。

【任务实施】

第一步：笔记本或台式机的BIOS设置

找几款不同品牌的台式机或笔记本电脑，研究开机后如何进入BIOS设置主界面，也可以用VMware创建一台虚拟机进行设置，练习以下内容。

① 修改系统日期与时间。

② 载入默认优化设置。

③ 设置开机启动顺序（第一启动是U盘，第二启动是硬盘）。

④ 关闭板载声卡。

⑤ 调整BIOS设置，加快开机启动速度。

⑥ 设置开机密码和BIOS密码。

第二步：进行CMOS跳线设置

① 找几个旧的台式机主板，用万用表测量CMOS电池电压。

② 观察不同主板上的BIOS型号、厂家，找到清空CMOS的跳线，然后进行CMOS电池放电。

项目评价与反馈

表8-1是BIOS设置与升级评分表，请根据表中的评价项和评价标准，对完成情况进行评分。学生完成评分后教师再根据学生完成情况进行评分。其中：学生自评占40%，教师评分占60%。

表8-1 BIOS设置与升级评分表

班级：		姓名：		学号：	
评价项	**评价标准**	**项目占比**	**学生自评**	**教师评分**	**得分**
传统的BIOS设置	能进入BIOS进行基础参数设置	35			
新的UEFI设置	能进入UEFI并能进行基础参数设置	55			
专业素养	各项的完成质量	10			
总分		100			

思考与练习

1. 查阅网络资源，查找各种品牌计算机进入BIOS的方法、各种开机过程中BIOS的作用及作用过程。
2. 如何通过BIOS设置禁用USB设备？
3. 如何设置系统开机密码？
4. 如何设置系统先从U盘启动？
5. 写出升级BIOS的一般步骤和注意事项。
6. 什么是UEFI？它与传统BIOS的区别在哪里？
7. 在配备多块硬盘的前提下，如何设置硬盘的优先级？
8. 如何设置开机密码和开机用户密码？
9. 上网查询主流计算机厂商（HP、Dell、Lenovo）BIOS刷新程序和BIOS文件的下载方法。
10. 以自有计算机为例，进入并了解BIOS设置程序各菜单的功能。

硬盘规划和操作系统安装

项目导入

新买的计算机需要安装操作系统，若系统使用中发现硬盘划分不合理，系统运行过程中因误操作或病毒破坏，导致系统不能运行等情况，都要求掌握硬盘分区和格式化、系统安装、硬件驱动程序安装等知识与技能。

学习目标

知识目标：

① 了解硬盘分区的基础知识、硬盘分区形式MBR和GPT的区别、低级与高级格式化；
② 了解安装操作系统的注意事项、方法；
③ 熟悉常用的硬盘分区管理软件的应用。

能力目标：

① 能用工具对硬盘进行分区和格式化；
② 会制作U盘启动盘，能掌握Windows 10、Windows 11操作系统的安装；
③ 会安装驱动程序；
④ 会用Ghost、傲梅一键还原软件备份、恢复操作系统。

素养目标：

① 通过资源学习，养成自主学习的习惯；
② 养成经常性备份重要数据的习惯，树立数据安全意识；
③ 通过小组合作，提高团队协作意识及语言沟通能力；
④ 通过项目实施，形成吃苦奉献的良好品质。

任务9.1 认识硬盘分区与格式化

【任务描述】

本任务需要理解硬盘分区与格式化的基本内涵、硬盘的MBR和GPT分区形式、硬盘有哪些分区文件系统格式，能使用常用硬盘管理工具对硬盘进行分区与格式化操作。

【必备知识】

9.1.1 硬盘分区与格式化的基本内涵

安装操作系统和软件之前，首先需要对硬盘进行分区和格式化，然后才能使用硬盘保存各种信息。

硬盘分区是为了将物理硬盘分成多个逻辑部分，以便更好管理硬盘空间和数据。MBR和GPT是Windows操作系统上的分区方式，告诉Windows如何访问当前硬盘上的数据。目前Windows 11只支持GPT分区。

硬盘的分区和格式化可以用装修房子来比拟：盖好的毛坯房入住前需要规划房间功能（哪里是厨房、卫生间、卧室、客厅等）和根据房间功能不同分别采取不同的装修方式，规划房间功能就相当于硬盘规划，而内装修就相当于硬盘格式化。还可以与在白纸上写字相比拟：一块新的硬盘相当于一张“白纸”，为了能够更好地使用它，要在“白纸”上划分出若干小块，然后打上格子，如此一来，用户在“白纸”上写字或作画时，不仅有条理，而且可以充分利用资源。对白纸进行“划分”和“打格子”的操作，就是通常所说的“硬盘分区”和“硬盘格式化”。格式化通常分为低格（低级格式化）和高格（高级格式化）。

（1）低级格式化

低级格式化（Low-Level Formatting）又称低层格式化或物理格式化，对于部分硬盘制造厂商，它也被称为初始化。低级格式化在硬盘出厂时已经完成。大多数的硬盘制造商将低级格式化定义为创建硬盘扇区使硬盘具备存储能力的操作。低级格式化是将空白的磁盘划分出柱面和磁道，再将磁道划分为若干个扇区，并标记有问题的扇区，每个扇区又划分出标识部分、间隔区和数据区等。低级格式化只能针对一整块磁盘而不能支持单独的某一个分区。

（2）高级格式化

又称逻辑格式化，即创建文件系统的过程。就是根据用户选定的文件系统在硬盘的特定区域写入特定数据，以初始化硬盘或硬盘分区、清除原硬盘或硬盘分区中所有文件的一个操作。如果没有特别指明，对硬盘的格式化通常是指高级格式化。高级格式化主要是对硬盘的各个分区进行磁道的格式化，它从逻辑分区指定的柱面开始，对扇区进行逻辑编号，建立逻辑分区的引导记录（DBR）、文件分配表（FAT）、文件目录表（FDT）及数据区。所以对硬盘进行分区，只有格式化后分区才能正常使用。

9.1.2 硬盘的分区形式

硬盘分区形式有两种：MBR（Master Boot Record，主引导记录）和GPT（Globally Unique Identifier Partition Table，全局唯一标识符分区表）分区。

（1）MBR分区

它是存在于硬盘驱动器开始部分的一个特殊的启动扇区。传统的MBR分区包括主分区、扩展分区和逻辑分区。

① 主分区、扩展分区、逻辑分区。主分区是指直接建立在硬盘上、一般用于安装及启动操作系统的分区。由于分区表的限制，扩展分区是指专门用于包含逻辑分区的一种特殊分区，它不能直接使用，必须再将它划分为若干个逻辑分区才行。逻辑分区是指建立于扩展分区内部的分区，也就是平常在操作系统中所看到的D、E、F等盘。

MBR分区将硬盘的可寻址存储空间限制为2TB。使用MBR的分区形式，硬盘将最少有一个、最多只能有四个主分区。如果想要更多的分区，那么将要建立扩展分区，然后在扩展分区里面再新建多个逻辑分区，且主分区+扩展分区的数量不超过四个，即一个硬盘上最多只能建立四个主分区，或三个主分区和一个扩展分区。扩展分区可以没有，最多只能有一个；逻辑分区可以没有，也可以有多个。

② 分区原则。许多人都会认为既然是分区就一定要把硬盘划分成好几个部分，其实完全可以只创建一个分区。不过，不论划分了多少个分区，都必须把硬盘的主分区设定为活动分区，这样才能够通过硬盘启动系统。

在给新硬盘上建立分区时要遵循以下的顺序：建立主分区→建立扩展分区→建立逻辑分区→激活主分区→格式化所有分区，如图9-1所示。

图9-1中有一个主分区（C），其他为在扩展分区上建立的逻辑分区。

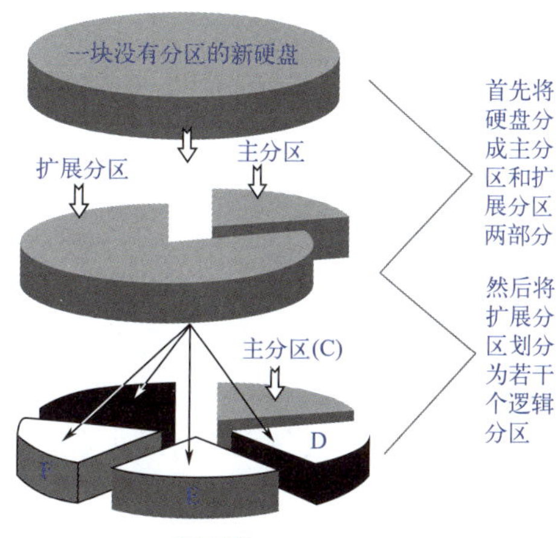

图9-1 硬盘的分区

(2) GPT分区

GPT（Globally Unique Identifier Partition Table，全局唯一标识符分区表），是一种与UEFI相关的新硬盘布局，使用UEFI启动的硬盘组织方式。GPT使用了更加符合现代需求的技术取代了老旧的MBR。GPT具有冗余的主分区表和备份分区表，可以优化分区数据结构的完整性。对于大容量硬盘进行分区应考虑采用GPT分区模式。GPT分区模式中没有主分区与扩展分区的概念，所有的分区都是一样的。对于Windows、Linux系统最多支持128个GPT分区，目前的Win10、Win11操作系统必须使用GPT分区模式。

如何将磁盘的MBR分区转换为GPT分区

(3) GPT和MBR两者的区别与联系

① MBR分区表最多只能识别2TB的空间，大于2TB的容量将无法识别，从而导致硬盘空间浪费；GPT则能够识别2TB以上的硬盘空间。

② MBR分区表最多只能支持4个主分区或3个主分区+1个扩展分区（逻辑分区不限制）；GPT在Windows系统下可以支持128个分区。

③ 在MBR中，分区表的大小是固定的；在GPT表头中可自定义分区数量的最大值，也就是说GPT的大小不是固定的。

必要时，两种分区之间可以相互转换。MBR和GPT主要参数对比如表9-1所示。

表9-1 MBR和GPT主要参数对比

参数	MBR	GPT
最大分区容量	2TB	9.4ZB
最大主分区数目	4个	128个
支持的固件类型	BIOS	UEFI
支持的操作系统	Win7/XP/2000	Win8/Win10/Win11

【知识贴士】 不管是新旧系统版本，还是32/64位系统，它们都能同时兼容MBR。相反，不是所有的Windows版本都兼容GPT分区。如果新买的计算机是传统的BIOS主板，那建议继续使用MBR硬盘分区；若是UEFI主板的话，则继续使用GPT分区。用GPT格式分区装系统，所需要的系统必须是64位以上的，并且主板支持UEFI启动模式。分区表自带备份，在硬盘的首尾部分分别保存了一份相同的分区表。其中一份被破坏后，可以通过另一份恢复。每个分区可以有一个名称（不同于卷标）。GPT硬盘上没有主分区、扩展分区、逻辑分区概念。

9.1.3 硬盘分区的文件系统格式

文件系统是有组织地存储文件和数据的方式。通过格式化操作，可以将硬盘的分区格式化为不同的文件系统。

硬盘格式化就相当于在白纸上打上格子，而分区格式就如同“格子”的样式，不同的操作系统打“格子”的方式是不一样的，根据目前流行的操作系统来看，常用的分区格式有6种，分别是FAT16、FAT32、NTFS、exFAT、Linux和苹果公司的HFS+文件系统格式。在进行硬盘分区时，需要选择合适的文件系统格式（分区格式），以适应不同的应用需求。

（1）FAT16

这是MS-DOS和早期的Windows 95操作系统中使用的硬盘分区格式。它采用16位的文件分配表，是目前获得操作系统支持最多的一种硬盘分区格式，几乎所有的操作系统都支持这种分区格式，从DOS、Windows 95、Windows 98到现在的Windows 2000、Windows XP、Windows Vista、Windows 7都支持FAT16，但只支持2GB的硬盘分区成了它的一大缺点。FAT16分区格式的另外一个缺点是硬盘利用效率低（具体的技术细节请参阅相关资料）。为了解决这个问题，微软公司在Windows 95 OSR2中推出了一种全新的硬盘分区格式——FAT32。

（2）FAT32

这种格式采用32位的文件分配表，增强了硬盘的管理能力，突破了FAT16下每一个分区的容量只有2GB的限制，达到2000GB。由于现在的硬盘生产成本下降，其容量越来越大，运用FAT32的分区格式后，可以将一个大容量硬盘定义成一个分区而不必分为几个分区使用，从而方便了对硬盘的管理。此外，FAT32与FAT16相比，可以极大地减少硬盘的浪费，提高硬盘利用率。但是，这种分区格式也有它的缺点。采用FAT32格式分区的硬盘由于文件分配表的扩大，运行速度比采用FAT16格式分区的硬盘慢。

（3）NTFS

NTFS格式在安全性和稳定性方面非常出色，在使用中不易产生文件碎片，并且能对用户的操作进行记录，对用户权限进行非常严格的限制，使每个用户只能按照系统赋予的权限进行操作，充分保证了系统与数据的安全。Windows 7、Windows 8、Windows 10、Windows 11都支持这种分区格式。

（4）exFAT

扩展文件分配表（Extended File Allocation Table）是一种适合于闪存的文件系统，如U盘和内存卡。单文件最大16EB，簇大小非常灵活，最小0.5KB，最大可达32MB。空间利用率高。缺点是U盘和存储卡才能格式化为exFAT，兼容性不好。

（5）Linux

Linux硬盘分区格式与其他操作系统完全不同，共有两种：一种是Linux Native主分区，一种

是Linux Swap交换分区。这两种分区格式的安全性与稳定性极高，结合Linux操作系统，死机次数大大减少。主分区EXT2/EXT3/EXT4（Extended File System，扩展文件系统）是Linux操作系统常用的文件系统格式。这种格式支持通用的文件名大小写混合传递，支持硬件识别和更好的文件权限管理，并且能够避免数据碎片。它的升级版本EXT4更加安全和稳定，还能够处理更大的文件。Linux对于大部分用户来说很少使用，在这里就不作详细介绍了。

(6) HFS+文件系统格式

HFS+文件系统格式是苹果公司常用的文件系统。这种格式支持文件名大小写的混合传递和更好的数据安全性，可以防止数据过程或者数据结构的损坏，并且支持较高的文件读写速度和更好的数据恢复功能。但是，这种格式只能在苹果的操作系统中使用，不能跨平台。

9.1.4 硬盘分区与格式化的准备方案

目前几百GB容量的硬盘很常见，如何给这么大的硬盘分区呢？如果没有特殊要求的话，一般将硬盘容量平均分三个或四个区。要想合理地分配硬盘空间，需要从三个方面来考虑：

① 按要安装的操作系统的类型及数目来分区。

② 按照各分区的数据类型进行分区。

③ 分区要便于维护和整理。

究竟如何分区更合适？其实这个并没有统一的规定，根据使用经验，一般分区时应该注意以下要点。

(1) 系统、程序、资料分离

Windows系统本身默认把“我的文档”等一些个人数据资料都放到系统分区中。这样一来，一旦要格式化系统盘来彻底杀灭病毒和木马，而又没有备份资料的话，数据安全就很成问题。

正确的做法是将需要在系统文件夹和注册表中拷贝文件和写入数据的程序都安装到系统分区里面；对那些可以绿色安装，仅仅靠安装文件夹就可以运行的程序放置到程序分区之中；各种文本、表格、文档等本身不含有可执行文件，需要其他程序才能打开的资料，都放置到资料分区之中。这样一来，即使系统瘫痪，不得不重装的时候，可用的程序和资料也不会丢失，不必为了重新安装程序和恢复数据而头疼。

(2) C盘不宜太大，保留一个大的分区

C盘是系统盘，硬盘的读写比较多，产生错误和硬盘碎片的概率也较大，扫描硬盘和整理碎片是经常性的工作，而这两项工作的时间与硬盘的容量密切相关。C盘的容量过大，往往会使这两项工作耗时多，从而影响工作效率。

随着硬盘容量的增长，文件和程序的体积也越来越大，建议至少保留一个大分区。现在一个游戏动辄数GB，假如按照平均原则进行分区的话，当想保存两部高清电影时，这些巨型文件的存储就将会遇到麻烦。对于TB级别的大容量硬盘，很有必要分出一个容量在几百GB以上的分区用于大文件的存储。以上只是一种建议，可以根据个人实际情况来合理规划。

【特别提示】 硬盘的分区和格式化操作会破坏硬盘上原有的数据，进行此类操作前要注意备份硬盘上原有的重要文档和数据。硬盘的低级格式化是由生产厂家完成。

【任务实施】

常用的硬盘分区软件有PartitionMagic、DiskGenius、傲梅分区助手、Acronis Disk Director Snite等，可以使用系统安装光盘在进行操作系统安装时对硬盘进行分区；也可以将程序下载到U

盘启动盘，从U盘启动后运行对应的软件来进行硬盘分区。

第一步：用PartitionMagic分区和格式化硬盘

PartitionMagic（俗称分区魔术师，简称PQMagic）可以在不破坏硬盘中已有数据的前提下，任意对硬盘进行划分，支持GPT/MBR硬盘分区，支持NTFS、FAT32、exFAT、EXT2/3/4等文件系统，最大支持硬盘到2TB以上容量。

下面在Windows环境下运行PartitionMagic Pro 7.0硬盘管理软件，PartitionMagic Pro 7.0运行后的主界面如图9-2所示。

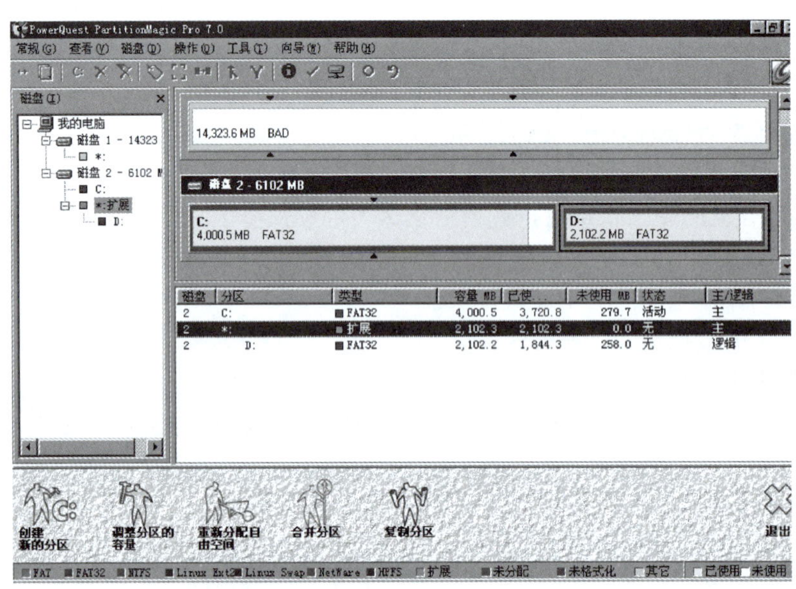

图9-2 PartitionMagic Pro 7.0主界面

（1）调整分区大小

调整分区大小可使用两种方法：一种是手工调整，另一种是使用向导调整。下面首先介绍如何利用手工方法调整分区大小。

① 在图9-2所示的目录树中选择所要调整的物理硬盘分区。

② 右击所选择的分区，从弹出的快捷菜单中选择“调整容量/移动”命令。

③ 在弹出的“调整容量/移动”窗口中，在“新建容量”处输入分区具体数据，也可以通过拖动滑动条进行调整，然后单击“确定”按钮。在弹出的窗口指示条中，黑色代表分区中已使用的部分，绿色代表未使用部分，灰色代表新调整出来的部分。在“自由空间后”处显示从原分区中调整出来的空间大小。

④ 在返回的主界面中，单击“应用更改”按钮，打开“应用更改”对话框，单击其中的“确定”按钮确定所做的修改。

使用分区调整向导调整各分区的大小，可单击PartitionMagic Pro 7.0主界面下方的“调整分区的容量”按钮，执行下述操作。

① 单击“下一步”按钮，弹出调整分区容量的窗口。

② 在调整分区容量窗口中，选择要调整的分区，然后单击“下一步”按钮，若系统中安装多个硬盘，应首先选择硬盘。此时指明要调整分区的当前尺寸及可调整的最小尺寸与最大尺寸。

③ 为分区指定新尺寸，然后单击“下一步”按钮。

④ 单击“完成”按钮，结束调整。

在调整分区大小时，只有当硬盘上存在未分配区域时，才能扩大分区尺寸，否则只能缩小分区尺寸。在扩大分区尺寸时，硬盘中必须有空余空间紧挨着这个分区（原分区情况可在分区显示图中查看），如果分区中间隔着其他分区，则不能将空余空间添加到此分区中。分区调整后，可以通过PartitionMagic主窗口下的“应用更改”或“撤销更改”按钮确认或撤销对分区所做的调整。

（2）创建主分区或逻辑分区

要创建新分区，硬盘上必须存在未分配的区域。否则，应参考前面介绍的方法，减小现有的分区来制作一块未分配区域。创建主分区或逻辑分区的步骤如下。

① 在图9-2所示的主界面中，右击未分配区域，从弹出的快捷菜单中选择“Create”命令，弹出创建主分区或逻辑分区窗口。

② 在下拉列表中选择分区格式（FAT、FAT32、NTFS等）。

③ 在下拉列表中选择分区类型（逻辑分区或主分区）。

④ 指定新分区存放的位置。

⑤ 在编辑框中输入标签。

⑥ 单击“完成”按钮，结束分区创建。

在单一物理硬盘上，用户可以创建4个主分区或者3个主分区与一个扩展分区。在扩展分区中，用户可创建多个逻辑分区（或称为逻辑盘）。因此，如果用户在前面创建了逻辑分区的话，该逻辑分区将被放入扩展分区中。但是，由于硬盘上同时只能有一个主分区被访问，因此，用户创建的其他主分区都被称为“隐藏分区”。在PartitionMagic中，选择某个隐藏分区后，选择“Operations Advanced”菜单中的“Set Active”子菜单，可将隐藏分区设置为活动分区，此时另外的主分区将被设置为隐藏。利用此特性随时决定使用哪个主分区引导系统，也就使在一个物理硬盘中安装多个操作系统成为可能。

（3）合并分区

合并分区也是经常要用到的操作，想合并分区，首先要备份相应分区上的数据。如要把D盘、E盘合并为E盘，则要备份D盘中的数据，合并完成后不会影响E盘中的数据。

（4）复制分区与分区格式转换

软件提供了复制分区和分区格式转换的功能。不过，要使用此功能，应首先在硬盘中创建一块未分配区域，然后执行下面的操作。

① 用鼠标右键单击需复制的分区，然后在弹出的快捷菜单中选择“Copy”命令。

② 单击“OK”按钮即可完成分区的复制。

要转换分区格式，可首先右键单击分区，然后从弹出的快捷菜单中选择“Convert”命令，接下来在打开的分区转换对话框中选择所要转换为的分区，再选择好分区格式或分区类型，然后单击“OK”按钮即可。

（5）重新分配空余空间

重新分配空余空间（自由空间）功能，可以将同一个硬盘上的空余空间按照一定的比例重新分配到分区中，这些空余空间包括分区中未利用的空间和硬盘上未分区的空间。重新分配空余空间的操作如下。

① 单击PartitionMagic主界面下方的“Redistribute Free Space（重新分配自由空间）”按钮。

② 单击“Next”按钮。

③ 选择将空余空间分配到其中的分区，然后单击“Next”按钮，空余空间已按一定比例分配到了分区中。

④ 单击“Finish”按钮，完成操作。

（6）其他功能

除了上面所介绍的功能外，PartitionMagic还具有以下功能。

① 删除分区：利用PartitionMagic，用户可将分区删除。只需选定相应分区后选择“Operations”→“Delete”菜单即可。

② 格式化分区：若要格式化分区，可在选定相应分区后选择“Operations”→“Format”菜单，打开“Format Partition”对话框，从中设置分区类型后，单击“OK”按钮即可。

③ 分割分区：利用分割功能，用户可将一个分区分割为两个相邻的分区，即父分区和新的子分区，这两个分区共同占用原始分区的空间。对分区进行分割的操作方法是：首先选择要进行分割的分区然后右击该分区，并在快捷菜单中选择“Split”命令；再从原始分区中选择要移到新分区的文件或文件夹，将其移到新分区中；切换到“Size”选项卡，设置新分区的大小，然后单击“OK”按钮。

④ 隐藏分区：为防止他人随意浏览硬盘中的内容，用户可以利用PartitionMagic的隐藏分区功能对分区进行隐藏，但这样会使盘符发生变化。要隐藏某分区，只需在选定该分区后选择“Operations Advanced”菜单中“Hide Partition”子菜单即可。

（7）操作的确认与撤销

再次提醒，由于硬盘上通常存放了大量的有用数据，因此，为了保险起见，在执行任何分区调整之前最好先备份重要数据，以免因为操作失误产生不可挽回的损失。在PartitionMagic主界面下方单击“Undo Last”按钮可随时撤销全部分区调整操作，而单击“Apply Changes”按钮表示应用当前分区调整。要退出PartitionMagic，可单击“Exit”按钮。

分区调整结束后，必须重新启动系统，才能使新设置生效。此外，如果分区调整比较复杂的话，系统在重新启动时将花费比较长的时间，此时需耐心等待。

【特别提示】 硬盘分区完成别忘了激活主分区，否则硬盘不能引导系统；PQMagic8.0以上版本可以对硬盘上有数据的硬盘实现重新无损分区，支持UEFI启动。类似的软件还有Acronis Disk Director Suite等，这类软件也非常实用，可以自己学习。

第二步：用DiskGenius分区和格式化硬盘

DiskGenius是一款国产的磁盘（硬盘）管理及数据恢复软件，该软件应用非常广泛。软件除具备建立分区、删除分区、格式化分区等磁盘管理功能外，还提供了强大的分区恢复功能。DiskGenius软件运行主界面如图9-3所示。

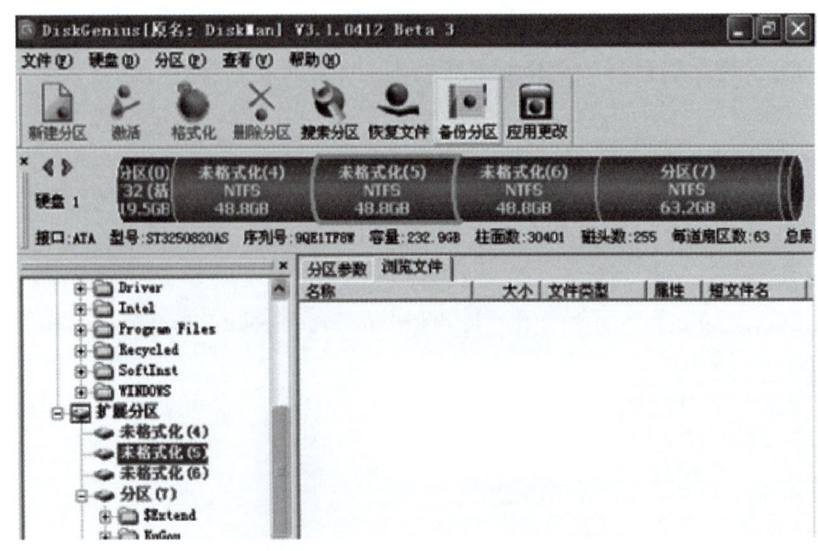

图9-3 DiskGenius软件运行主界面

（1）创建新分区

首先在空白磁盘上创建主分区，依次单击菜单“分区”→“建立新分区”。建立新分区界面如图9-4所示。

在图9-4中首先需要选择创建主磁盘分区（即主分区），选择文件系统类型，并输入新分区大小（注意后面的单位GB），然后单击“确定”即可完成主分区创建。

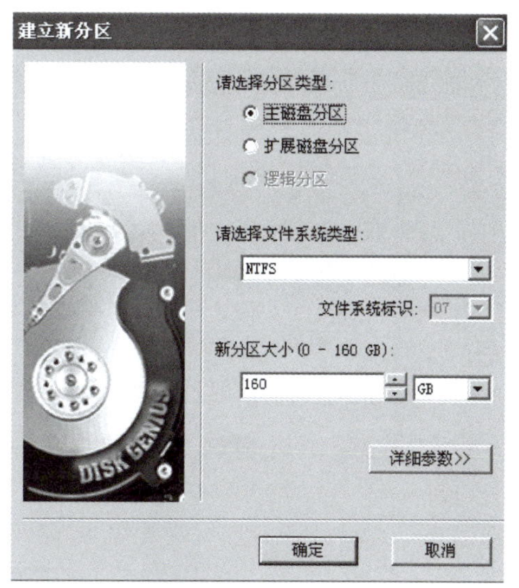

图9-4　建立新分区界面

（2）创建扩展分区和逻辑分区

主分区创建完成后，接下来要创建扩展分区和逻辑分区。单击图9-3右侧的空闲区域，然后在空闲区域单击鼠标右键（或使用菜单里的“分区”→“建立新分区”）。创建扩展分区界面如图9-5所示。选择创建“扩展磁盘分区”（即扩展分区）选项，并把剩余的空间都分配给扩展分区，并单击“确定”即可。

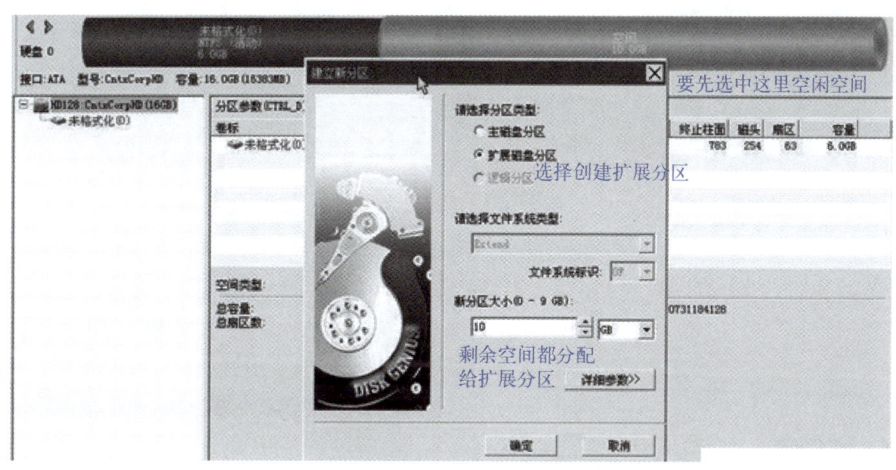

图9-5　创建扩展分区界面

由于扩展分区无法直接使用，还需要在扩展分区中划分逻辑分区。在扩展分区上单击鼠标右键选择“建立新分区”，在扩展分区上创建新分区时，软件会默认只有逻辑分区。默认逻辑分区界面如图9-6所示。

选择逻辑分区的文件系统类型NTFS，并输入逻辑分区大小，最后单击“确定”即可。采用同样方法，所有分区创建完成后界面如图9-7所示。图9-7中有一个活动的主分区，另有三个逻辑分区，都未格式化。

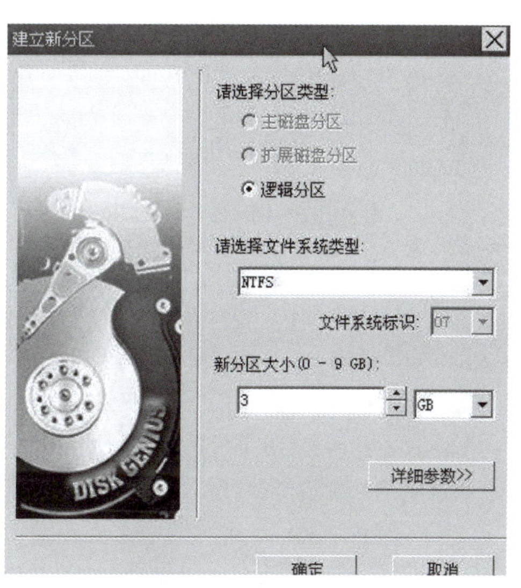

图9-6　默认逻辑分区界面

（3）保存更改并格式化分区

以上分区操作都是在内存里操作的，没有应用到实际硬盘上，可以随时取消或修改，要让这些修改生效，还需要单击“保存更改”。点击“保存更改”按钮后，弹出警告，如图9-8所示。

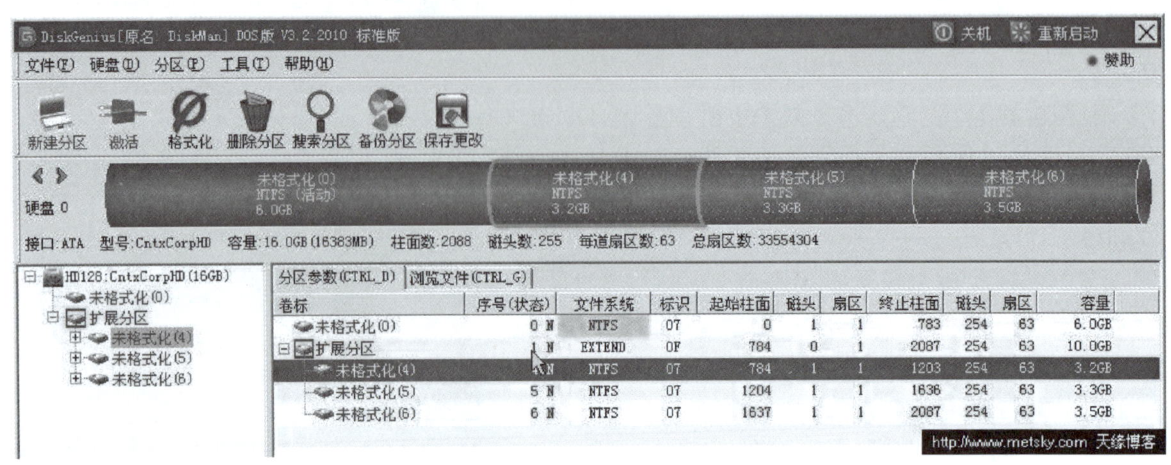

图9-7 分区创建完成后界面

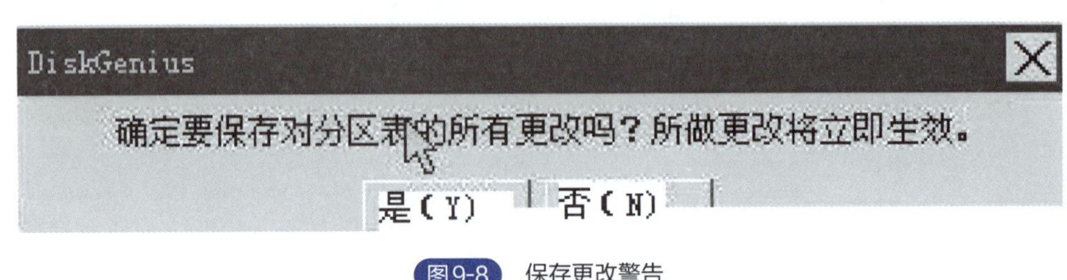

图9-8 保存更改警告

单击“是（Y）”按钮继续，会弹出图9-9所示的格式化分区对话框。

单击“是（Y）”按钮将会格式化所选定的分区。格式化分区界面如图9-10所示。

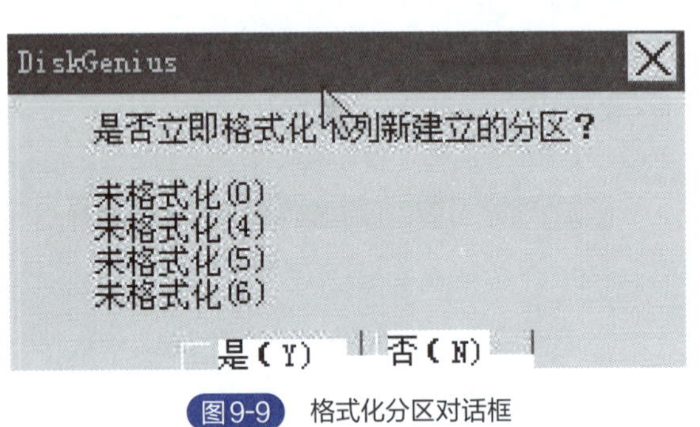

图9-9 格式化分区对话框

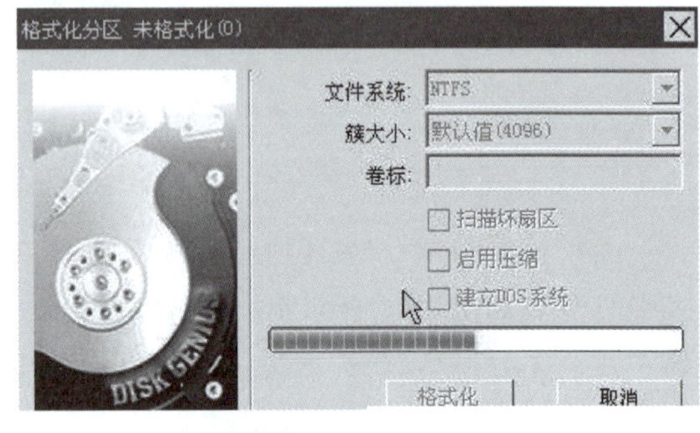

图9-10 格式化分区界面

格式化完成后，可以看到整个硬盘已经划分为一个主分区和三个逻辑分区，至此，硬盘分区格式化操作完成。

（4）DiskGenius DOS版快速分区

DiskGenius DOS版的快速分区功能可以一次把需要的分区分好。依次单击菜单“硬盘”→“快速分区”，如图9-11所示。如果没有鼠标，可以使用“Alt+D”组合键打开快速分区菜单。

对于快速分区，一般都选择“重建主引导记录（MBR）”，然后在右侧选择各分区的文件系统类型（DiskGenius DOS版也支持Unix等分区创建），输入主分区大小，其余逻辑分区一般都是均分大小，最后单击确定，并等待格式化完成。

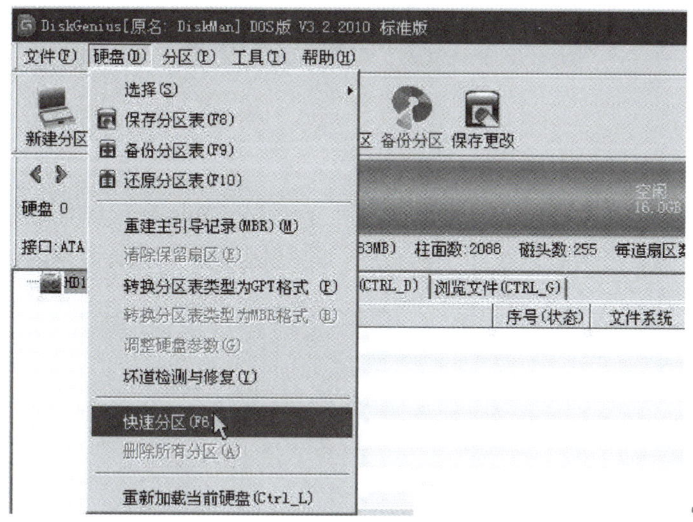

图9-11 DiskGenius DOS版的快速分区功能

【知识贴士】DiskGenius DOS版的其他亮点功能：

① 重建分区表功能。重建分区表功能主要用来搜索丢失的分区、恢复或修复分区表。搜索方式一般采用自动搜索，该功能在修复硬盘分区损坏时非常有效。重建分区表界面如图9-12所示。

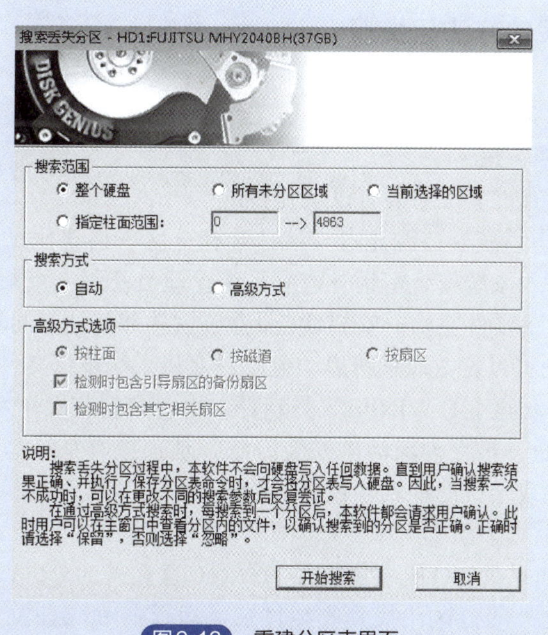

图9-12 重建分区表界面

采用自动方式搜索分区，将自动保留搜索到的分区；采用高级方式，每搜索到一个分区，都提示并询问用户是否保留分区，直至完成。

② 坏道检测与修复。坏道的检测与修复，首先应该建立在数据安全的前提下进行，切勿在硬盘未做任何备份时直接进行坏道修复。

任务9.2 操作系统安装

【任务描述】

熟悉操作系统的种类、系统安装方法和步骤；了解安装Windows操作系统需要提前下载系统文件，制作U盘启动盘后可安装系统和驱动程序；系统因误操作或病毒原因，容易损坏造成无法启动，因此需要掌握系统的备份和恢复操作。

【必备知识】

9.2.1 操作系统基础

计算机操作系统广泛应用的有四种，分别是Unix、Linux、Windows、MacOS。如果追根溯源，Unix、Linux、MacOS可以统称为Unix家族系统。目前市面上大多数的计算机操作系统都为Windows系统，Windows系统主要有桌面版和服务器版、移动版三个版本。

国产操作系统有深度操作系统（Deepin）、麒麟操作系统、华为鸿蒙（HarmonyOS）等。其中影响最大且拥有自主知识产权的当属鸿蒙操作系统 。

PC机使用比较多的版本有Windows 7、Windows 10和Windows 11。微软在2020年1月停止了对Windows 7的技术支持，将于2025年10月停止对Windows 10的技术支持，微软在2021年6月24日发布最新一代操作系统Windows 11。

9.2.2 操作系统安装的方法与步骤

在计算机硬件组装完成后，接下来最重要的工作就是安装操作系统。

（1）操作系统的安装方法

安装操作系统的方法有很多，主要有以下几种：

① 使用Windows操作系统安装源光盘安装：选择分区→格式化硬盘→复制系统文件→重新启动→安装系统文件→输入系统安装密钥→建立系统管理员密码→登录系统→安装计算机硬件驱动→安装打印机等外部设备硬件驱动→安装Office办公软件和其他常用软件。

② U盘安装法：首先将U盘做成系统启动盘，提前将系统镜像文件复制到U盘上，从U盘启动安装系统。一般U盘启动盘上有WINPE工具软件，用它来安装操作系统很方便。

③ 网络安装法：这是一种更为灵活的安装方法。是在原有系统基础上的升级安装，可以通过网络下载系统镜像文件或装机助理软件直接进行安装。这需要计算机具备稳定的网络和系统镜像文件的下载地址。

④ 硬盘安装：将操作系统ISO压缩包文件下载到C盘之外的分区，然后解压操作系统ISO压缩包到系统盘（C盘）之外的分区，找到安装目录，运行setup.exe文件，根据提示完成系统的安装。

（2）安装操作系统的一般步骤

① 准备安装介质。可以从Microsoft官方网站购买Windows安装盘或下载Windows的ISO镜像文件。如果使用ISO镜像文件，需要将其刻录到空白的DVD或制作成可启动的USB闪存驱动器。

② 准备启动设备。如果使用安装盘，将其放入光驱；如果使用USB驱动器，确保U盘有足

够的空间（至少8GB），并且没有重要数据，并提前将U盘做成系统启动盘。

③ 准备计算机。确保计算机已连接电源，并且有管理员权限。如果计算机已经有操作系统，应备份数据。

④ 进入BIOS设置。在计算机启动时，按下特定的按键（如F1、F2、F12、Del）进入BIOS设置，确保启动顺序设置为从光驱或USB启动；也可以通过计算机的启动选择快捷键选择启动设备的优先级。

⑤ 启动计算机。重启计算机，它会从预设的安装介质启动。

⑥ 安装操作系统。当计算机从安装介质启动后，选择语言、时区和键盘布局，然后点击“下一步”。阅读并接受授权协议，选择安装类型（例如，自定义：仅安装Windows），然后选择磁盘分区。

⑦ 系统安装和设置。系统会开始复制文件、安装组件和设置功能。安装完成后，设置计算机的名称、密码和网络。

⑧ 更新和驱动程序安装。安装完成后，建议更新Windows系统，以获取最新的安全补丁和驱动程序。根据需要安装硬件驱动程序。

⑨ 完成安装。安装完成后，拔出启动设备，重启计算机，系统将自动进行后续设置。

⑩ 安装应用软件和杀毒软件。计算机不能只有系统，还要安装应用程序，满足人们日常办公、娱乐、防病毒等需求，如Office、杀毒软件（火绒）、360安全卫士防火墙等。

⑪ 最后优化系统，并做好系统备份，在系统无法启动后可以快速恢复系统，避免重复安装费时费力。

【任务实施】

第一步：U盘启动盘制作与系统安装

如何制作正版WIN10系统安装U盘

现在许多计算机已经没有配备光驱，无法用光盘安装操作；或者光驱老化，读盘能力下降，无法使用。目前最常用的是用U盘启动安装系统。而且U盘具有读写准确、速度快、安全稳固、方便携带等多种优点，现在计算机的BIOS都能支持U盘启动，很多装机人员也习惯了使用U盘作为工具来安装操作系统和管理、维护计算机。

有很多软件可以制作U盘启动盘，如大白菜、电脑店、U大师等U盘启动盘制作软件。这些软件可以将普通的数据盘制作成可引导计算机的U盘，安装维护系统很方便。下面就以大白菜U盘启动盘制作为例，说明如何完成U盘启动盘制作与系统安装。

（1）制作前的软件、硬件准备

① U盘一个（建议使用8GB以上U盘）。

② 下载大白菜软件。

③ 下载需要安装的GHO系统文件。

（2）用大白菜软件制作U盘启动盘

① 运行程序之前尽量关闭杀毒软件和安全类软件，下载完成之后直接双击运行。单击进入大白菜软件的菜单，选择“程序下载和运行”。

② 插入U盘之后单击“一键制作USB启动盘”按钮，程序会提示是否继续，确认所选U盘无重要数据后开始制作。如图9-13所示为确认继续制作启动盘界面。

制作过程中不要进行其他操作以免造成制作失败，制作过程中可能会出现短时间的停顿，请耐心等待几秒钟，完成后会提示启动U盘（U盘启动盘）制作完成，如图9-14所示。

（3）下载需要的GHO或ISO系统文件并复制到可启动U盘中

将下载的GHO文件或Ghost的ISO系统文件复制到U盘中，如果只是重装系统盘而不需要格式化电脑上的其他分区，也可以把GHO或者ISO系统文件放在硬盘系统盘之外的分区中。

图9-13 确认继续制作启动盘界面

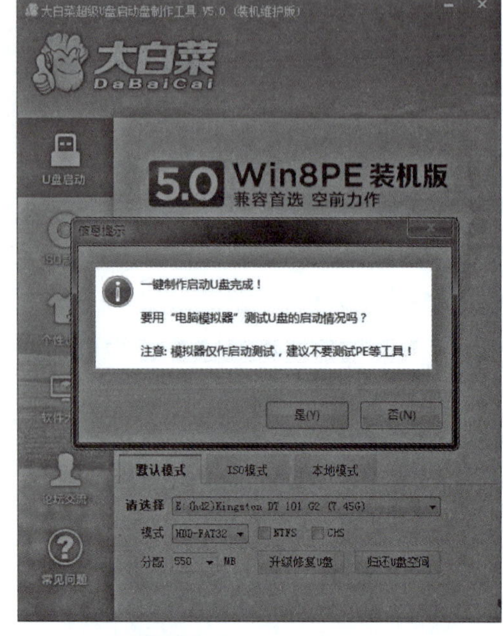

图9-14 提示启动盘制作完成

（4）进入BIOS，设置启动顺序；也可按键盘的快捷键选择从U盘启动

电脑启动时进入BIOS设置，设置为第一启动为从U盘启动。或者查询计算机的开机启动快捷键。

【知识贴士】 计算机开机启动快捷键：计算机重装系统时从U盘启动、硬盘启动还是光驱启动，大多数的计算机提供了启动选项菜单，开机的时候按住对应的快捷键即可进入启动选择界面，再选择要使用的启动设备即可。

表9-2～表9-4为不同种类的计算机的启动快捷键。

表9-2 各大品牌笔记本电脑启动快捷键

笔记本电脑品牌	启动快捷键	笔记本电脑品牌	启动快捷键
宏碁笔记本	F12	技嘉笔记本	F12
戴尔笔记本	F12	明基笔记本	F9
华硕笔记本	Esc	索尼笔记本	Esc
惠普笔记本	F9	清华同方笔记本	F12
联想笔记本	F12	Gateway 笔记本	F12
神舟笔记本	F12	方正笔记本	F12
IBM 笔记本	F12	东芝笔记本	F12
三星笔记本	F12	富士通笔记本	F12

表9-3 组装台式机主板启动快捷键

主板品牌	启动快捷键	主板品牌	启动快捷键
华硕主板	F8	致铭主板	F12
技嘉主板	F12	冠铭主板	F9
华擎主板	F11	磐正主板	Esc
映泰主板	F9	磐英主板	Esc
梅捷主板	Esc 或 F12	杰微主板	Esc 或者 F8
七彩虹主板	Esc 或 F11	Intel 主板	F12
微星主板	F11	捷波主板	Esc
斯巴达卡主板	Esc	盈通主板	F8
昂达主板	F11	铭瑄主板	Esc
双敏主板	Esc	顶星主板	F11 或 F12
翔升主板	F10	富士康主板	Esc 或 F12
精英主板	Esc 或 F11	冠盟主板	F11 或 F12

表9-4 品牌台式机启动快捷键

品牌	启动按键	品牌	启动按键	品牌	启动按键
联想	F12	惠普	F12	戴尔	Esc
华硕	F8	宏碁	F12	神州	F12
明基	F8	海尔	F12		
清华同方	F12	方正	F12		

从总结的情况来看，F12键是最多的，其他就是Esc、F11、F9等。其他后来出现的计算机，如红米等，可以在网络资源搜寻其启动快捷键。

（5）用U盘启动快速安装系统

从U盘启动后，选择“进入Ghost备份还原系统多合一菜单”，如图9-15所示。

单击“不进PE安装系统GHO到硬盘第一分区”，如图9-16所示，即可进入安装系统状态。

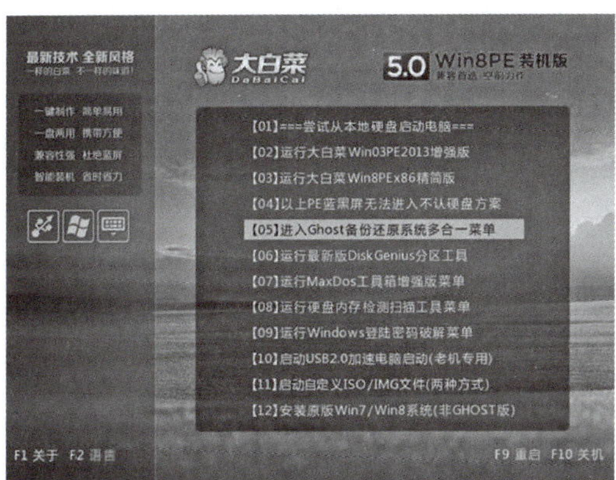

图9-15 选择“进入Ghost备份还原系统多合一菜单”

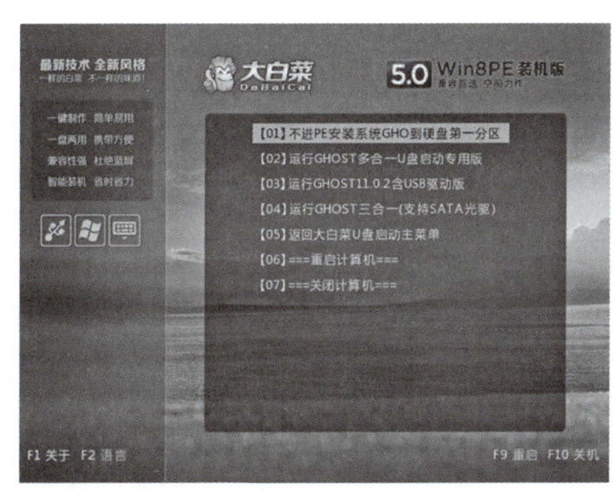

图9-16 选择“不进PE安装系统GHO到硬盘第一分区”

进入安装系统状态后，出现如图9-17所示的界面，选择1，将自动完成DBC.GHO文件的还原安装（选择2，将手动选择GHO文件进行系统安装）。

GHO文件的还原过程界面如图9-18所示。

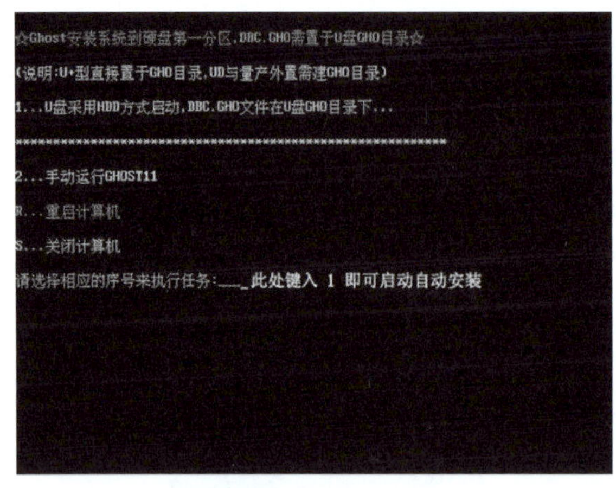

图9-17 选择序号界面

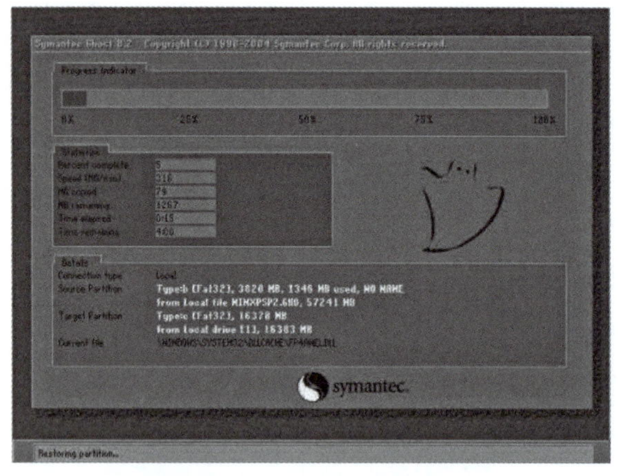

图9-18 GHO文件的还原过程界面

系统文件还原完成后，计算机需要重启，接着就会自动完成操作系统的安装，然后进行一些必要的系统设置工作。这个过程不需要人工干预，操作简单，耗时短（根据不同软硬件配置情况，大约需要2～10min），具体过程就不再说明了，可以自己实践。

【特别提示】 系统文件一般有两种格式：ISO格式和GHO格式。ISO格式又分为原版系统和Ghost封装系统两种。一般来说，使用Ghost封装系统的较多，大白菜、老毛桃等智能装机软件可以直接支持还原安装。

第二步：安装Windows 11操作系统

win11专业版系统安装

（1）Windows 11操作系统新特性

Windows 11具有更为简洁的界面和全新的贴靠布局；可实现Microsoft Teams快速联系；具有Widgets小组件；可实现最强游戏体验；全面支持运行Android应用，安全性更高。

（2）Windows 11的版本

Windows 11有5种版本，它们分别为家庭版、专业版、专业工作站版、企业版、教育版。Windows 11系统版本及功能如表9-5所示。

表9-5 Windows 11系统版本及功能

版本	功能
Home 家庭版	供家庭用户使用，无法加入Active Directory和Azure AD，不支持远程连接，家庭中文版和单语言版针对OEM（原始设备制造商）设备，是家庭版的2个分支
Professional 专业版	供小型企业使用，在家庭版的基础上增加了域账号加入、Bitlocker加密、支持远程连接，企业商店等功能
Professional Work Station 专业工作站版	支持4个CPU和最多6TB内存，支持卓越性能模式、CPU温度监控、弹性文件系统（ReFS）、高速文件共享（SMB Direct）

续表

版本	功能
Enterprise 企业版	供大中型企业使用，在专业版基础上增加Direct Access、AppLocker等高级企业功能
Education 教育版	供学校使用，使用对象为学校管理人员、老师和学生，其功能和企业版几乎一样，只针对学校或教育机构授权

(3) Windows 11的硬件配置需求

根据最早官方公布的信息显示，Windows 11只能支持8代以上的Intel酷睿CPU，或2000系及以上的AMD锐龙CPU，后来微软方面更新过一次Windows 11的硬件要求，新增对少数几款高端7代酷睿移动版CPU（7820HK、7920HQ）以及7代酷睿X系列CPU（7800X、7920X、7980XE等）的支持。未来的新版Windows 11可能会增加对更多老款但性能强劲CPU的兼容性。Windows 11系统对计算机硬件配置需求如表9-6所示。

表9-6　Windows 11系统对计算机硬件配置需求

CPU	内存	存储	显卡	系统固件	TPM	显示器
1GHz以上64位处理器（双核或多核）或片上系统（SoC）	4GB	64GB或更大的存储设备	支持Direct X 12或更高，支持WDDM 2.0驱动程序	支持UEFI安全启动	TPM2.0	对角线大于9英寸HD（720P）显示，每个颜色通道为8位

注：TPM，即Trusted Platform Module，可信平台模块。

(4) 安装Windows 11系统

① 通过更新推送升级Windows 11。在Windows 10操作系统中，单击“开始菜单”，选择“设置”，在弹出的设置页面中，单击左侧菜单栏中的“Windows更新”，在右侧页面中，选择“检查更新”。通过更新推送升级Windows 11界面如图9-19所示。

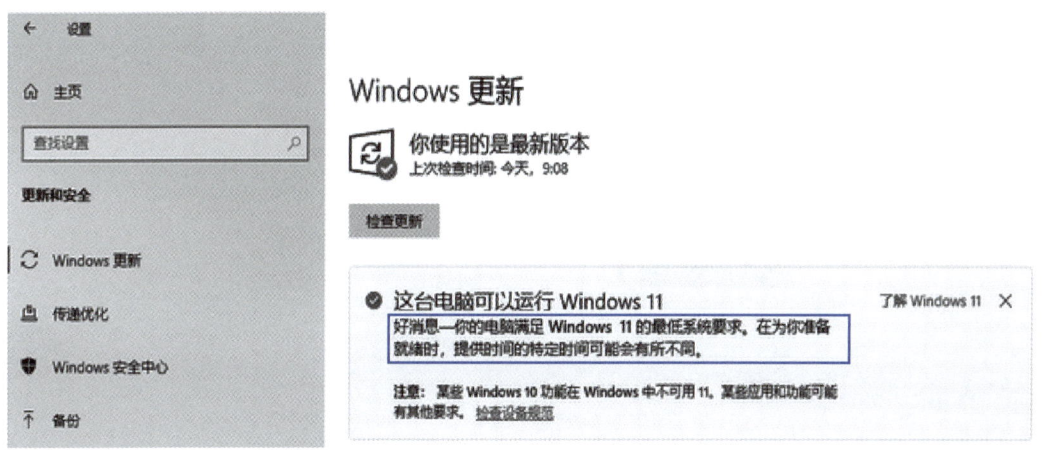

图9-19　通过更新推送升级Windows 11界面

② 通过微软官网提供的Windows 11安装助手升级。通过Windows 11安装助手升级，需要计算机安装Windows 10 Build 2004或更高版本，并拥有激活许可证，可用磁盘空间必须大于9GB。微软官网提供的Windows 11安装助手升级界面如图9-20所示。

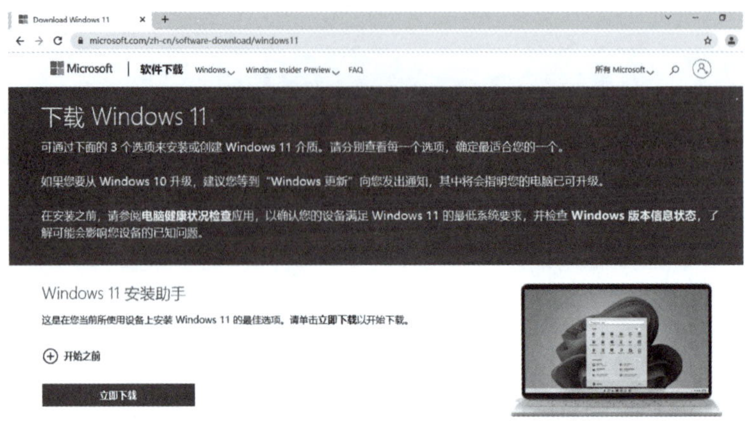

图9-20　微软官网提供的Windows 11安装助手升级界面

③ 通过Windows 11安装媒体工具制作Windows 11安装启动U盘或DVD。

微软官网提供Windows 11安装媒体制作工具，可以制作带Windows 11安装文件的可引导U盘或DVD。创建Windows 11安装介质如图9-21所示。

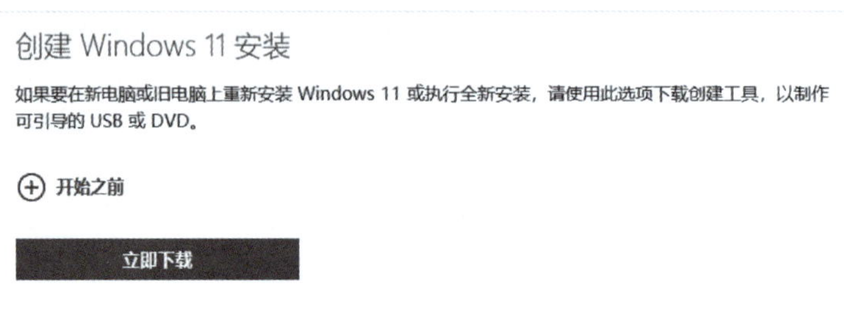

图9-21　创建Windows 11安装介质

④ 通过下载Windows 11磁盘映像。微软官网提供Windows 11磁盘映像（ISO），使用Windows 10的计算机直接通过该ISO文件安装升级到Windows 11。下载Windows 11磁盘映像（ISO）的界面如图9-22所示。

图9-22　下载Windows 11磁盘映像（ISO）界面

第三步：安装驱动程序

操作系统安装完成后，还需要正确安装驱动程序，计算机才能正常运行。如果计算机出现了某些硬件问题，比如声卡不能发声、打印机无法正常工作等，通常需要安装驱动程序来解决。驱动程序怎样安装才算正确呢？安装顺序一般是主板驱动（芯片组驱动）→显卡驱动→声卡驱动→其他硬件驱动。安装完某个设备驱动后最好重启计算机再安装下一个驱动。其次，驱动程序安装后要全部可用，没有资源冲突。

（1）准备好驱动程序

首先，需要确定需要重新安装的设备的名称、型号和对应的驱动程序的版本；然后前往设备的官方网站，建议从正规的官方渠道下载硬件驱动，在下载中心中寻找合适的驱动程序版本（根据计算机所安装的操作系统的版本及位数），下载并保存到计算机。

（2）安装驱动程序

驱动程序一般有两种安装方法：一种是通过设备管理器进行自动安装；另一种是通过工具软件进行安装。工具软件可以简化驱动安装过程，并提供自动检测和修复功能。

① 方法一：通过设备管理器安装驱动程序。

首先要准备好需要安装的驱动程序包，然后按照如下操作步骤进行安装。

a. 打开设备管理器：右键单击“我的电脑”，选择“管理”，然后选择“设备管理器”（在Windows系统中，可以通过按下Win+ X键，来打开设备管理器）。在“设备管理器”中，可以看到计算机中所有的硬件设备和其对应的驱动程序，找到需要安装驱动的设备（通常会有一个黄色的感叹号或问号标志，表示该设备缺少驱动程序），如图9-23所示。

b. 右键单击需要安装驱动的设备，选择“更新驱动程序”选项，如图9-24所示。此时会弹出一个界面，选择“自动搜索更新的驱动程序软件”或者“浏览计算机以查找驱动程序软件”。可以先选择第一项，通过联网可以找到最新最合适的驱动程序，若是第一个找不到驱动程序，则可选择第二项。

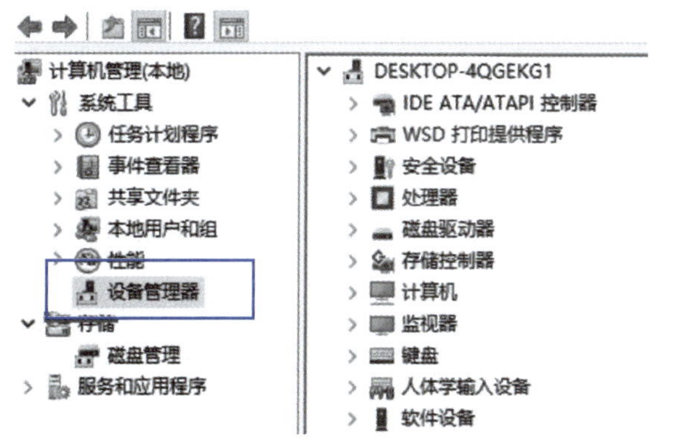

图9-23 打开设备管理器查看设备驱动是否正常

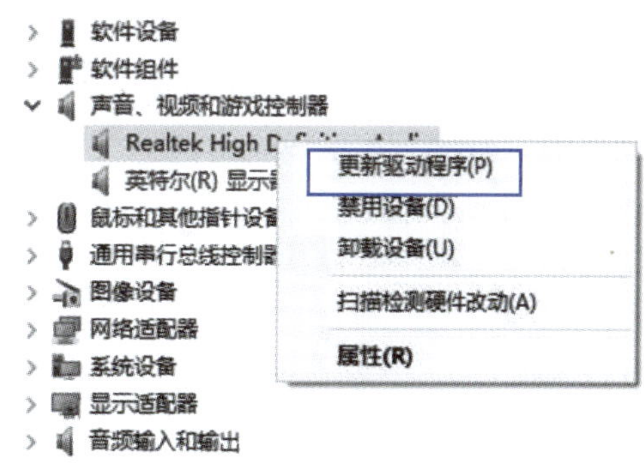

图9-24 更新驱动程序

等待驱动程序安装完成，一般会有相应的进度条或提示信息显示安装进度。如果选择第二项，即在计算机本地安装驱动，找到已经准备好的驱动安装包，点击确认即可开始更新驱动。安装完成后，可以重新启动计算机以使驱动程序生效。

② 方法二：使用工具软件安装驱动程序。

工具软件有很多，如360安全卫士、驱动精灵、万能驱动助理等都可以安装驱动程序。下面介绍用360安全卫士安装驱动的过程。

a. 安装并打开360安全卫士，在主界面右下角找到“更多”选项，单击鼠标左键进入。

b. 打开360驱动大师，单击驱动安装，驱动大师会自动检测电脑所有硬件驱动的安装情况，若有驱动没有安装或者有驱动更新，360驱动大师均会提示。只需按照提示即可安装或者更新驱动。

【特别提示】可用最新版的驱动精灵（离线版或在线版）自动识别硬件，解压后自动安装对应驱动程序。驱动程序安装前要根据计算机安装的操作系统版本和位数（64位还是32位）下载对应的驱动。

第四步：安装各种应用软件

由于软件的安装方法比较简单，这里不做具体讲解，只简单介绍计算机最常用的应用软件。

① 安全杀毒软件：火绒、360安全卫士、360杀毒、金山毒霸、瑞星杀毒等。

② 解压软件：7-Zip、2345好压、WinRar、360压缩。

③ 办公软件：Microsoft Office 2016～2023、金山 WPS等。

④ 输入法：搜狗输入法、百度输入法等。

⑤ 聊天软件：腾讯QQ、微信、MSN、Facebook 等。

⑥ 音频软件：酷狗音乐、QQ音乐等。

⑦ 影音播放器软件：百度影音、迅雷播放器、快播、PPTV、搜狐等。

若需要工具软件，可以试着安装使用“图吧工具箱”。该软件操作简单、功能强大、安全可靠；能够检测计算机各项硬件详细信息，让用户更全面地了解自己计算机硬件的状态；提供各种实用的综合工具合集，如磁盘工具等，实用性强，熟练使用可提升工作效率。

第五步：用Ghost备份与还原系统

现在的操作系统占的硬盘空间越来越大，安装的时间也是越来越长，系统装好后还得小心翼翼地防着病毒，防止误操作。即便如此，还是经常会因为各种原因导致系统无法正常运行，这又需要重新安装操作系统，既浪费时间又影响工作。因此系统安装完成后对操作系统进行备份显得尤为重要，可以快速恢复操作系统，这就需要使用Ghost软件来进行系统的备份和还原工作。

在操作系统和驱动程序安装完成后可以对系统进行备份，这样当系统崩溃、系统运行缓慢或者不能清除入侵病毒时，能及时备份当时的系统状态，这样可以免去安装操作系统与驱动程序的繁琐步骤。目前常用的第三方备份软件有Ghost、傲梅一键还原、一键还原精灵等。另一方面，如果系统崩溃，光驱又不能使用，这种情况下可以直接用U盘制作启动盘。下面介绍使用U盘启动备份和还原系统的方法。

（1）认识Ghost软件

Ghost（幽灵）软件是美国赛门铁克公司推出的一款出色的硬盘备份、还原工具，俗称克隆软件。一般U盘启动盘中都有Ghost软件。

Ghost能在短短的几分钟里恢复原有备份的系统。Ghost自面世以来已成为PC用户不可缺少的一款软件，有了Ghost，用户就可以放心大胆地试用各种各样的新软件了，一旦系统被破坏，只要用Ghost花上几分钟恢复就行了。

（2）利用Ghost备份分区

使用光盘或者U盘启动盘启动计算机，在启动工具界面选择Ghost工具就可以进入Ghost程序，也可以在Windows环境下执行Ghost硬盘版程序（Ghost.exe）。Ghost程序的主菜单如图9-25所示。

使用Ghost进行系统备份，有备份整个硬盘（Disk）和备份硬盘分区（Partition）两种方式，通过用上下方向键将光标定位到“Local”（本地）项，然后按方向键中的左右移动键，便可弹出下一级菜单。其共有3个子菜单项，其中Disk表示备份整个硬盘；Partition表示备份硬盘的单个分区；Check表示检查硬盘或备份的文件，查看是否可能因分区、硬盘被破坏等造成备份或还原失败。Ghost硬盘备份子菜单如图9-26所示。

图9-25　Ghost程序的主菜单

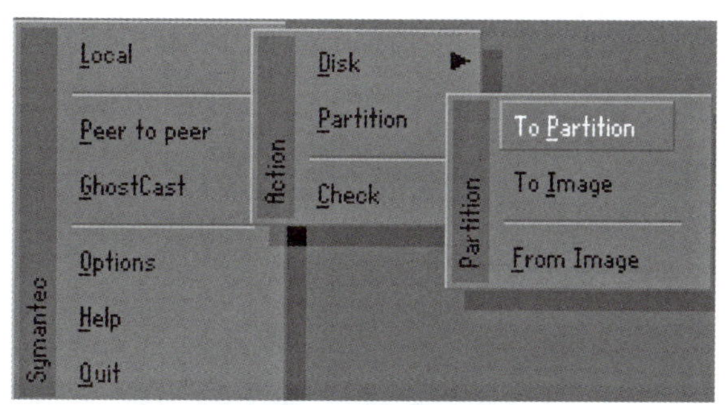

图9-26　Ghost硬盘备份子菜单

既然是备份系统，自然是备份操作系统所在的硬盘分区（一般为C盘），通过键盘上的方向键进行如下操作：Local→Partition→To Image。备份分区镜像如图9-27所示。

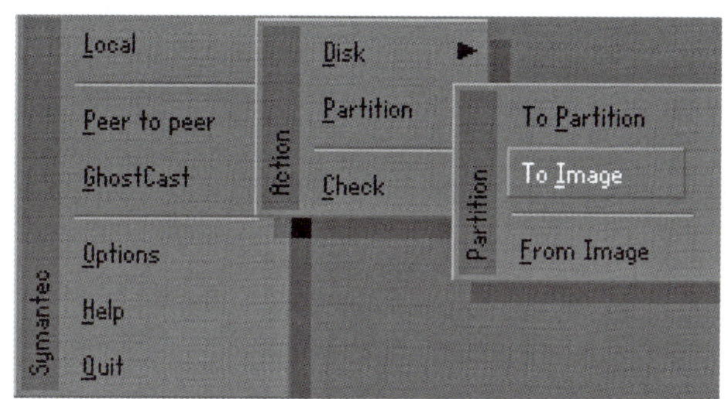

图9-27　备份分区镜像

从图9-27中可以看出“Partition”下也有三个子菜单项，分别是“To Partition”“To Image”“From Image”。其中“To Partition”项是将某个硬盘分区“克隆”到另外一个硬盘分区中，比如说将D盘中的内容完整地复制到E盘，就可以使用此功能；而“To Image”项是将某个硬盘“克隆”成了一个特殊的“镜像”文件压缩保存在硬盘上，准备实现的“备份系统”就是使用这项功能；最下面的“From Image”项的功能是如果某个分区需要还原，则可以通过该功能找到原来做的“镜像”文件，然后通过Ghost将镜像中的文件还原到硬盘分区中，从而达到还原系统的目的。

如果想备份操作系统，就要将光标定位到“To Image”上，按回车键便进入了下一步。选择待备份的分区，首先需要选择硬盘，如果电脑中安装了多个硬盘，要选择待备份的分区在哪个物理硬盘上，大部分用户只有一个硬盘，所以可以直接按回车键继续。选择要备份的原硬盘界面如图9-28所示。

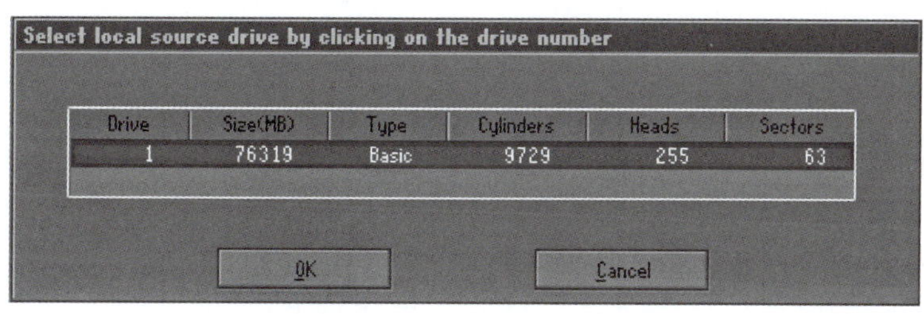

图9-28　选择要备份的原硬盘界面

从图9-28中可以看出当前硬盘的驱动器编号、容量、柱面、磁头等信息。如果有多个硬盘，则可以通过上下光标键来选择目标硬盘，然后单击OK进入。

接下来界面如图9-29所示。图中列出当前要备份硬盘的分区编号、分区类型、卷标、总容量、已用空间等信息。

Select source partition from Basic drive: 1

Part	Type	ID	Description	Label	Size	Data Size
1	Primary	0b	Fat32		5004	1971
2	Logical	0c	Fat32 extd		20002	1447
3	Logical	0c	Fat32 extd		20002	11
4	Logical	0c	Fat32 extd	ÏÂÔØÂÌ	20002	67
5	Logical	0c	Fat32 extd		11303	42
				Free	2	
				Total	76319	3540

OK　Cancel

图9-29 选择待备份硬盘的分区

选择分区编号，然后单击OK，再将光标定位到“OK”键上，便确定了待备份的分区，开始进行下一步关键操作：选择制作好的“镜像”文件保存的路径，如图9-30所示。

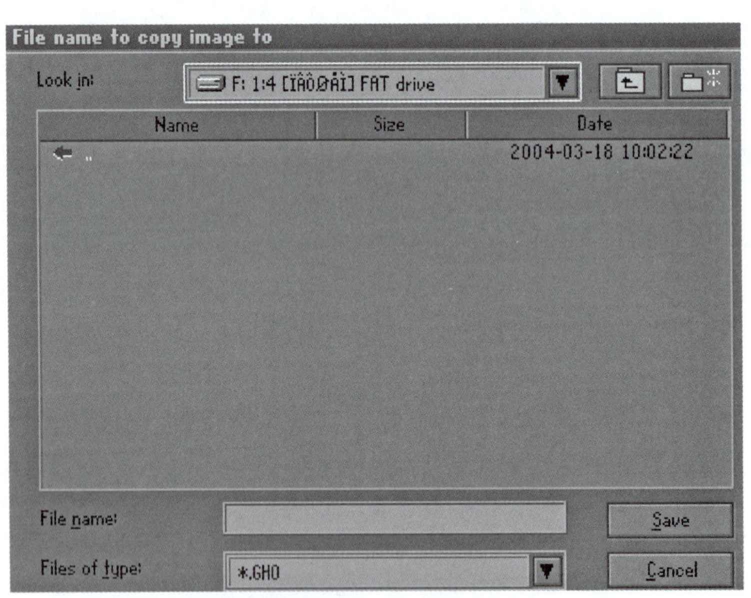

图9-30 镜像文件保存路径的选择

窗口的最上方是“Look in”栏，它显示的是“镜像”所保存的路径，如果用户对系统默认的保存路径不满意，可以自己修改；中间较大的显示框显示的是当前目录中的所有文件信息；下面的“File name”栏非常重要，通过“Tab”键将其激活（变亮）后，便能在这里输入“镜像”文件的文件名了，输入完文件名之后，按回车键便可完成该步骤。注意，通过Ghost建立的镜像文件的后缀名是GHO。另外，不能将“镜像”文件保存到待备份的分区上，比如说准备备份C盘，那么就不能将克隆C盘所产生的“××××.GHO”镜像文件也保存在C盘，否则程序会报错。

接下来程序会询问是否压缩“镜像”文件，并给出三个选择。其中“NO”表示不压缩；

“Fast”表示压缩比例小而执行备份速度较快；“High”就是压缩比例高但执行备份速度相当慢。可以根据自己的需要来选择压缩方式，一般情况下都建议选择“Fast”。选择压缩模式后，程序要求确认，将光标定位到“Yes”上，然后按回车之后程序便开始备份分区了。当备份工作完成后，程序会提示已经完成，此时可按回车键确认，然后程序会退回到主界面。

（3）利用Ghost备份整个硬盘

备份硬盘有一个前提条件：源硬盘的容量应该小于或等于目标硬盘的容量，否则源硬盘上的数据就不能全部备份到目标硬盘上了。如果要对某个物理硬盘中的所有分区都进行备份，此时还需要按照前面讲述的方法来逐个地去备份分区吗？Ghost提供了两种备份硬盘的方法：一种是“Disk To Disk”，另一种是“Disk To Image”。

其中“Disk To Disk”项，Ghost能将目标硬盘复制得与源硬盘一模一样，并实现分区、格式化、复制系统和文件一步完成。该功能对于计算机的机房维护非常有用，如果需要给几十甚至几百台配置相同的电脑安装系统，且每台电脑的硬盘分区、数据都是一样的，那Ghost可就帮上了大忙。

“Disk To Disk”可能一般人用不上，可“Disk To Image”项的应用非常广泛。如果计算机中安装了多系统，多系统损坏后恢复比较难，重新安装需要很长时间，因此可以在设置好多系统之后将整个硬盘保存为一个镜像文件，以后如果多系统出了问题，就可以通过这镜像文件来快速恢复了。

（4）利用Ghost恢复分区

Ghost最大的特点是能快速恢复系统，只要将系统备份成一个镜像文件，以后如果碰上系统崩溃时，就没有必要重新安装操作系统了。

进入Ghost的主界面之后，通过方向键执行如下操作：Local→Partition→From Image。按Enter键进入后，程序首先要求找到已经制作好的镜像文件，接下来程序要求选择目标盘所在的硬盘。如果此时有多个硬盘的话一定要小心谨慎，以免出错。确认无误后，按Enter键继续，接下来的关键步骤就是选择目标盘。

用GHOST备份还原系统

在选择目标盘这一步时一定要小心，Ghost首先将目标盘格式化，然后将镜像中的文件全部复制到这个盘中。所以在选择之前一定要看清楚是不是那个需要恢复的分区，如果确认了，则可以按Enter键，此时程序会提示：“你确认了吗？”此时如果反悔还来得及，一旦选择了“Yes”那可就晚了！等Ghost将分区上的所有文件复制完之后，它将提示需要重新启动电脑，当然也可以选择“暂不重启”。

【特别提示】GPT格式的磁盘使用GUID（Globally Unique Identifier，全局统一标识符）来标识分区，而MBR格式的磁盘使用分区号。这意味着，Ghost备份和还原工具不能直接备份或还原GPT格式的磁盘。在使用Ghost备份或还原GPT格式的磁盘时，可能会出现一些问题。备份和还原GPT磁盘的解决方案为：使用第三方备份工具，一些第三方备份工具，例如Acronis True Image、AOMEI Backupper、傲梅一键还原等，可以备份和还原GPT格式的磁盘；使用Windows备份和还原功能，Windows操作系统自带备份和还原功能，可以用来备份和还原GPT格式的磁盘；也可将GPT格式的磁盘转换为MBR格式来备份和还原GPT磁盘。

使用Ghost时的注意事项：使用Ghost是有很大风险性的，因此在使用时一定要注意：首先，在备份分区之前，最好将分区中的一切垃圾文件删除以减小镜像文件的体积；其次，在备份前一定要对源盘及目标盘进行磁盘整理，否则很容易出现问题；最后，在恢复分区时，最好先检查一下要恢复的分区中是否还有重要的文件还没有转移，否则一旦Ghost被执行，那时后悔就晚了。

第六步：用傲梅一键还原备份与还原系统

各大品牌厂商一般都有自己官方的一键备份还原工具，比如联想OneKey Recovery或惠普Recovery Manager。但是它们存在一些缺点，仅适用于自己品牌的电脑。而傲梅一键还原打破了品牌软件的局限性，兼容性更强，广泛适用于Windows 11/10/8.1/8/7/XP/Vista，能够在各个品牌的电脑设备上稳定正常地运行，不会出现那种换个品牌就无法运行的情况。

（1）一键系统备份

① 打开傲梅一键还原软件，可以一目了然地看清楚该软件的两个核心功能，傲梅一键还原主界面如图9-31所示。在主界面中点击左侧的“一键系统备份”按钮。

② 接下来需要选择将系统备份到哪个指定位置，系统备份路径选择界面如图9-32所示。可以选择“备份系统到傲梅一键还原的恢复分区中”或“备份系统到其它位置”，然后单击“下一步”。

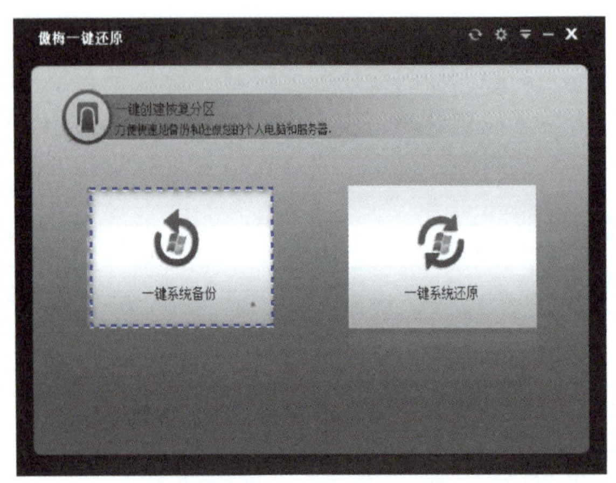

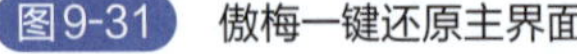
图9-31　傲梅一键还原主界面

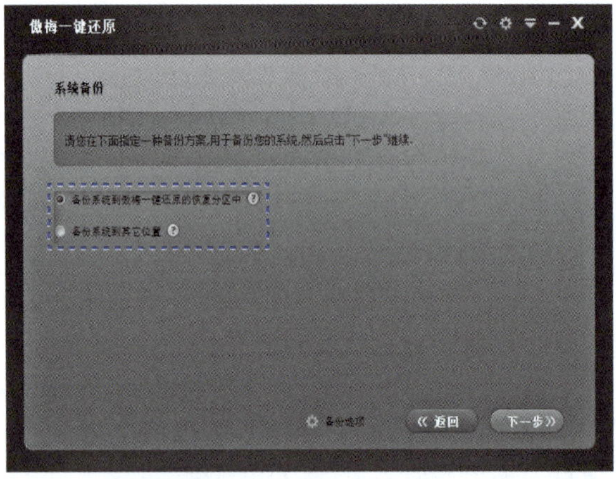

图9-32　系统备份路径选择界面

【特别提示】这里建议选择将系统备份到恢复分区中，因为恢复分区在正常情况下是隐藏的，将其存放到这里可以降低备份镜像文件损坏的概率。

③ 选择存放镜像文件的分区，确认无误后单击“开始备份”，即可开始备份当前正在使用的系统。在此过程中，傲梅一键还原还将在当前操作系统中添加一个新的启动选项，可以通过它启动计算机。选择创建恢复分区的位置界面如图9-33所示。

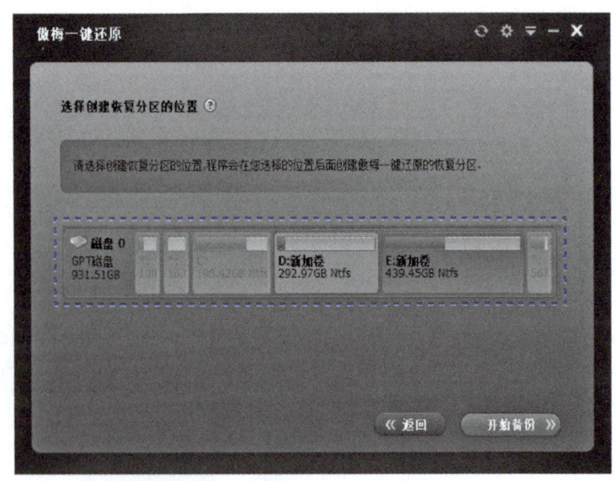

图9-33　选择创建恢复分区的位置界面

（2）一键系统还原

当成功获取了系统备份镜像之后，如果以后计算机系统出现故障，则可以通过以下方法来轻松地将系统还原到备份时正常运行的状态。

① 重启计算机，在显示器亮起后持续按“F11”（默认键位）或“A”（也可以是其他按键，这个键位是可以在右上角的设置功能中自定义的）进入系统恢复环境，然后可以发现傲梅一键还原软件已经自动弹出。

② 在图9-31所示的一键还原主界面中单击“一键系统还原”。

③ 根据之前备份系统的目标位置的不同，在这里需要选择点击“选择其他路径中的系统镜像文件进行还原”或“从傲梅一键还原的恢复分区中还原系统”，选择完毕之后单击“下一步”。选择还原方案界面如图9-34所示。

④ 接下来可以简单预览一下即将进行的系统还原任务，确认无误后单击“开始还原”以执行系统还原任务。还原确认界面如图9-35所示。

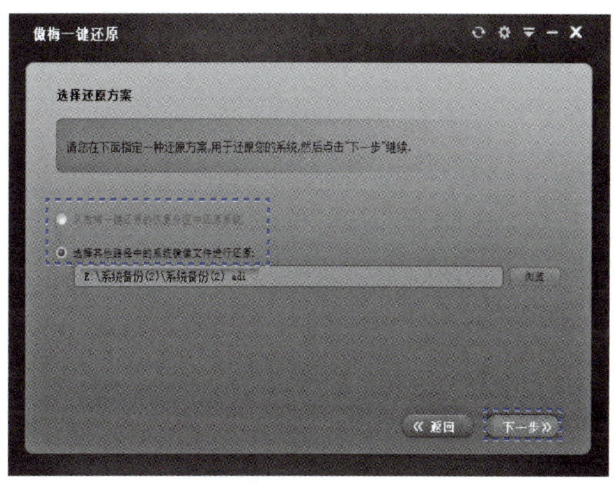

图9-34 选择还原方案界面

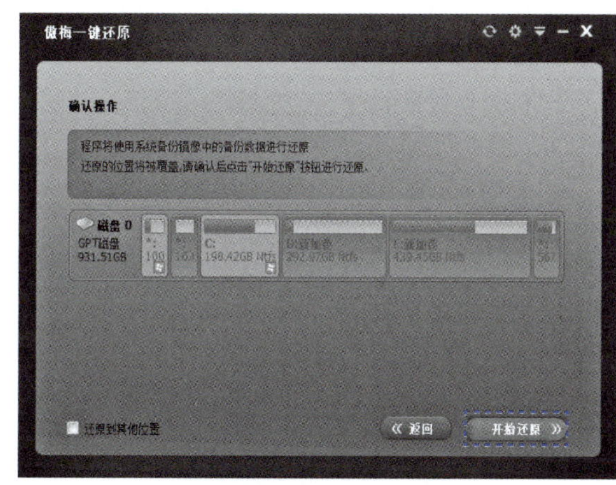

图9-35 还原确认界面

⑤ 请耐心等待还原任务执行完毕，在此期间，不要在计算机上执行任何其他操作。等到还原成功后，将会自动重启计算机并重置系统。

项目评价与反馈

表9-7为硬盘规划和操作系统安装评分表，请根据表中的评价项和评价标准，对完成情况进行评分。学生完成评分后教师再根据学生完成情况进行评分。其中：学生自评占40%，教师评分占60%。

表9-7 硬盘规划和操作系统安装评分表

班级：		姓名：		学号：	
评价项	评价标准	项目占比	学生自评	教师评分	得分
硬盘管理软件分区	3个分区以上	15			
U盘启动盘制作	是否可从U盘引导	15			
系统安装	是否出现系统界面	20			
驱动程序安装	设备管理器是否有黄色问号或感叹号	15			
系统备份、恢复	Ghost或傲梅一键还原	25			
专业素养	各项的完成质量与效率	10			
总分		100			

思考与练习

1. 文件系统格式有哪些种类？它们之间有什么区别？
2. 克隆方法安装系统应注意哪些问题？
3. 应用PartitionMagic和DiskGenius工具对硬盘分区和格式化操作。
4. 查看自己计算机硬件的驱动情况，看是否有“？”或黄色“!”，分析原因。
5. 试着用驱动精灵安装系统硬件驱动程序，了解安装过程。
6. 硬盘的分区有哪些？
7. 硬盘格式化的种类有哪些？
8. GPT分区与MBR分区有何区别？
9. 用傲梅一键还原工具软件对系统盘进行备份与还原操作。

项目10 计算机系统软件维护和优化

项目导入

计算机因使用不当或长期缺乏有效维护，会出现磁盘“爆红”、经常性死机，程序运行出错或者运行缓慢等问题，这样会影响计算机的使用效率，所以做好计算机的日常维护和系统优化也很重要。

学习目标

知识目标：

① 了解计算机系统维护常识；

② 了解注册表、组策略基本知识；

③ 掌握Windows系统维护与优化软件应用；

④ 掌握杀毒软件的安装与使用。

能力目标：

① 能正确进行系统维护；

② 能正确进行计算机系统的安全防范。

素养目标：

① 通过资源学习，养成自主学习的习惯；

② 通过系统优化等精准操作，培养开拓创新、勇于探究的精神；

③ 通过小组合作，提高团队协作意识及语言沟通能力；

④ 通过项目实施，形成吃苦奉献的良好品质。

任务 计算机系统的日常维护与优化

【任务描述】

本任务需要掌握计算机日常的优化与维护技巧，通过修改系统自身的优化设置或利用优化工具软件能够解决计算机系统运行变慢，甚至卡顿、死机等问题，提高计算机运行效率。

【必备知识】

计算机系统的维护，就是通过不同方法，加强对系统使用过程的管理，以保护系统的正常运行。优化就是通过调整系统设置，合理进行软硬件配置，使得操作系统能正常高效地运行。计算机操作系统刚安装时速度很快，运行流畅。但很多用户发现运行一段时间后，计算机速度会逐渐变慢，甚至运行程序会出现卡顿、蓝屏、死机等现象。这说明计算机需要进行日常维护与优化，以发挥计算机的最佳性能。下面介绍Windows系统通用的维护技巧及经验以供借鉴参考。

10.1.1 系统维护的经验

计算机系统维护应掌握如下基本维护常识：

① 熟悉自己机器的硬件配置。

② 用好Windows系统自带的维护工具，熟悉并会使用其他系统优化与维护软件。

③ 计算机系统要安装杀毒与防护软件，注意数据安全，做好重要数据文件的经常性备份工作。

④ 定期扫描磁盘，清理磁盘中无用的垃圾文件。

⑤ 卸载系统不常用的软件，避免占用磁盘空间。

10.1.2 提高计算机运行性能与效率的方法

win10系统必做的设置

磁盘碎片长期不整理、加载启动程序太多、系统盘安装的程序过多造成C盘爆满而“红盘”（即“爆红”）、病毒等都会造成系统运行效率下降。下面介绍一些能提高计算机运行性能的方法。

（1）经常整理磁盘碎片

计算机使用一段时间后，由于磁盘上文件的反复写入、移动和删除，时间长了，同一个文件被分散存储到不同的地方，造成磁盘上的文件不连续，从而碎片越来越多，增加了磁盘访问中来回寻址的耗时，降低了计算机的读写速度，影响了系统的性能。因此要定期对机械磁盘进行碎片整理，使文件尽可能连续存放。

（2）禁用开机自启动项

一些程序在安装的时候会把自身加入计算机的启动项中，计算机启动的时候就会自动运行这些程序，造成计算机的启动项越来越多，使得系统运行变慢。解决的措施为：取消随系统自动启动的程序，除了Windows系统必要的自启动项外，将其他应用软件的自启动全部禁用。比如Windows 10系统启动之后，尽管一些第三方的应用软件并没有在前台运行，但是一些后台服务却已经悄悄地随着系统的启动而自动运行，无故地消耗了许多系统资源，导致计算机运行越来越慢。操作方法：在任务栏上单击右键，打开“任务管理器”，单击“启动”选项卡，禁用不需要的启动项。可以通过Windows 10系统的服务管理进行查看，逐一排查并关闭那些启动类型为“自动”的项目，禁用一些不必要的服务项。在这个过程中需要注意，不要将一些系统必需的服务禁用了，否则会引进Windows系统出现不稳定的情况。

（3）定期清理系统

Windows 10系统在长时间使用后，会积累大量的垃圾文件和无用数据，导致系统运行缓慢。因此，需要定期清理系统，释放磁盘空间，包括清理临时文件、卸载无用软件、清理注册表等操作。这样可以保证系统的健康运行，提高系统的响应速度。一般情况下，软件安装路径默认是系统C盘，除了杀毒、办公最常用的软件外，其他程序建议更改安装路径，安装到非系统盘，这样可以为计算机的系统C盘减负。另外，建议卸载不用的应用程序，使用清理工具（如Windows优化大师）经常清理浏览器缓存、临时文件、回收站文件、历史记录、下载文件，删除桌面上的不必要的图标等。这些文件或数据会占用很多磁盘空间，影响计算机的运行速度。

注册表是Windows系统的一个关键组件，它记录了计算机中所有程序和组件的信息。但是，随着软件的安装和卸载，注册表中会留下很多无用的信息，导致计算机变慢。可以下载一些专业的注册表清理工具，如CCleaner等，经常清理注册表，从而提高计算机速度。

（4）更改虚拟内存

虚拟内存是计算机系统内存管理的一种技术。一般来说，计算机Windows预设由系统自动管理自己的虚拟内存。它会根据程序运行需要自行调节，也可以根据需要人为设置，一般虚拟内存设置为物理内存的1.5～3倍比较适合。依次单击开始→设置→控制面板→系统，在“性能”项上单击“设置”，在“性能选项”上单击“高级”，在“虚拟内存”选项单击“更改”，选择除系统盘外的硬盘（如D盘），最后确定。重启计算机即可生效。

虚拟内存设置一个盘就行了，其他盘选“无分页文件”。不清楚设置的可以选择“系统托管”，或者是系统推荐的设置即可。

（5）安装防病毒软件，加强网络的安全

计算机病毒也是影响计算机系统运行速度的原因之一。比如有些病毒会占用很多的系统内存，有些病毒会大量占用硬盘空间，有的病毒会让CPU一直处于忙碌状态，还有的病毒会占用大量的网络带宽。这些计算机病毒都会大量消耗了系统资源，使得计算机正常程序无法运行，系统越来越慢。安装杀毒软件不仅可以杜绝病毒入侵，还可以防止木马、恶意软件等的攻击。有些用户喜欢安装多个杀毒软件，这样会影响开机速度和运行速度，会占用更多内存，而且不同杀毒软件之间也会有兼容性的问题。建议只保留一款杀毒软件，如360、火绒、卡巴斯基等。

另外，网络安全是维护系统安全的重要环节。可以通过加密WiFi、设置防火墙、开启密码保护等多种方式，加强网络的安全性。

（6）更新操作系统和驱动程序

系统和驱动程序的更新可以修复系统漏洞和提高硬件的性能，从而提高计算机的运行速度。可以在Windows更新中心或者设备管理器中进行系统和驱动程序的更新操作。需要注意的是更新前最好备份重要的文件和数据，以免出现不必要的损失。系统的补丁可以修补系统漏洞和Bug，提高系统的安全性和稳定性，及时更新系统补丁可以免受病毒攻击。

【任务实施】

目前计算机安装使用最广泛的操作系统是微软的Windows 10和Windows 11，需要掌握这两种操作系统的维护与优化的常用操作方法和技巧。另外，掌握系统维护和优化的常用工具，熟悉注册表的有关维护知识，练习并熟悉计算机系统维护最常用的实操典型案例也是必不可少的。

第一步：Windows 10系统维护与优化

Windows 10操作系统是广大用户常用的系统之一。不过，随着使用时间的增长，计算机的运行速度逐渐变慢，导致使用效率降低。大部分故障都与系统设置、操作与维护不当有关。如何通过优化和修改相关设置，提高Windows 10系统的性能和运行速度呢？下面是一些常用技巧。

（1）将Windows 10系统性能设置为最佳性能

① 操作方法1：同时按“Win+X”组合键，依次打开“设置”→“高级系统设置”，打开“系统属性”对话框，在“性能”选项卡中单击“设置”→“调整为最佳性能”即可。系统属性对话框如图10-1所示。

② 操作方法2：按组合键“Win+Q”调出搜索框，在搜索框中输入“外观”并按“Enter”键，在“视觉效果”对话框中手动选择一个即可。性能选项选择对话框如图10-2所示。

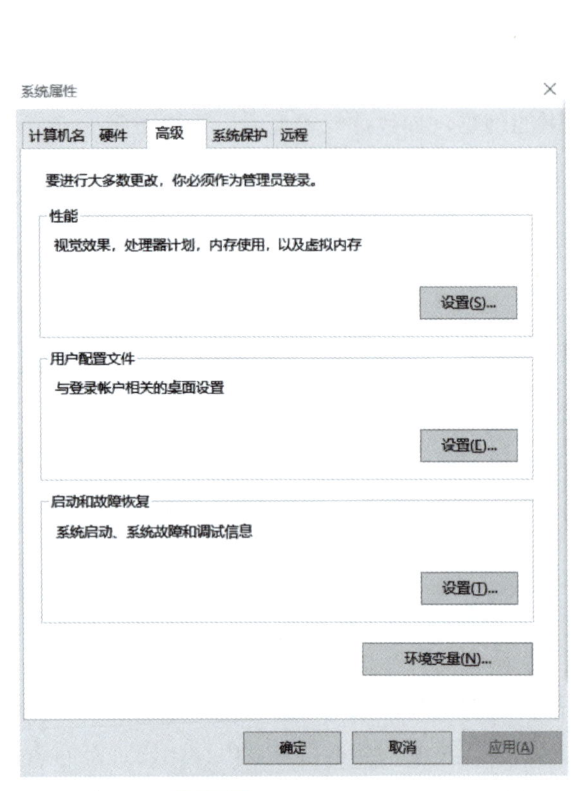

图10-1 系统属性对话框

图10-2 性能选项选择对话框

（2）关闭多余的开机启动项

操作方法：同时按“Win+X”组合键，依次打开“设置”→“应用”→“启动”，看到所有开机自启的软件，同时把排序改为“启动影响”，看什么软件对开机速度的影响最大，把不需要自启的软件关闭掉，这样开机就会顺畅许多。系统开机启动项设置对话框如图10-3所示。

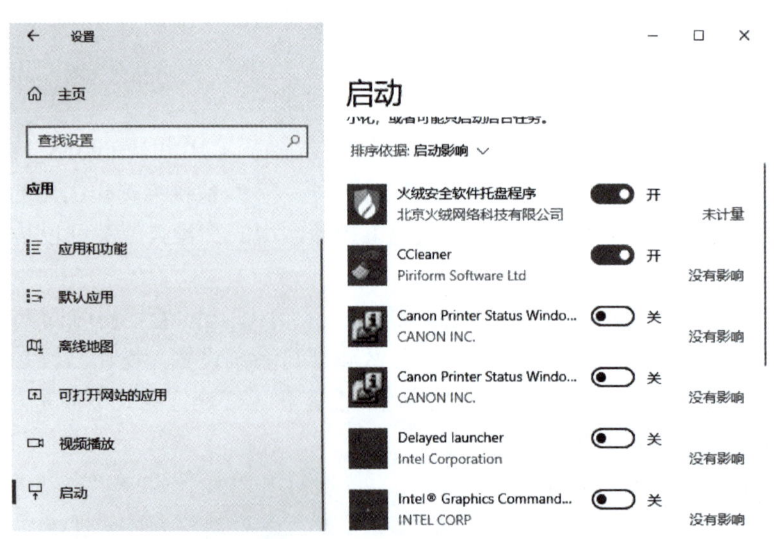

图10-3 系统开机启动项设置对话框

（3）改变搜索模式，加快搜索速度

Windows 10的搜索功能一直以来都被大家所诟病，原因是文件搜索非常慢，效果也不好，因此更多人选择安装使用Everything这类第三方的搜索工具。但是如果不想下载其他搜索软件的话，该如何操作呢？

操作方法：可以在“设置”→“搜索”→“搜索Windows”中，将搜索模式由“经典”切换为“增强”，这样搜索功能就会比之前好用一些。搜索模式设置对话框如图10-4所示。

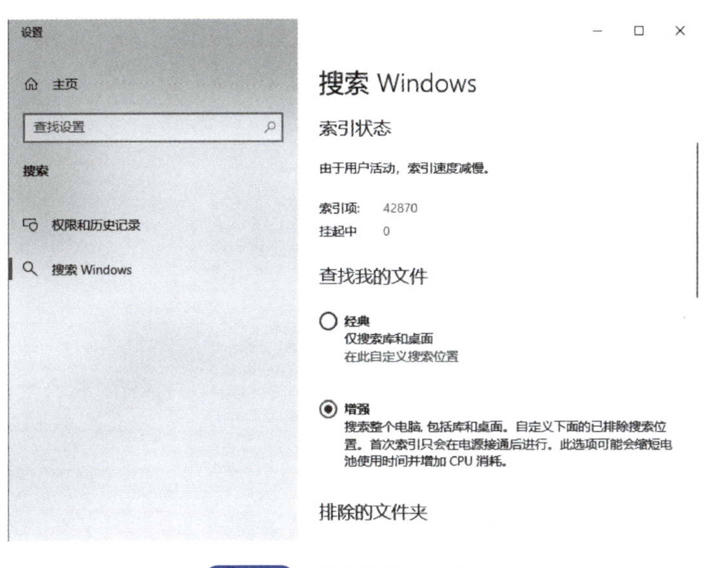

图10-4　搜索模式设置对话框

（4）更改Windows 10系统默认的存储位置

Windows 10系统默认会将桌面文档、音乐、照片、电影等文件保存在C盘，如果需要更改其默认存储位置的话，那么可以通过以下步骤来更改。

操作方法：右键单击右下角Windows图标，依次单击“开始”→“设置”→“系统设置”→“存储”选项卡，并单击“更改新内容的保存位置”，将默认目录修改为“D盘”或者其他盘符，然后点击后面“应用”即可。更改系统默认保存位置对话框如图10-5所示。

图10-5　更改系统默认保存位置对话框

（5）重新“配置存储感知”，自动清理每日垃圾

右键单击左下角Windows图标，依次单击“开始”→“设置”→“系统设置”→“存储”选项卡，打开存储感知开关→运行存储感知（每天）→设置临时文件删除频率（1天），最后单击“立即清理”。修改配置存储感知界面如图10-6所示。

（6）关闭通知

在玩游戏、看视频等情况下Windows 10系统也许会突然跳出来的烦人的通知，对此可以在系统设置中将通知功能关闭。

操作方法：右键单击左下角Windows图标，依次单击“开始”→“设置”→“通知和操作”，关闭通知开关。也可以按“Win+I”组合键，依次单击“系统”→“通知和操作”，关闭不需要弹出的通知。关闭通知和操作对话框如图10-7所示。

← 设置

配置存储感知或立即运行

存储感知

开

存储感知会在磁盘空间不足时运行。我们将清理足够的空间以确保系统以最佳的状态运行。在过去的一个月中，我们已清理了 0 字节 的空间。

运行存储感知

在可用磁盘空间不足时

临时文件

删除我的应用未在使用的临时文件

如果回收站中的文件存在超过以下时长，请将其删除:

1天

如果"下载"文件夹中的文件在以下时间内未被打开，请将其删除:

1天

立即释放空间

如果您的空间不足，我们可以尝试使用此页面上的设置清理文件。

立即清理

图10-6　修改配置存储感知界面

← 设置

主页

查找设置

系统

屏幕

声音

通知和操作

专注助手

电源和睡眠

电池

存储

平板电脑

通知和操作

快速操作

你可以直接在操作中心中添加、删除或重新排列快速操作。

编辑快速操作

通知

获取来自应用和其他发送者的通知

关

若要控制获取或不获取通知的时间，请试用专注助手。

专注助手设置

在锁屏界面上显示通知

在锁屏界面上显示提醒和 VoIP 来电

允许通知播放声音

更新后向我显示"欢迎使用 Windows"体验，并在我登录时突出显示新增内容和建议的内容

图10-7　关闭通知和操作对话框

（7）打开系统的高性能设置，迅速提高运行速度

操作方法：按住Win+I组合键，依次单击“电源和睡眠”→“其他电源设置”→“创建电源计划”→“高性能”；进入电源选项窗口后，选取“高性能”计划，并点击“更改计划设置”，在新页面选择“更改高级电源设置”；弹出电源选项窗口后，将Internet Explorer和无线适配器设置为“最高性能”，将处理器电源管理中的最小处理器状态调整为100%，系统散热方式调整为主动，最大处理器状态调整为100%；最后，设置“多媒体设置”下方的“播放视频时”为“优化视频质量”，点击应用和确定。

（8）关闭防火墙

防火墙是保护计算机安全的重要组成部分，如果系统需要进行某些特定的操作或者安装了其他的防火墙软件而需要关闭系统自带的防火墙，操作方法：桌面双击“我的电脑”→“控制面板”，在控制面板中，单击“系统和安全”，然后选择“Windows Defender防火墙”。在Windows Defender防火墙页面，单击“关闭Windows Defender防火墙”，在弹出的对话框中，单击“是”确认关闭防火墙。Windows Defender防火墙设置界面如图10-8所示。

自定义各类网络的设置
你可以修改使用的每种类型的网络的防火墙设置。
专用网络设置
◉启用 Windows Defender 防火墙
□阻止所有传入连接，包括位于允许应用列表中的应用
□Windows Defender 防火墙阻止新应用时通知我
○关闭 Windows Defender 防火墙(不推荐)
公用网络设置
◉启用 Windows Defender 防火墙
□阻止所有传入连接，包括位于允许应用列表中的应用
□Windows Defender 防火墙阻止新应用时通知我
○关闭 Windows Defender 防火墙(不推荐)

图10-8 Windows Defender防火墙设置界面

第二步：Windows 11 系统维护与优化

Windows 11的以下几个优化设置，可以提高系统性能，使得计算机运行更流畅。

（1）关闭特效和动画

很多用户在升级到了Windows 11以后，发现系统多了很多动画视觉效果。在使用滚动条、通知、任务栏的时候都会出现。这些动画效果虽然好看，但是会占用不少系统性能，造成系统卡顿，因此需要取消这些动画视觉效果。

操作方法：按键盘上的“Win+X”组合键，在打开的菜单项中，选择“设置”，左侧单击“辅助功能”，右侧单击“视觉效果（滚动条、透明度、动画、通知超时）”，然后将“透明效果”和“动画效果”关闭。在需要时可以重新打开这些效果，以获得更好的视觉体验。设置中关闭特效和动画界面如图10-9所示。

win11系统的8个优化设置

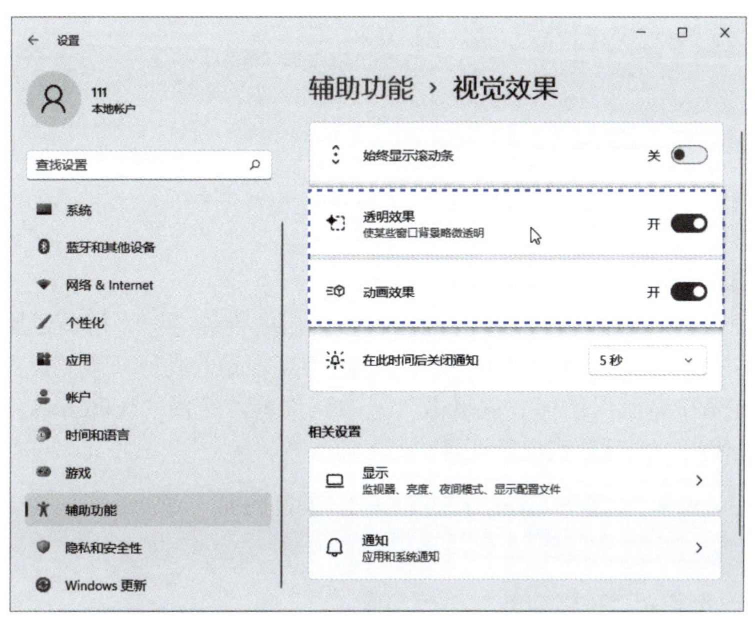

图10-9 关闭特效和动画界面（“帐户”应为“账户”）

（2）高性能模式设置

通过调整为最佳性能模式，可以优化系统设置以提高电脑的性能和响应速度。

操作方法：单击开始菜单，单击“设置”，进入系统设置界面；单击“关于”选项，进入关

于界面；单击“高级系统设置”，打开系统属性窗口；单击“性能”下面的“设置”，选择“调整为最佳性能”，单击“确定”即可。

（3）禁用开机自启动程序

关闭计算机的一些不必要的启动程序，可以减少开机时的负担，从而提高系统的运行速度。

操作方法：按键盘的“Win+R”组合键，打开运行窗口，输入“Msconfig”，单击确定按钮；在打开的“系统配置”窗口中，依次单击“启动”→“任务管理器”，选择不需要的启动项，将状态修改为“禁用”即可。

（4）关闭通知

频繁的通知提示可能会让人感到厌烦，因此应更好地管理通知，提高工作效率和使用体验。

操作方法：单击开始菜单的“系统”选项，然后单击右侧菜单的“通知”选项，找到通知，关掉需要关闭的通知即可。

（5）暂停 Windows 11 系统更新

操作方法：按“Win+I”组合键，调出系统设置界面；单击“Windows 更新”，跳出 Windows 更新设置界面，将更新设置成暂停更新即可。暂停 Windows 11 系统更新界面如图 10-10 所示。

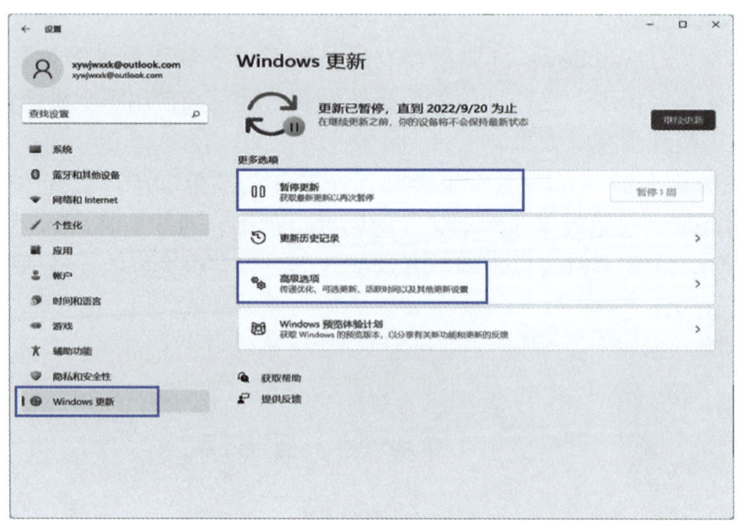

图10-10 暂停Windows 11系统更新界面

（6）还原经典右键菜单

除了任务栏以外，右键菜单也是 Windows 11 中难用的设计之一。想要还原经典的右键菜单模样，除了使用工具软件外，也可以通过在 Windows 终端中输入几行代码快速实现。

操作方法：首先在桌面用鼠标右键单击“开始”菜单，选择“Windows 终端（管理员）”，直接输入如下这串代码，之后重启电脑即可：

```
reg.exe delete “HKCUSoftwareClassesCLSID{86ca1aa0-34aa-4e8b-a509-50c905bae2a2}InprocServer32” /va /f
```

（7）调整组策略解决“开始菜单”卡顿问题

无论是开始菜单还是资源管理器，Windows 11 系统让用户感觉运行有些不流畅，感觉有些卡顿。

操作方法：单击“开始”菜单，输入“gpedit.msc”打开组策略编辑器；然后依次单击“计算机配置”→“Windows 设备”→“管理模板”→“Windows 组件”→“文件资源管理器”；双击右侧“在‘快速访问’视图中关闭 Office.com 的文件”，将默认的“未配置”修改为“已禁

用”；重新启动计算机后会发现资源管理器和开始菜单的打开将比以前更流畅。

第三步：Windows注册表的应用与维护

注册表是Windows系统内部一个巨大的树状分层数据库，其中存放着各种参数，直接控制Windows的启动、硬件驱动程序的装载，以及一些Windows应用程序的运行，从而在整个系统中起着核心作用。

（1）认识注册表

注册表是Windows的一个内部数据库，其中的所有信息是由Windows操作系统自主管理的。

① 注册表的功能。通过注册表，用户可以解决由注册表引起的各种故障，还可以通过优化注册表来提高系统的性能。很多优化系统的软件就是通过修改注册表来提高系统性能的。如果注册表受到破坏，轻则影响操作系统的正常使用，重则导致整个操作系统的瘫痪，因此，正确认识和使用、及时备份注册表对Windows用户来说就显得非常重要。

② 注册表包含的内容。注册表是一个庞大的数据库，在Windows 中运行一个应用程序时，系统会从注册表取得相关信息，如数据文件的类型、保存文件的位置、菜单的样式、工具栏的内容、相应软件的安装日期、用户名、版本号、序列号等。用户可以定制应用软件的菜单、工具栏和外观，相关信息即存储在注册表中，注册表会记录应用的设置，并把这些设置反映给系统。注册表会自动记录用户操作的结果。包含以下内容：

a. 软、硬件的有关配置和状态信息。注册表中保存有应用程序和资源管理器外壳的初始条件、首选项和卸载数据。

b. 联网计算机的整个系统的设置和各种许可、文件扩展名与应用程序的关联关系，硬件部件的描述、状态和属性。

c. 性能记录和其他底层的系统状态信息，以及其他一些数据。

固态硬盘设置

（2）注册表编辑器

Windows 自带两个注册表编辑器：一个是Regedit.exe，安装在系统目录文件夹中，启动Regedit则打开注册表；另一个是Regedit32.exe，安装在Windows\system32文件夹中。它们都是用来查看和更改系统注册表的高级工具，可以用它们来编辑注册表，改变系统设定。

① 启动注册表编辑器。注册表有两种启动方法：

a. 依次单击“开始”→“运行”，在运行对话框中直接输入Regedit并按Enter键即可。

b. 在c：\Windows\Regedit文件夹下找到Regedit.exe，双击该程序即可。

注册表编辑器界面如图10-11所示。

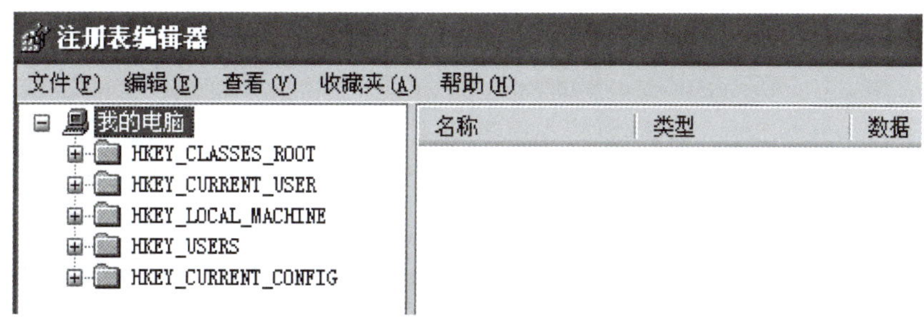

图10-11 注册表编辑器界面

② 注册表的结构及根键的功能。注册表采用二进制格式保存信息，其组织结构也采用了和硬盘上的文件系统一样的树形结构。注册表的结构由配置单元（根键）、项（主键）、子项（子键）和值（项值）组成。注册表被组织成子目录树及其项、子项和值的分层结构，具体内容取决于安装在每台计算机上的设备、服务和程序。注册表项可以有子项，同样，子项也可以有子项。

注册表的配置单元（根键）的作用如下：

a. HKEY_CLASSES_ROOT。定义了系统中所有的文件类型标识和基本操作标识。

b. HKEY_CURRENT_USER。包含当前用户的配置文件，包括环境变量、桌面设置、网络连接、打印机和程序首选项等信息。

c. HKEY_LOCAL_MACHINE。包含与本地计算机系统有关的信息，包括硬件和操作系统数据，如总线类型、系统内存、设备驱动程序和启动控制数据信息等。

d. HKEY_USERS。定义了所有用户的信息，这些信息包括动态加载的用户配置文件和默认的配置文件。

e. HKEY_CURRENT_CONFIG。包含计算机在启动时由本地计算机系统使用的硬件配置文件的相关信息。该信息用于配置某些设置，如要加载的应用程序和显示时要使用的背景颜色等。

（3）备份和还原注册表

注册表包括多个文件，其中包括用户配置文件和系统配置文件，平时应注意对注册表的维护。

需备份注册表时，运行Regedit.exe，进入注册表编辑器界面，单击“文件→导出”，在出现的“导出注表文件”对话框中，键入欲备份注册表的文件名及其保存位置，再按“保存”按钮即可。需恢复注册表时，用同样的方法打开注册表编辑器，单击“文件→导入”，找到原先备份的注册表，再单击“打开”按钮即可将该注册表备份恢复回Windows系统了。

知识拓展

两种方法清理C盘垃圾

（一）系统维护和优化工具

Windows操作系统用久了就会感觉越来越慢，启动一个程序需要很长时间。其实这主要是因为计算机使用时间长了，磁盘上有了很多碎片，安装的软件多了，没有进行优化。国内外有许多优秀的系统维护和优化工具，针对不同的操作系统有不同的优化软件，日常的维护和优化对于计算机系统的运行效率非常关键。

（1）国外常用的优化工具

① TuneUp Utilities：一款德国的系统优化软件，是世界上公认的最好的系统优化程序，它可以让系统跑得非常顺畅，功能全面。

② Advanced SystemCare Ultimate：具有全新的反病毒引擎，可超敏感地检测和删除最新的病毒、木马软件、间谍软件、广告软件、拨号器以及隐藏的有害应用，然后保证PC安全和健康地运行。

（2）国内的优化工具

国内有超级兔子、360安全卫士、Windows优化大师、CCleaner、鲁大师等知名的优化工具。

①超级兔子。超级兔子是一款完整的系统维护工具，可清理计算机中无用的文件、注册表里面的垃圾，同时还有强力的软件卸载功能，可以清理一个软件在电脑内的所有记录。其共有9大组件，可以优化、设置系统大多数的选项，打造一个属于自己的Windows。超级兔子上网精灵具有IE修复、IE保护、恶意程序检测、端口过滤及清除等功能。超级兔子系统检测可以诊断一台电脑系统的CPU、显卡、硬盘的速度，由此检测电脑的稳定性及速度，还有磁盘修复及键盘检测功能。超级兔子任务管理器具有网络、进程、窗口查看方式，同时超级兔子网站提供大多数进程的详细信息，是国内最大的进程库。超级兔子运行界面如图10-12所示。

② Windows优化大师。Windows优化大师是获得了英特尔测试认证的全球软件合作伙伴之一，得到了英特尔在技术开发与资源平台上的支持，并针对英特尔多核处理器进行了全面的性能优化及兼容性改进。它是一款功能强大的系统工具软件，提供了全面有效且简便安全的系统检测、系统优化、系统清理、系统维护四大功能模块及数个附加的工具软件。Windows优化大师能

图10-12　超级兔子运行界面

够有效地帮助用户了解自己的计算机软硬件信息，简化操作系统设置步骤，提升计算机运行效率，清理系统运行时产生的垃圾，修复系统故障及安全漏洞等。Windows优化大师运行界面如图10-13所示。

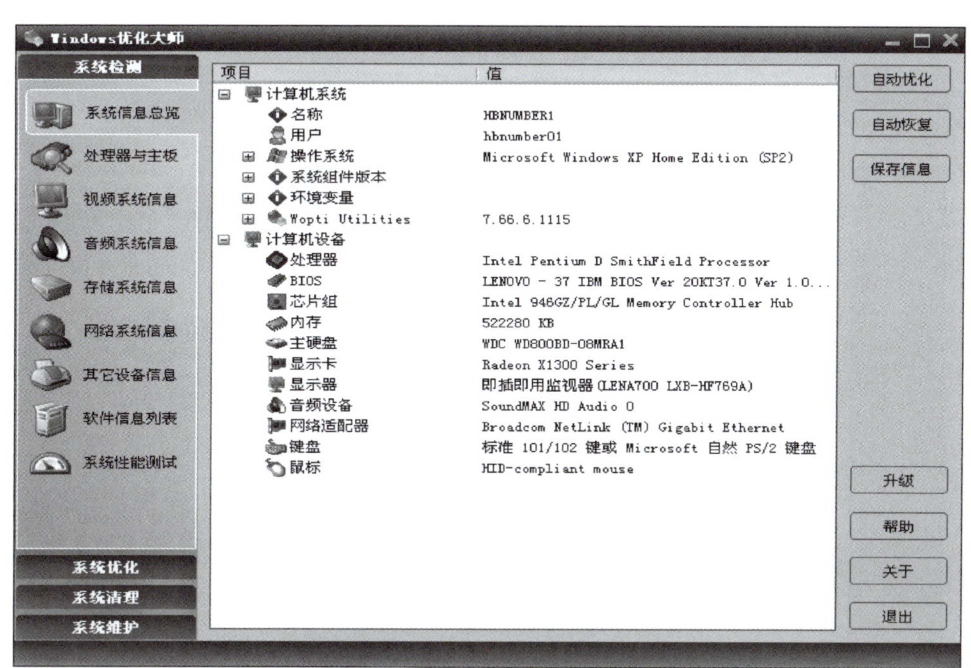

图10-13　Windows优化大师运行界面

Windows优化大师的功能与超级兔子基本相似，常用功能包括系统性能优化和系统清理维护、系统信息检测。系统性能优化包括磁盘缓存优化、开机速度优化、系统安全优化；系统清理维护功能包括注册表信息清理、垃圾文件清理、系统个性设置等。

③ 360安全卫士。360安全卫士是当前深受用户欢迎的上网安全软件，拥有查杀木马、清理恶评插件、保护隐私、免费杀毒、修复系统漏洞和管理应用软件等功能。360安全卫士运行界面如图10-14所示。

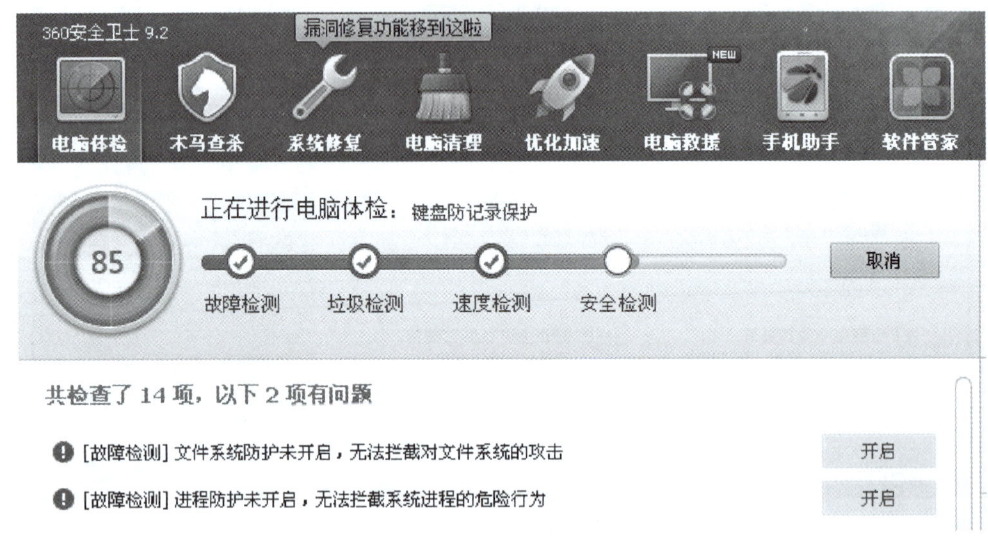

图10-14 360安全卫士运行界面

④ CCleaner。CCleaner是一款系统优化和隐私保护工具。CCleaner主要用来清除Windows系统不再使用的垃圾文件，以腾出更多硬盘空间。它的另一大功能是清除使用者的上网记录。CCleaner的体积小，运行速度极快，可以对文件夹、历史记录、回收站等进行垃圾清理，并可对注册表进行垃圾项扫描、清理，附带软件卸载功能，同时支持IE、Firefox，不含任何间谍软件和垃圾程序。CCleaner运行界面如图10-15所示。

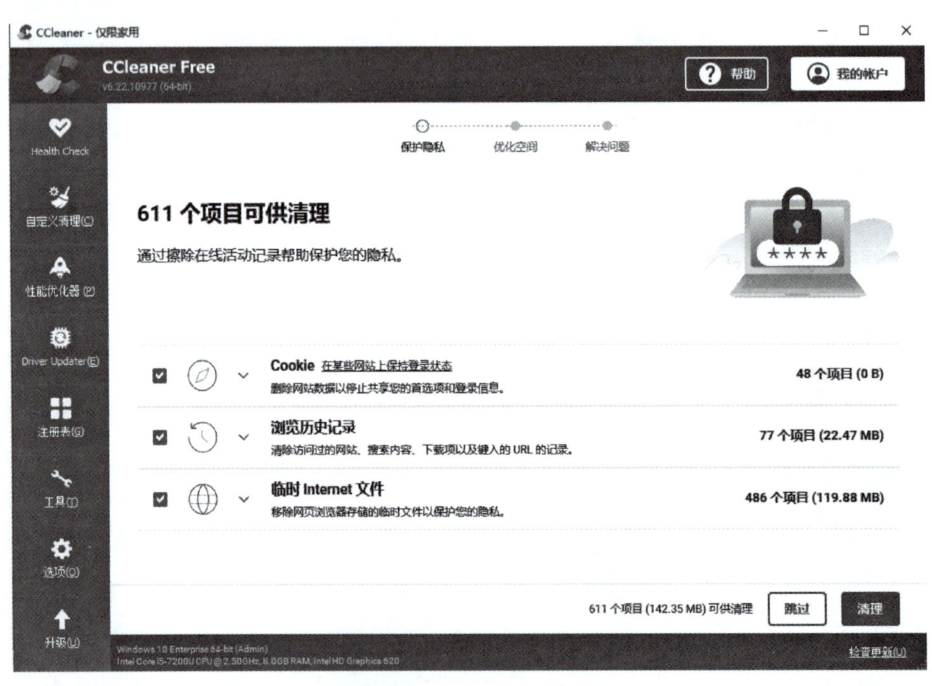

图10-15 CCleaner运行界面

（二）计算机系统维护最常用实操汇总

（1）运行对话框常用的命令

同时按Win+R组合键，打开运行对话框，输入如下命令，可完成对应功能。

① %temp%：打开可看到C盘垃圾文件，全选（Ctrl+A），然后用Shift+Delete键删除选中的所有文件。

② cleanmgr：随着时间的推移，C盘上会积累大量的临时文件和缓存文件，这些文件不仅占据了宝贵的磁盘空间，还可能影响系统的读取和写入速度。通过清理C盘，可以有效地删除这些冗余文件，提高系统的响应速度和整体性能。在运行对话框运行该命令，选择需要清理的分区，也就是说运行一次cleanmgr命令只能单独清理一个分区，如果要清理多个分区则需要多次运行cleanmgr命令。选择好需要清理的分区，然后确定即可，Windows就会开始自动清理系统垃圾文件。

③ msconfig：msconfig即Microsoft系统配置（Microsoft System Configuration）的缩写。有一些软件在开机时会自动启动，这些启动项不仅会占用系统资源，还会影响开机速度。因此，需要关闭一些不必要的启动项。具体操作方法是：按下Win+R组合键，输入“msconfig”，然后单击“启动项”标签，取消勾选那些不需要自动启动的软件。

④ dxdiag：是Windows系统自带的DirectX诊断工具，可查看计算机的配置。

⑤ chkdsk和sfclscannow：蓝屏死机的出现原因有可能是系统软件或者硬件问题，软件问题的解决需要输入两个命令：在运行对话框输入CMD按Enter键，输入chkdsk（自动检查磁盘系统），然后输入并运行sfc/scannow（扫描系统文件完整性，并尽可能修复有问题或损坏的文件）。

⑥ gpedit.msc：运行对话框输入gpedit.msc后，依次打开管理模板→Windows 组件→下滑到Windows 更新→禁用自动更新→确定，取消Windows自动更新。

⑦ services.msc：运行对话框输入services.msc，找到SysMain，启动类型改为“禁用”，点击应用，然后确定，可提升计算机运行性能30%。

⑧powershell：运行对话框输入powershell，按Enter键，输入Get-Disk即可查看计算机磁盘的健康状态、总容量，还可以看磁盘的分区类型是GPT还是MBR格式。

（2）系统维护设置操作技巧

通过修改系统设置、清理系统文件等操作，可以优化系统。

① 依次右击我的电脑→管理→服务和应用程序，下拉找到Windows Update，启动类型改为禁用，然后点击应用→确定。

② 右键单击左下角Windows的“开始”菜单，依次单击设置→系统→存储，打开存储感知开关→运行存储感知（每天）→设置临时文件删除频率（1天），最后点击“立即清理”。

③ 以下是4个手动清除C盘的4个缓存文件方法，释放C盘空间。

a. 打开C盘→Windows→Temp，删除该目录下所有文件（计算机的临时文件）。

b. 打开C盘→Windows→SoftwareDistribution→Download（系统下载文件），删除该目录下所有文件。

c. 打开C盘→Windows→System32→boot→LogFiles（存储日志文件），删除该目录下所有文件。

d. 打开C盘→Windows→Prefetch（电脑访问的预读信息），删除该目录下所有文件。

④ 修改注册表，实现一键关机功能。

按住组合键Win+R，运行对话框输入regedit，按Enter键。依次打开HKEY_CLASSES_ROOT→DesktopBackground→Shell，在Shell上右键单击→新建项→命名为“一键关机”→右键单击“一键关机”→新建项→命名为“command”→打开command→在右侧双击“默认”项→在数值数据中输入代码：shutdown -s -f -t 00→确定。右键桌面空白处，出现一键关机即可实现一键关机功能。注册表新建一键关机项设置界面如图10-16所示。

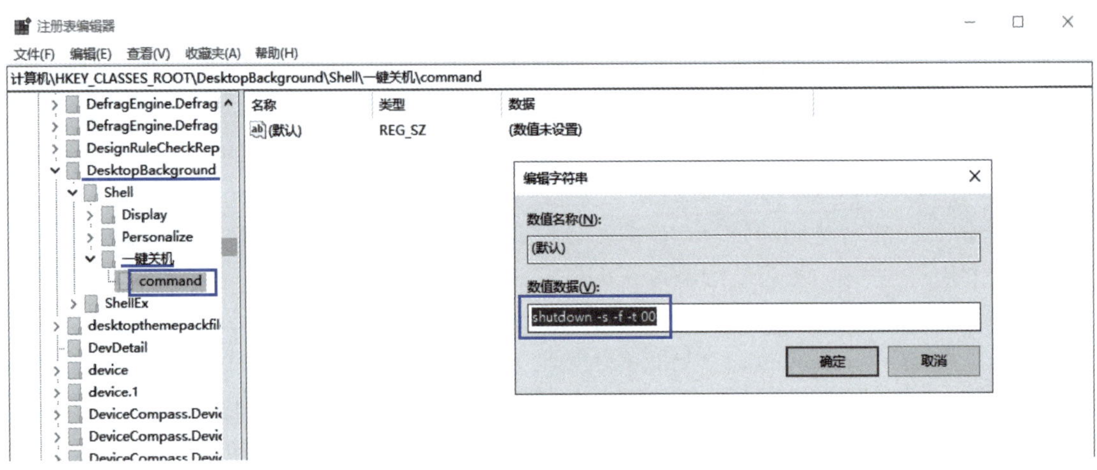

图10-16 注册表新建一键关机项设置界面

项目评价与反馈

表10-1为计算机系统软件维护与优化评分表，请根据表中的评价项和评价标准，对完成情况进行评分。学生完成评分后教师再根据学生完成情况进行评分。其中：学生自评占40%，教师评分占60%。

表10-1 计算机系统软件维护与优化评分表

班级： 姓名： 学号：

评价项	标准	分值	学生自评	教师评分	得分
Windows 10 或 Windows 11 系统优化	设置高性能、关闭开机启动项、改变存储位置、配置存储感知、关闭系统更新	25			
磁盘清理	手动删除和自动清理	20			
软件优化	Windows 优化大师、360 安全卫士、超级兔子等任选	20			
注册表	备份与恢复、修改注册表一键关机	10			
防病毒软件安装、查杀	360 杀毒、火绒等任选	15			
专业素养	各项的完成质量与效率	10			
总分		100			

思考与练习

1. Windows 系统可直接运行的硬盘清理常用命令有哪些？
2. 注册表的五大根键有什么作用？如何备份注册表和恢复注册表？
3. 运行对话框有哪几个最常用的命令？
4. Windows 10 和 Windows 11 系统常规优化项目有哪些？
5. Windows 系统最常用的系统清理和优化工具有哪几个？
6. Windows 系统C盘经常会“爆红”造成系统运行缓慢，如何实操排除？

项目11 虚拟化技术及应用

项目导入

物理计算机安装虚拟机软件，可以创建一个虚拟的硬件平台，在该平台上可以安装操作系统和应用程序，方便进行各种有风险的软件测试工作而不会损坏原有的计算机系统，所以学会虚拟化技术很有必要。

学习目标

知识目标：

① 了解虚拟化技术含义；

② 了解 VMware Workstation 软件安装方法与基本功能；

③ 掌握启动虚拟机进入BIOS的方法。

能力目标：

① 会用 VMware Workstation 创建一台虚拟机；

② 能用虚拟机安装 Windows 系统，并安装和配置 VMware Tools。

素养目标：

① 通过资源学习，养成自主学习的习惯；

② 通过虚拟化技术应用操作，培养开拓创新、勇于探究的精神；

③ 通过小组合作，提高团队协作意识及语言沟通能力；

④ 通过项目实施，形成吃苦奉献的良好品质。

任务 认识虚拟化技术及虚拟机操作

【任务描述】

本任务需要理解虚拟化技术的内涵，了解新建虚拟机的好处，掌握常用的虚拟机软件的安装、创建和设置方法。

【必备知识】

11.1.1 虚拟化技术内涵

虚拟化（Virtualization）技术是一种资源管理技术，是将计算机的各种硬件资源，如服务器、网络、内存及存储等，以一种抽象的方式组合到一起，并提供给用户使用。它打破了硬件资源间不可切割的障碍，使用户以更好的方式来应用这些资源。

创建虚拟机是虚拟化技术最典型的应用之一。“虚拟”出来的资源不受现有资源的架设方式、地域或物理形态所限制，虚拟化资源包括计算能力和存储空间。

11.1.2 安装虚拟机的优点

随着计算机技术的迅速发展和应用场景的不断增加，安装虚拟机成了一种越来越流行的技术。安装虚拟机有哪些好处呢？

（1）支持多操作系统，更灵活便利

虚拟机可以在一台物理计算机上模拟多个计算机，可以运行不同的操作系统，如Windows、Linux、MacOS等。这使得用户可以在同一台计算机上同时运行多个操作系统，进行不同环境的编程和开发，从而提高开发效率和质量，为用户提供了更大的灵活性和便利性。

（2）提高计算机硬件资源利用率

虚拟机可以将计算机硬件资源进行有效的分配和利用。多个虚拟机可以共享计算机的CPU、内存和存储等硬件资源，以提高整体的资源利用率。这对于需要同时运行多个应用程序或者进行多个实验的用户来说尤其重要。此外，虚拟机还可以提供灵活的资源分配和管理功能，可以根据实际需求动态调整资源配置，进一步提高资源利用率。

（3）环境隔离保证了系统的稳定性与安全性

虚拟机提供了一个完全隔离的环境，使得不同的应用程序或实验可以在不相互干扰的情况下运行。这意味着即使一个虚拟机遭受了病毒或者突然崩溃，其他虚拟机仍然可以正常运行，保证了各自独立系统的稳定性和安全性。

（4）方便快速部署和备份

虚拟机可以很快地进行部署和备份。通过将整个虚拟机打包成一个文件，可以轻松地在不同的物理计算机间进行迁移和复制。这对于软件开发人员、系统管理员或者测试人员来说非常方便，可以快速地创建一个新的开发、测试或者演示环境。

（5）可以节省成本

虚拟机可以大大降低硬件成本。通过虚拟化技术，可以将多个虚拟机运行在一台物理计算机上，从而减少了对额外硬件的需求，降低了采购和维护成本。

总的来说，计算机安装虚拟机可以提供更大的灵活性、更高的资源利用率、更好的环境隔离、更快的部署和备份以及更低的成本。这使得虚拟机成为很多用户，尤其是开发人员、管理员和研究人员的首选工具。计算机实现多系统共存，方便用户开展各种学习和教育活动。

11.1.3 虚拟机与多操作系统对比

虚拟机软件有很多，目前主流虚拟机软件包括：VMware Workstation、VirtualBox、Virtual PC、Hyper-V等。

目前的操作系统包括Windows 操作系统、Linux 操作系统、Mac OS、Android系统和华为的鸿蒙（Harmony）操作系统。不同的虚拟机软件支持的操作系统也不同。目前很多用户的计算机只安装一个系统，需要其他系统时，可以重新在自己的计算机中新建一台虚拟机，用虚拟机软件安装自己需要的其他系统。虚拟机与多操作系统比较如表11-1所示。

表11-1 虚拟机与多操作系统比较

比较	虚拟机	多操作系统
运行状态	一次可以运行多个系统	一次只能运行一个系统
系统间切换	可以在不关机的情况下，直接切换	需要关闭一个，再重启进入另外一个
硬盘数据安全	任何操作都不影响宿主计算机的数据	多操作系统共用磁盘，对数据的操作会相互影响
组建网络	多系统之间可以实现网络互联，组成局域网	不能

【任务实施】

学会用VMware Workstation软件创建一台虚拟机，然后安装Windows 11系统并进行必要设置。

第一步：用VMware Workstation软件安装虚拟机

VMware Workstation软件的开发商为总部设在美国的VMware公司，是全球第一大虚拟机软件厂商，提供全球桌面到数据中心虚拟化解决方案、全球虚拟化和云基础架构。从VMware Workstation 11开始，VMware Workstation就只支持64位系统，不再支持32位系统。

VMWARE
虚拟机安装
与应用

下面以VMware Workstation Pro 16为例，介绍创建虚拟机的步骤。

① 双击打开桌面的VMware Workstation，选择创建新的虚拟机。创建新的虚拟机界面如图11-1所示。

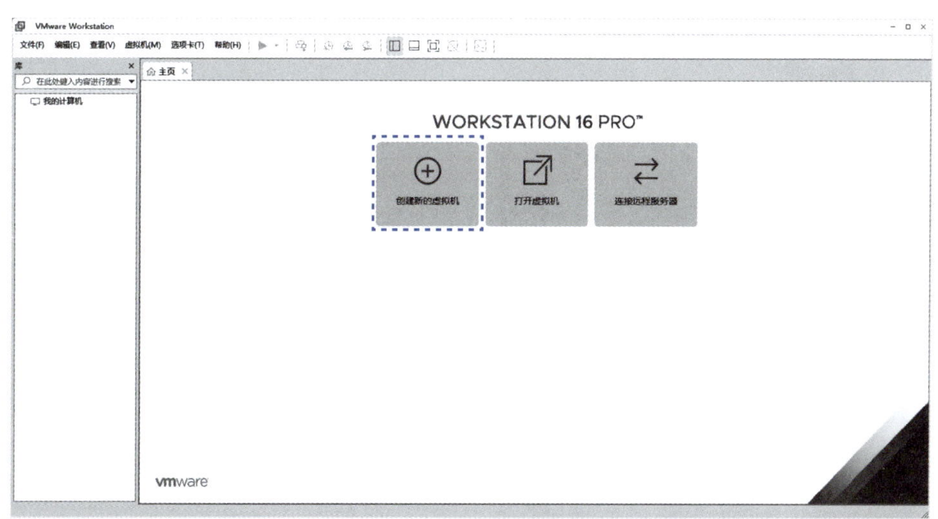

图11-1 创建新的虚拟机界面

② 选择典型（推荐），当然也可以选择自定义，然后单击“下一步”。新建虚拟机类型选择如图11-2所示。

③ 在安装程序光盘映像文件一栏，单击“浏览”按钮，选择预先下载好的Windows 11 ISO镜像文件所在的路径，然后点击下一步。注意在Windows 11安装文件路径中不要有中文或其他特殊符号，否则有可能引起错误。ISO镜像文件路径选择对话框如图11-3所示。

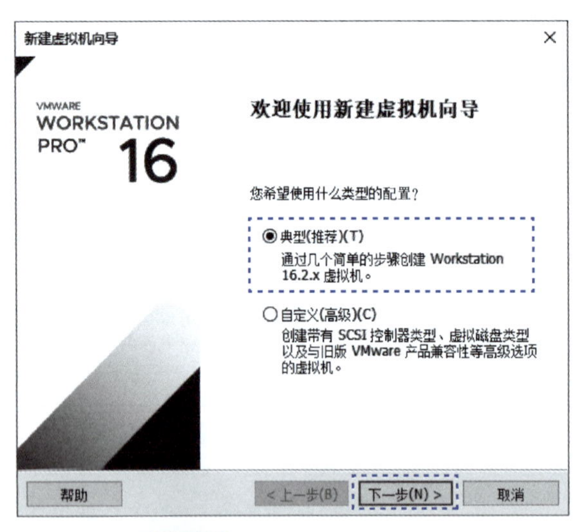

图11-2 新建虚拟机类型选择

新建虚拟机向导
安装客户机操作系统
虚拟机如同物理机，需要操作系统。您将如何安装客户机操作系统?
安装来源:
安装程序光盘(D):
无可用驱动器
安装程序光盘映像文件(iso)(M):
D:\WindowsISO\22000.51.210617-2050.CO_RELEASE_
浏览(R)...
无法检测此光盘映像中的操作系统。
您需要指定要安装的操作系统。
稍后安装操作系统(S)。
创建的虚拟机将包含一个空白硬盘。
帮助
< 上一步(B)
下一步(N) >
取消

图11-3 ISO镜像文件路径选择对话框

④ 选择客户机操作系统界面如图11-4所示。选择客户机操作系统为Microsoft Windows，版本选择Windows 10x64即可，然后点击“下一步”。

⑤ 给虚拟机命名和选择虚拟机存放位置对话框如图11-5所示。输入想命名的名称，选择新建虚拟机的安装位置，建议名称和安装路径中不要出现中文或其他特殊字符，然后点击“下一步”。

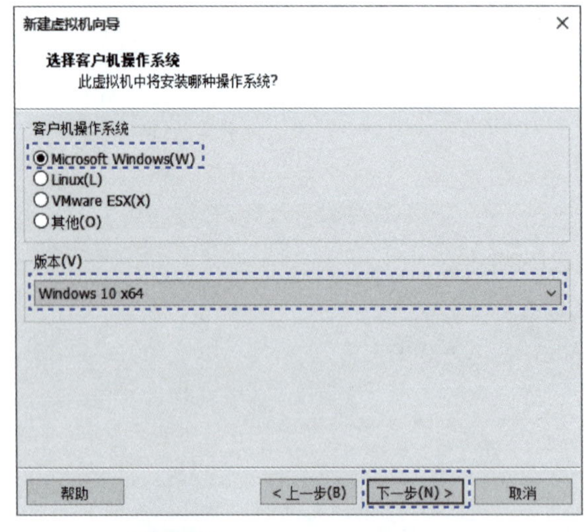

图11-4 选择客户机操作系统界面

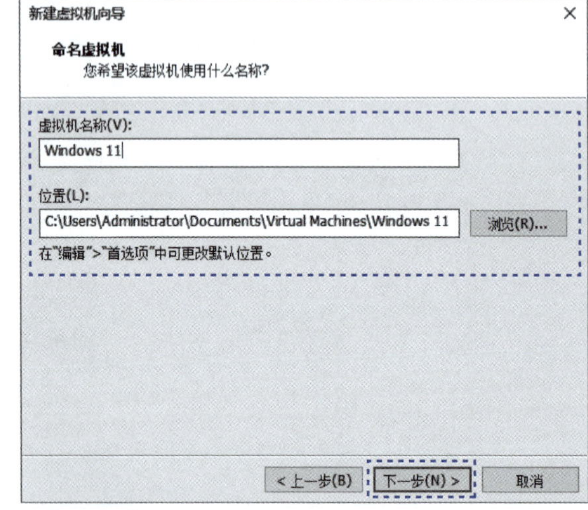

图11-5 给虚拟机命名和选择虚拟机存放位置对话框

⑥ 选择给这个虚拟机分配的磁盘大小，选择将虚拟磁盘拆分成多个文件，然后点击“下一步”。虚拟磁盘容量和文件存储选择对话框如图11-6所示。

⑦ 单击完成，虚拟机创建完成。虚拟机创建完成界面如图11-7所示。

第二步：进行虚拟机安装Windows 11系统的设置

一个新的虚拟机创建完毕，如果是安装Windows 10的话，直接开启虚拟机然后安装系统即可，但是如果要安装Windows 11系统，还需要进行以下特殊设置。

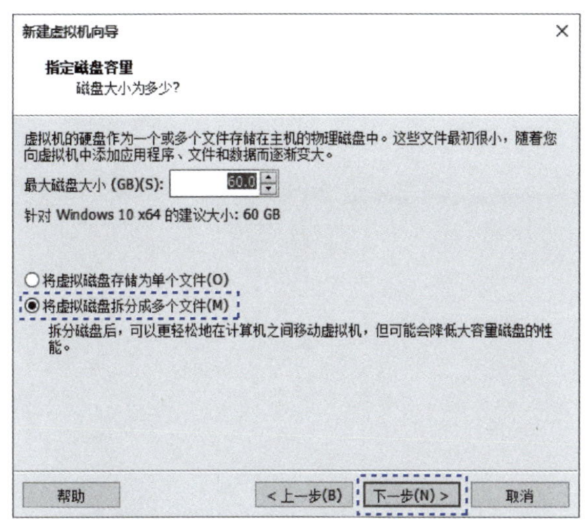

图11-6 虚拟磁盘容量和文件存储选择对话框

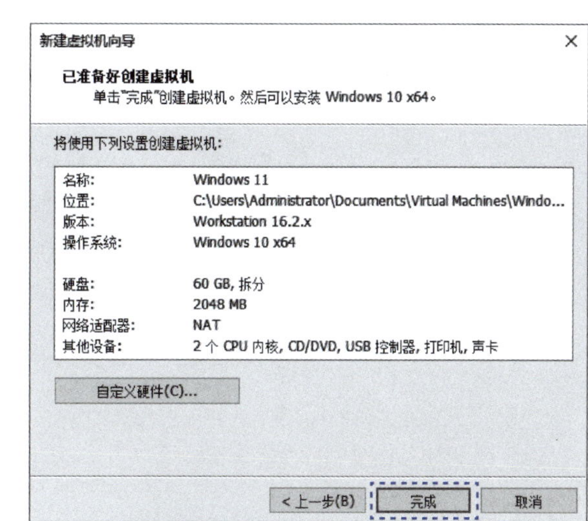

图11-7 虚拟机创建完成界面

① 编辑虚拟机设置。首先单击“编辑虚拟机”，在“硬件”选项中将虚拟机的内存至少设为4GB，处理器为4核。虚拟机处理器数量一般需要根据使用需要来进行设置，其数量不高于实际CPU处理器的核心数就行。太大也会影响计算机的性能，一般建议设置成一半左右为好。内存和处理器太小会导致安装Windows 11系统失败。“硬件”菜单选项中内存和处理器数量选择如图11-8所示。

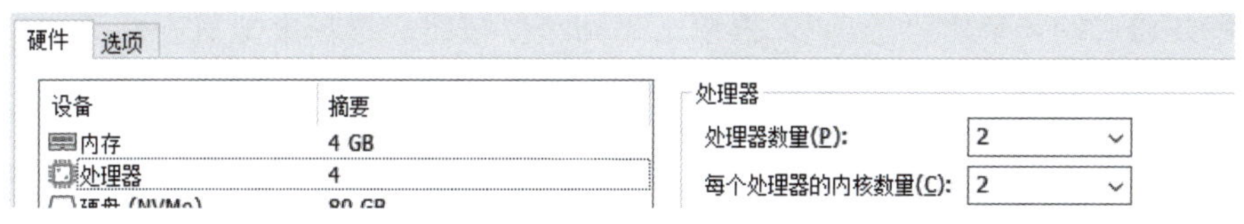

图11-8 “硬件”菜单选项中内存和处理器数量选择

② 虚拟机的加密设置。

加密虚拟机步骤：选择刚刚创建的虚拟机，右键菜单→设置→选项→访问控制→加密，然后设置密码并点击加密。虚拟机的加密设置界面如图11-9所示。

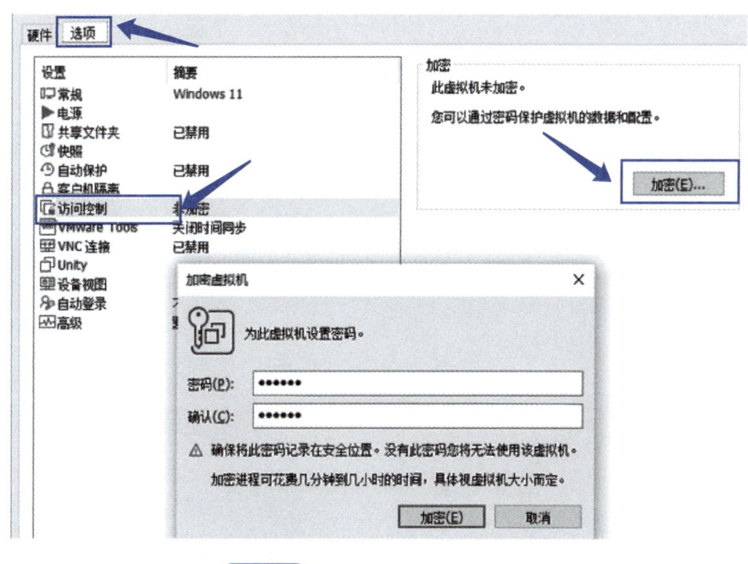

图11-9 虚拟机的加密设置界面

③ 添加可信平台模块。添加虚拟TPM安全芯片步骤：点击虚拟机设置→硬件→添加，然后添加可信平台模块。添加可信平台模块界面如图11-10所示。

图11-10 添加可信平台模块界面

④ 设置UEFI启动。单击“选项”，再单击“高级”按钮。选择虚拟机固件类型UEFI，勾选启动安全引导选项并确认。固件类型设置界面如图11-11所示。

图11-11 固件类型设置界面图

设置完成就可以在新建的虚拟机中安装Windows 11系统了。

第三步：安装和配置VMware Tools

VMware Tools是VMware虚拟机中自带的一种增强工具，它用于增强虚拟显卡与虚拟磁盘的性能，并同步虚拟机与主机时钟。VMware Tools安装完成后，可实现主机与虚拟机之间的文件共享，同时支持自由拖拽功能，鼠标可在虚拟机与主机之间自由切换，实现虚拟机桌面全屏化等。操作系统安装完成后，会在左下角看到“你没有安装VMware Tools”的警告，可按下列步骤安装VMware Tools。

VMware Tools工具是一个光盘镜像文件。根据安装VMware时的安装路径寻找VMware Tools的具体位置，一般安装VMware时会带有VMware Tools工具包，对应系统安装对应工具包即可。选好对应的VMware Tools安装包后选择“打开”，然后“确定”，这样就相当于将VMware Tools工具光盘插入电脑光驱了。返回到虚拟机界面，打开虚拟机设置，重新安装VMware Tools，会将光盘重新加载，载入WMware Tools的光盘镜像，然后会看到WMware Tools被加载到光驱中，如图11-12所示。

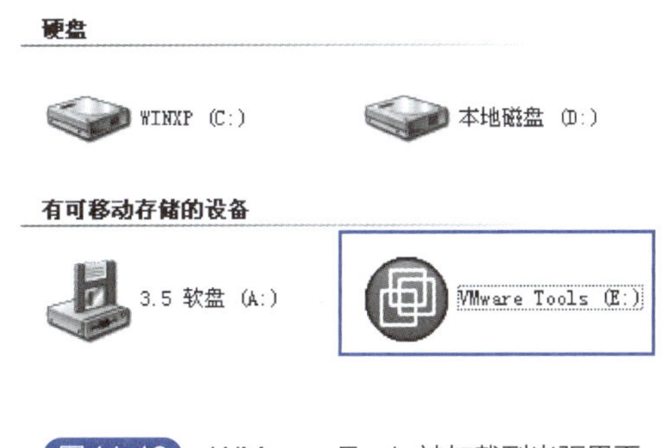

图11-12 WMware Tools被加载到光驱界面

第四步：进入虚拟机BIOS设置

先关闭虚拟机（如果不关机，进入固件的那个按键就会是灰色，单击不了），然后在菜单栏依次单击：虚拟机 →电源 →打开电源时进入固件。这样就可以打开BIOS设置界面了，如图11-13所示。

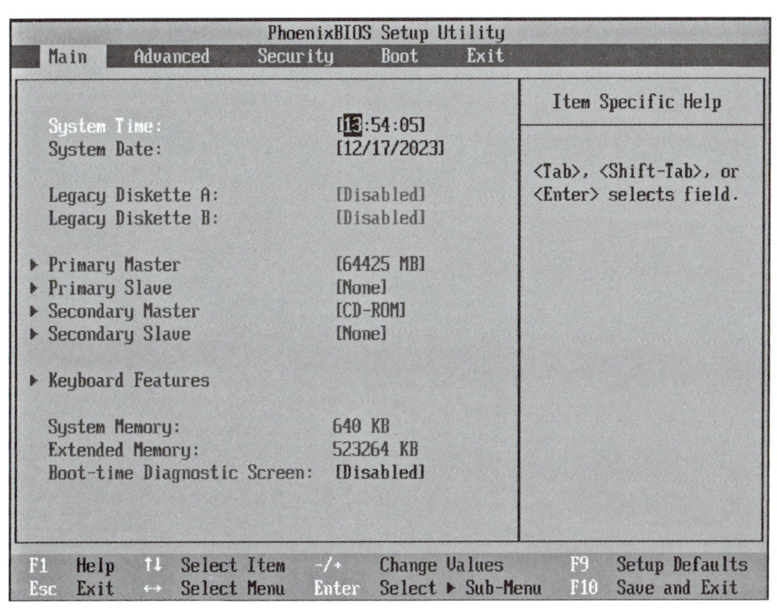

图11-13 进入虚拟机BIOS设置界面

【特别提示】 VMware Workstation（后简称VM）安装会遇到“此电脑无法运行Windows 11”的错误提示，怎么回事呢？那是因为用户把虚拟机的内存配置得太低，也没有给虚拟机加密，更没有添加上TPM虚拟硬件，所以无法直接安装Windows 11。

用VM创建虚拟机并安装完系统后，还需要安装VMware Tools才能从原来的物理计算机复制文件到虚拟机。

项目评价与反馈

表11-2为虚拟化技术及应用评分表，请根据表中的评价项和评价标准，对完成情况进行评分。学生完成评分后教师再根据学生完成情况进行评分。其中：学生自评占40%，教师评分占60%。

表11-2　虚拟化技术及应用评分表

班级：		姓名：		学号：	
评价项	**评价标准**	**分值**	**学生自评**	**教师评分**	**得分**
VMware创建虚拟机	虚拟机软件能运行、能启动	30			
虚拟机设置UEFI启动，安装和配置VMware Tools	开启虚拟机能进入BIOS或UEFI	30			
用虚拟机安装Windows 10及以上系统	虚拟机安装的系统能正常运行	30			
专业素养	完成质量与效率	10			
总分		100			

思考与练习

1. 如何创建一台VMware虚拟机？如何安装VMware Tools？为何要安装？

2. 虚拟机有何用途？虚拟机与物理机有何不同？

3. 下载并安装 VirtualBox7.0并创建虚拟机，然后安装Windows7以上系统，比较VMware与VirtualBox的不同点。

4. 用VMware建立的虚拟机系统如何进入BIOS设置？

项目12 计算机系统故障诊断与维护

项目导入

计算机运行难免会出现故障。故障分为软件故障和硬件故障，这些故障大部分可以修复。如何诊断与检修是一项较为复杂而又细致的工作，除了需要充分了解有关计算机软硬件的工作原理和基本知识外，还需要掌握正确的检修方法和步骤。

学习目标

知识目标：

① 了解计算机故障产生的原因和种类；
② 熟悉计算机故障检修的一般原则和步骤；
③ 熟悉计算机故障的常规检测方法。

能力目标：

① 会对计算机一般故障进行判断和分析；
② 掌握常见硬件故障的诊断和排除方法；
③ 掌握常见应用软件故障的诊断和排除方法。

素养目标：

① 通过资源学习，养成自主学习的习惯；
② 通过对故障现象的观察、推理与排除过程，培养开拓创新、勇于探究的精神；
③ 通过小组合作，提高团队协作意识及语言沟通能力；
④ 通过项目实施，形成吃苦奉献的良好品质。

任务 故障诊断与维护

【任务描述】

本任务需要了解计算机系统常见故障及形成原因，掌握计算机故障查找的基本原则、故障维修思路和常用排除方法。

【必备知识】

12.1.1 计算机系统的故障分类

计算机故障分为硬件故障和软件故障两种。

（1）软件故障

软件故障是指由操作系统、应用软件或程序兼容性等原因所引起的软性故障，主要影响系统的稳定运行和应用软件的正常操作，以及可能造成计算机中数据的丢失或破坏。故障原因如下：

① BIOS中选项或系统参数设置不当。

② 操作系统和应用程序有设计漏洞或应用程序间发生冲突。

③ 操作不当或病毒、木马、恶意软件破坏造成系统文件损坏。

④ 驱动程序不兼容或安装错误、软硬件兼容性欠佳。

（2）硬件故障

硬件故障是由计算机硬件设备自身引起的故障，其中涉及计算机的各种芯片、板卡部件、存储设备、输入输出设备、供电系统、外围设备以及相应的硬件驱动程序等。计算机硬件故障包括如下四个方面：

① 机械故障。

② 电气故障。

③ 介质故障，造成接触不良。

④ 人为故障，如安装不当。

12.1.2 计算机故障诊断、维护与维修的含义

故障诊断是指不仅要判断计算机的硬件、软件的故障，而且还要分析故障产生的原因和确定故障部位。故障诊断也就是根据故障现象的检查、分析，揭示这种内在的规律性，从而准确地定位故障点。

维护是指使计算机系统的硬件和软件处于良好工作状态的活动，包括检查、测试、调整、优化、更换和修理等。

故障维修是指在计算机系统硬件发生故障之后，通过检查某些部件的机械、电气性能，修理更换已失效的可换部件，使计算机系统功能恢复的手段和过程。

12.1.3 计算机系统故障形成的原因

计算机故障产生的因素非常复杂，硬件、软件、网络系统自身以及用户有意或无意的行为都可能会产生或造成无法预知的故障。总体而言，计算机故障的形成主要包括以下几个方面。

① 计算机软硬件产品的质量问题。

② 计算机使用环境的影响。

③ 硬件设备或软件程序兼容性冲突。

④ 病毒恶意攻击和破坏。

⑤ 用户操作或管理不当。

综上，计算机出现故障与环境因素、硬件质量、系统兼容性、人为故障、网络病毒和木马等因素有关。

（1）环境因素

长期工作在多灰尘、多静电等恶劣环境中，一些部件就会因为积尘、静电、潮湿等出现故障。

供电电压不稳，没有可靠接地，开关电源品质不良，不能按时、正确地对计算机设备进行必要的日常维护等，都会增加其故障率。

（2）硬件质量

计算机硬件设备中所使用电子元器件和其他配件的质量及制造工艺，都会影响到硬件的可靠性和寿命。

（3）系统兼容性

硬件和硬件间、操作系统和硬件间、硬件和驱动程序间有不能完全兼容的现象，这些不兼容同样会导致计算机各种故障的出现。

（4）人为故障

不正确的使用方法和操作习惯，如大力敲击键盘、随意插拔硬件设备、不正常关机等，都会损坏计算机硬件，使故障率增加。

（5）网络病毒和木马

病毒和木马会使计算机启动时间加长、运行速度变慢、正常操作出错，更甚者会造成硬件设备的损坏。

12.1.4 计算机故障查找的基本原则

计算机系统出现故障，就要查找并解决故障，计算机故障的查找应遵循一些基本原则。

（1）先静后动

① 维修人员要保持冷静，先动脑，后动手，考虑好维修方案才动手。

② 不能在带电状态下进行静态检查，以保证安全，避免再损坏别的部件；处理好发现的问题后再通电进行动态检查。

③ 电路先处于直流静态检查，处理好发现的问题，再接通脉冲信号进行动态检查。

（2）先软后硬

计算机出了故障时，先从操作系统和软件上来分析故障原因，如分区表丢失、CMOS设置不当、病毒破坏了主引导扇区、注册表文件出错等，在排除软件方面的原因后，再来检查硬件的故障。一定不要一开始就盲目地拆卸硬件，以免走很多弯路。

（3）先电源后负载

电源产生故障，计算机其他部件即使正常也无法使用。只有电源故障排除了，才能有效地分析和检查计算机的其他部件有无问题。如计算机外部供电系统出现了故障，而误认为内部故障而盲目检修，则可能使故障扩大。

（4）先简单后复杂

先解决简单的、难度小的故障（如接触不良、保险丝过流熔断等），再解决复杂的故障。

（5）先一般后特殊

从故障率来说，一般先解决故障率较高的故障，然后解决故障率较低的特殊故障，这样做故障解决的命中率更高，能更快排除故障。

（6）先共用后专用

某些芯片（如总线缓冲驱动器、时钟发生器等）是数据和信号传输必经之路或共同控制部分，是后面许多芯片的共用部分，如果工作不正常，其后许多芯片都会受到影响。因此，应先检修共用芯片，然后检修其后各局部专用的芯片。

计算机最常见硬件故障及解决

12.1.5 计算机故障分析与排除的常用方法

（1）直观感觉法

直观感觉法即通过人体的感官去分析、判断故障的位置和原因，包括望（观察法）、闻（嗅味法）、听（听声法）、切（触摸法）、问（询问法）等几个方面，这与中医的诊断疗法比较相似。

（2）替换法

替换法是指用一个品牌与规格相同的正常部件去替代怀疑有故障的部件，并观察故障现象是否消失，以此来确定被替换的那个部件是否正常可用。替换法特别适合于两台型号和配置都相同的计算机。

（3）最小系统法

最小系统法指的是当计算机发生故障而又无法确定具体部位时，可先保留支持计算机运行的最小硬件系统，通电后观察这几大部件是否能正常启动和运行，然后再逐步添加各个部件，直到出现某种故障。

（4）逐项移除检测法

逐项移除检测法是对最小系统法的一种逆向检测操作，如果用户无法确定计算机故障的具体位置，可以逐个拔除硬件设备，最后将计算机恢复至最小硬件系统来具体观察和判断。

（5）诊断工具辅助法

对于具备一定技术基础的用户，可以借助专业的诊断工具来帮助排除故障，比如主板诊断卡。

（6）软件测试诊断法

很多专业性的测试软件能够对计算机进行硬件检查，测试主要部件的性能配置和工作状态，并提供了基本的硬件运行诊断功能。常见的第三方测试软件有鲁大师、CPU-Z，Windows优化大师等。一般很多品牌机自带的测试计算机硬件系统的测试软件，可测试CPU、内存、硬盘、显卡等。

【任务实施】

能够区分计算机软件故障和硬件故障，并能够对常见故障进行分析与维护。

软件问题解决案例

第一步：计算机软件故障分析与维护

（1）引起软件故障的原因和表现形式

操作人员对软件使用不当，或者是系统软件和应用软件损坏，致使系统性能下降甚至“死机”，称这类故障为“软件故障”。系统发生故障除少数是由于硬件质量问题外，绝大多数是由于软件故障造成的。

软件故障的原因有：系统配置不当、系统软件和应用软件损坏、丢失文件、文件版本不匹配、内存冲突、计算机病毒等。

软件故障常常表现为以下几个方面。

① 驱动程序故障。驱动程序故障可引起计算机无法正常使用。未安装驱动程序或驱动程序间产生冲突，在操作系统下的资源管理器中会出现一些标记，其中“？”表示未知设备，通常是设备没有安装驱动程序；“！”表示设备间有冲突；“×”表示所安装的设备驱动程序不正确。

② 自动重启或死机。运行某一软件时，系统自动重启Windows系统，或死机而只能按机箱上的重启键才能够重新启动计算机。

③ 提示内存不足。在软件的运行过程中，提示内存不足，不能保存文件或某一功能不能

使用。

④ 运行速度缓慢。在计算机的使用过程中，当用户打开多个软件时，计算机的速度明显变慢，甚至出现假死机的现象。

⑤ 软件中毒。病毒对计算机的危害是众所周知的，轻则影响机器速度，重则破坏文件或造成死机。一旦病毒感染了软件，就可以在后台启动软件，甚至破坏软件的文件，导致软件无法使用。

（2）正确判断计算机软件故障

许多用户对病毒有些"神经过敏"了，动不动就怀疑"中毒"，有的甚至经常格式化硬盘，这样不仅不能解决问题，还会影响硬盘的寿命。其实在各种计算机故障中，病毒只占其中的小部分，很多类似病毒的现象都是由计算机硬件或软件故障引起的；另一方面，有些病毒发作时的现象又与硬件或软件的故障现象类似（如引导型病毒等），这给用户的正确判断造成了很大的影响。

在这种情况下，该如何正确区分计算机病毒与系统软、硬件故障呢？以下是一些区分病毒与系统软件故障的方法。

① 常见的病毒表现。

a. 屏幕上出现一些不是由正在运行的应用程序显示的异常画面，如字符跳动、屏幕混乱、无缘无故地出现一些询问对话框等。

b. 在排除磁盘故障的情况下出现用户数据丢失。

c. 磁盘文件的属性、长度发生变化。

d. 系统的基本内存无故减少。

e. 磁盘出现莫名其妙的坏块，或磁盘卷标发生变化。

f. 系统在运行过程中莫名其妙地死机、系统自动启动等。

winpe修复克隆后系统无法启动

g. 计算机从事同一磁盘操作（如拷贝文件、存储文件等）的时间明显增加。

h. 应用程序的启动速度明显下降。

一般来说，系统出现前面4种现象，可以肯定就是感染了病毒，应立即对病毒进行清除；系统若出现后面4种现象，则有可能是感染了病毒，也有可能是系统其他故障所造成的，不过最好还是不要掉以轻心，使用最新版的杀毒软件对系统进行扫描还是很有必要的。

② 与病毒现象类似的软件故障。

a. Bug。现在许多应用程序的设计都不太完善，经常出现这样或那样的Bug，它们都有可能引发一些莫名其妙的系统故障，广大用户应尽量避免使用那些设计不完善的应用程序。

b. 自动运行的程序过多。许多软件在安装时都"自作主张"将自己添加到系统的启动程序组，这样系统启动时就会自动运行，这虽然给用户的操作带来某些便利，但启动时间过长却是绝对避免不了的。另外，启动Windows系统时若运行了太多软件，系统资源就会下降，系统性能会变得相应不稳定。

c. 软件冲突。许多软件之间存在着一定的冲突，同时运行这些软件时就会出现一些故障。用户若同时启动了两种不同的多内码支持软件，那么很容易出现死机的情况；如果使用诺顿的NDD对磁盘进行检测，系统就会禁止其他任何磁盘操作软件的运行。因此一定要掌握这些软件之间的冲突，避免同时使用它们。

d. 软件自身被破坏。如果因为磁盘或其他一些原因导致应用软件被破坏，那么计算机也会出现不正常情况，如Format程序被破坏后，若再使用它就很容易格式化出非标准格式的磁盘，这就会产生一连串的错误，它们当然与病毒没有任何关系。

e. 系统配置不当。许多软件在运行过程中都要求某些特殊环境，如果用户的计算机不能满足它们的要求，这些软件也就无法正常运行。这就要求人们掌握不同软件的要求，并分别针对它们给出不同的运行环境，保证软件的正常运行。

f. 软件与操作系统版本的兼容性。操作系统自身具有向下兼容的特点，不过应用软件却不同，许多软件都会过多地受其环境的限制，在操作系统的某个版本下可正常运行的软件，到另一个版本下却不能正常运行。因此用户需要注意这些软件与操作系统的兼容性。

（3）应用软件故障的处理

软件故障大多数是应用软件的故障，以下列举一些常见的应用软件故障处理要点。

① 正确选择应用软件的版本与补丁。安装应用软件尽量选择安装正式版本，不建议安装Beta版本。

应用软件经常会发布补丁，补丁程序主要解决软件中的错误、功能缺陷、不安全因素、兼容性等问题。常见的补丁类型有以下几种。

系统安全补丁：主要针对某个操作系统定制，如Windows的SP修正包。

程序Bug补丁：解决应用软件的兼容性和可靠性问题。

英文汉化补丁：对国外软件英文界面进行汉化。

硬件支持补丁：解决硬件设备兼容性问题。

② 正确安装与卸载软件。

a. 安装：软件在安装时，将软件中的大部分文件安装在用户指定的目录中。如果用户没有指定安装目录，一般安装在系统引导分区（C盘）的“Program Files”目录中。另外还有一部分文件则安装在Windows目录中，如动态链接库文件（*.dll）。软件安装后，一般在注册表文件中加入了一些软件的运行参数。部分软件还在硬盘中建立了软件加密点。安装时的临时文件一般存放在C:\Windows\Temp目录中。

不建议安装“绿色版”软件，绿色版软件不需要安装，但是在使用和卸载过程中往往会出现一些不明的问题，影响软件的正常使用或者造成系统缓慢。

台式机电源故障诊断案例

b. 软件正常卸载：

- 利用软件自带的卸载程序（Uninstall）来删除软件。
- 用控制面板的“添加/删除程序”将软件删除。
- 使用专用的反安装软件进行删除。
- 采用手工删除软件。

c. 软件卸载的注意事项：

- 卸载软件前，必须先检查这个软件当前是否在运行之中。
- 卸载软件中出现“无法找到某文件”等信息时，可检查应用程序的文件夹是否被改名、移动、删除等。
- 在卸载某些软件前，应先检查程序中是否有开机启动时自动加载的选项。
- 在软件卸载后，最好不要手动删除“.dll”“.vxd”“.sys”等文件。
- 一些软件卸载后，软件目录仍旧存在，可以手工删除。
- 某些应用软件删除后，这个软件原来关联的文件的图标没有改变，可以手工进行修改。

第二步：计算机硬件故障分析与检修

（1）计算机最常见的硬件故障

计算机比较常见硬件故障有：

① 主机不加电；

② 开机黑屏，但无报警音；

③ 开机黑屏，有报警音；

④ 主机反复重启；

⑤ 主机噪声大，开机后频繁死机或蓝屏。

（2）常见故障的检修方法

① 主机不加电。

a. 检查市电电压是否在220V±10%范围内，是否稳定（即是否有经常停电、瞬间停电等现象）；

b. 检查接入电源（比如电源插座供电是否完好、电源线是否发热等）；

c. 用万用表检查机箱电源各接线电压是否正常；

d. 检查主板电源接入口及各接线是否松动；

e. 检查主板上各芯片是否有异味。

② 开机黑屏，但无报警音。

a. 检查显示器是否正常（注意，显示器电源线是否松动）；

b. 检查CPU是否有松动，特别是Slot1接口的PⅡ系列CPU，其转接卡最容易松动；

c. 检查显卡是否松动或损坏；

d. 将CMOS做放电试验。

③ 开机黑屏，有报警音。此类故障可通过报警声音的长短来判断故障，目前市场上常见的主板按BIOS芯片类型的不同可分为AWARD BIOS和AMI BIOS。

④ 主机反复重启。此类故障多为硬件故障或电压不稳定，排障方法为：

a. 检查用电是否正常；

b. 检查内存是否松动或更换内存插槽，如果故障依旧，应更换内存；

c. 检查CPU和显卡风扇转动是否正常；

d. 以上硬件排障方法均不行，则应重装系统。

⑤ 主机噪声大，开机后频繁死机或蓝屏。

台式机不开机故障解决

a. 检查内存是否松动或更换内存插槽，如果故障依旧，应更换内存；

b. 检查CPU和显卡风扇转动是否正常。

第三步：计算机主机部件的保养和维护

（1）CPU的日常保养与维护

CPU作为计算机最关键的配件之一，若发生故障将对计算机产生非常大的影响，因此在平常使用中要做好CPU及散热风扇的清洁维护与安全保护。CPU的基本保养要求包括以下几点。

① 定期检查CPU的温度状况；

② 不要忘记给散热风扇除尘；

③ 如非必要，尽量不要超频。

（2）主板的日常保养与维护

主板是较为特殊，也是容易出现问题的一种主机配件，在日常使用中要注意下面一些事项。

① 注意防尘、防潮与防静电。可用小毛刷和气吹球除尘，如图12-1所示。

② 固定螺钉不要拧死，以免主板变形。

（3）内存的日常保养与维护

内存的构造相对简单，然而在日常使用过程中却频出问题，因此内存的保养也不容小视。

① 定期清洁内存表面的灰尘；

② 擦除“金手指”的氧化层；

③ 避免内存条之间的冲突故障；

④ 不建议对内存进行超频。

（4）硬盘的日常保养与维护

机械硬盘的维护注意事项：

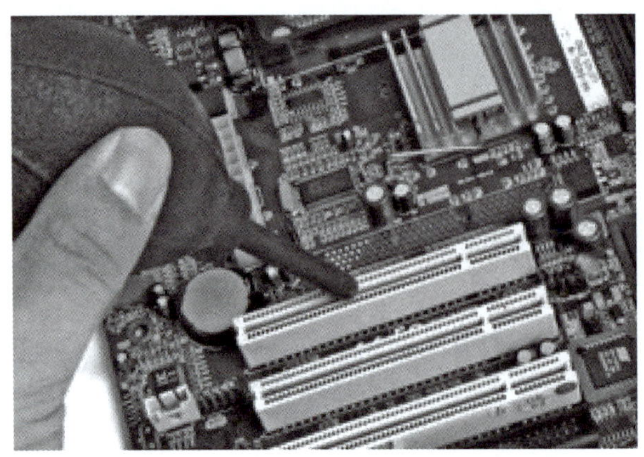

图 12-1 用毛刷和气吹球除尘

① 不要私自拆开硬盘；
② 要轻拿轻放；
③ 切勿随便用手触摸硬盘背面的电路板；
④ 要正常关闭计算机；
⑤ 防止高温、水汽和电磁辐射；
⑥ 定期查杀病毒。

固态硬盘维护注意事项：

① 尽量少分区；
② 尽量不要进行碎片整理；
③ 防止应用软件过多擦写硬盘。

系统克隆后不能启动解决方法

（5）板卡部件的日常保养与维护

显卡、声卡、网卡等各种板卡部件平常容易发生接触性或散热方面的问题，日常维护中要做好以下几点：

① 保障散热效果；
② 接口要有效固定；
③ 定期清理污物；
④ 尽量不要超频。

（6）电源的日常保养与维护

电源是整个计算机的动力所在，由于其特殊的供电作用，应特别注意其工作过程中的高效与稳定，在进行保养时要注意以下几点：

① 定期做好清洁除尘；
② 及时加注润滑油；
③ 注意改善局部散热效果。

项目评价与反馈

表 12-1 为计算机系统故障诊断与维护评分表，请根据表中的评价项和评价标准，对完成情况进行评分。学生完成评分后教师再根据学生完成情况进行评分。其中：学生自评占 40%，教师评分占 60%。

表12-1 计算机系统故障诊断与维护评分表

班级：		姓名：		学号：	
评价项	评价标准	分值	学生自评	教师评分	得分
黑屏、蓝屏、死机、不能联网等计算机最常见故障的分析与解决	每种故障的分析要有理有据，并给出明确检修思路	30			
CPU、主板、内存、硬盘、板卡、电源的保养与维护	了解每个部件维护的注意事项	20			
解决计算机软件典型故障	根据不同的典型故障进行分析	20			
解决计算机硬件典型故障	根据不同的典型故障进行分析	20			
专业素养	完成质量与效率	10			
总分		100			

思考与练习

1. 计算机系统故障是由哪些原因造成的？
2. 计算机系统故障处理的原则有哪些？
3. 简述排除计算机硬件故障的一般思路。
4. 查阅有关资料，简述主板诊断卡的使用流程。
5. 计算机的最小系统有哪些硬件？

项目13 数据恢复软件与应用

项目导入

计算机数据时常面临风险，如不慎用“Shift+Del”键删除了磁盘存储设备（硬盘、U盘等）中不该删除的文件，因病毒、误格式化、分区表遭到破坏、网络黑客攻击等原因导致盘中数据丢失或损坏。因此必须掌握数据恢复基本原理、常用数据恢复方法和数据恢复软件的应用技巧。

学习目标

知识目标：

① 了解数据恢复的基本概念、基本原理；

② 了解硬盘的数据结构、数据恢复成功率；

③ 熟悉常用数据恢复软件应用。

能力目标：

① 掌握用DiskGenius恢复磁盘上被删除或格式化的数据；

② 掌握用R-Studio数据恢复软件恢复磁盘分区上的数据；

③ 掌握用WinHex数据恢复软件恢复指定文件类型的数据。

素养目标：

① 通过资源学习，养成自主学习的习惯；

② 通过数据恢复操作，养成安全规范的职业素养和精益求精的工匠精神；

③ 通过小组合作，提高团队协作意识及语言沟通能力；

④ 通过项目实施，形成吃苦奉献的良好品质。

任务 数据恢复

【任务描述】

本任务需要了解数据恢复的含义、数据的可恢复性与成功恢复的概率，掌握磁盘的数据结构基础上，能熟练应用DiskGenius、R-Studio、WinHex等数据恢复软件恢复磁盘丢失的数据。

【必备知识】

13.1.1 数据恢复基础

(1) 数据恢复的含义

数据恢复就是从损坏的数据载体和损坏或被删除的文件的集合中获得有用数据的过程。数据被破坏，也可以分为主观破坏和非主观破坏（如操作失误等）。数据载体包括磁盘、光盘、半导体存储器等。还有一个相关的术语叫"灾难恢复"，它通常是指从一个好的数据备份中恢复丢失的数据。

(2) 数据恢复分类

数据恢复可分为硬恢复、软恢复和独立磁盘冗余阵列（Redundant Array of Independent Disks，RAID）恢复。所谓硬恢复，就是从损坏的介质里提取原始数据（物理数据恢复），即硬盘出现物理性损伤，比如有盘体坏道、电路板芯片烧毁、盘体异响等故障，出现类似故障时用户不容易取出里面的数据，需要先将它修好，保留里面的数据或者待以后恢复里面的数据，这些都叫数据硬恢复。所谓软恢复，就是硬盘本身没有物理损伤，而是由于人为或者病毒破坏造成数据丢失（比如误格式化、误分区），这样的数据恢复就叫软恢复。因为硬恢复需要购买一些工具设备，如PC3000、电烙铁、各种芯片、电路板等，而且还需要精通电路维修技术和具有丰富的维修实践的操作者，所以一般数据恢复主要是软恢复。独立磁盘冗余阵列是把相同的数据存储在多个硬盘的不同地方的方法。通过把数据放在多个硬盘上，输入输出操作能以平衡的方式交叠，改良性能。这是因为多个硬盘增加了平均故障间隔时间，储存冗余数据也增加了容错。

【特别提示】数据恢复的前提是数据不能被二次破坏、覆盖。

13.1.2 数据的可恢复性

数据随时都可能丢失，最重要的问题是：数据还有可能恢复吗？这个问题的答案依赖于实际发生的情况：选择数据恢复，还是选择重建丢失的数据。

应该说明的是本项目所提到的"数据可恢复性"的概念，不是指技术理论上的，而是指在"经济上可以承受的数据恢复"。例如当硬盘数据被覆盖一次后，在技术上数据是可以恢复的，但从经济价格上看通常是不可恢复的。

一个文件能够使用数据恢复软件进行恢复的几个必要条件如下。

① 不是在C盘删除的：因为系统会对C盘里的系统文件进行不断的读写操作，即使刚删除的文件也会被迅速覆盖，不容易恢复。

② 误删文件后文件所在分区没有进行读写操作：如果不是在C盘删除的，请在误删文件后立即停止对文件所在分区的所有读写操作。如文件是在D盘被误删除，请在误删后立即关闭系统

内所有正在运行的软件（防止软件对D盘继续进行读写操作，关闭杀毒软件、防火墙，立刻断开网络连接）。

13.1.3 数据恢复的成功率

数据恢复通常必须考虑需要恢复的数据类型。假设待恢复的文件是图片，10幅图片恢复了9幅，则可以认为这些文件的恢复成功率是90%。但是，如果这些文件是数据库中的表格，如果表格数据不完整，假如缺少了10%，则整个数据库可能变得毫无价值，因为这些数据相互关联，彼此依赖。即使是很少一部分数据丢失，也可能引起一次大的数据毁坏。还有一个重要的因素决定了数据“90% 恢复”的实际意义，就是“时间尺度”：一次数据恢复的价值，通常随着恢复时间的增加在不断地减少。

在一些数据恢复公司的网站上经常宣称自己的成功率超过了90%。没有任何独立的权威机构证明这些宣传的真实性。事实上，90%的成功率可能只是对某一特定型号的硬盘，或仅是经过选择的一些特定类型的数据恢复，并不是所有的数据类型都能恢复，可能对于一些特定型号的硬盘，其恢复成功率接近于零。物理恢复不可能100%成功恢复全部数据。

13.1.4 硬盘的数据结构

（1）MBR硬盘分区表

一个硬盘有3个逻辑盘的数据结构，如表13-1所示。

表13-1 逻辑盘的数据结构

MBR：C盘	EBR：D盘	EBR：E盘

注：EBR即Extended MBR，扩展MBR。

MBR（Master Boot Record，主引导记录）位于整个硬盘的0柱面0磁道1扇区，共占用了63个扇区，但实际只使用了1个扇区（512个字节）。在总共512个字节的主引导记录中，MBR又可分为三部分：第一部分是引导代码，占用了446个字节；第二部分是分区表，占用了64个字节；第三部分是55AA，结束标志，占用了两个字节。使用WinHex软件来恢复误分区，主要就是恢复第二部分的分区表。引导代码的作用是让硬盘具备可以引导的功能。如果引导代码丢失，分区表还在，那么这个硬盘作为从盘所有分区数据都还在，只是这个硬盘自己不能够用来引导系统。

分区表如果丢失，整个硬盘没有分区，就好像刚买来新硬盘没有分过区一样。

因为主引导记录（MBR）最多只能描述4个分区项，如果想要在一个硬盘上分多于4个区，就要采用EBR的办法。MBR、EBR是分区产生的，而每一个分区又由DBR、FAT1、FAT2、DIR、Data 5部分组成。C盘的数据结构如表13-2所示。

表13-2 C盘数据结构

C盘				
DBR	FAT1	FAT2	DIR	Data

下面来分析一下MBR，前446个字节为引导代码，对数据恢复来说没有意义，这里只分析分区表中的64个字节。

分区表占用的64个字节，一共可以描述4个分区表项，每一个分区表项可以描述一个主分区或一个扩展分区。每一个分区表项占16个字节，每个分区表项的16个字节的内容及含义如表13-3所示（H表示十六进制）。

表13-3 每个分区表项的16个字节的内容及含义

字节位置	内容及含义
第1字节	引导标志。若值为80H表示活动分区；若值为00H表示非活动分区
第2～4字节	本分区的起始磁头号、扇区号、柱面号
第5字节	分区类型符： 00H——表示该分区未用 06H——FAT16基本分区 0BH——FAT32基本分区 05H——扩展分区 07H——NTFS分区 0FH——（LBA模式）扩展分区 83H——Linux分区
第6～8字节	本分区的结束磁头号、扇区号、柱面号
第9～12字节	本分区之前已用了的扇区数
第13～16字节	本分区的总扇区数

（2）磁盘中的文件分配

① 文件分配表（FAT，File Allocation Table）：记录文件数据在硬盘中的存储位置。

DIR（Directory，目录）：根目录区的简写，FAT和DIR一起准确定位文件的位置。DIR主要记录每个文件（目录）的起始单元、相关文件属性（大小、只读）。

根据FAT和DIR确定文件位置和大小以后，只要将存放该文件内容的数据区中的数据读出来，就完成了一个文件的读取。

② 数据区（Data）。数据区是数据恢复的重点，占据了硬盘的绝大多数空间。数据区和前面的部分是相互依托的作用，缺少任何一部分都无法完成。通过一定的方法，即使没有索引，也能恢复出想要的数据。

（3）硬盘的数据存取

硬盘数据存取包括文件写入和文件的删除。

① 文件写入。当硬盘要保存文件时，操作系统首先在DIR存储文件相关信息，然后再到Data写入文件具体内容。具体来说首先在DIR的空白区写入文件名、大小和创建时间等信息，然后在Data的空白区将文件具体内容进行保存，最后将Data的起始位置写入DIR，这样就完成了一个文件的写入过程。

② 文件的删除。Windows操作系统对文件的删除并没有对Data做任何操作，只是将文件头即DIR（根目录区）做了删除标记。具体来说就是将根目录区文件的第一个字符改成了E5，表示将该文件删除了，这就为数据恢复提供了可能。

（4）GPT（全局唯一标识符分区表）

① GPT的基本概念和特点。GPT是可扩展固件接口（EFI）标准的一部分，用于替代传统的MBR分区表。GPT使用64位逻辑块地址（LBA），这使得它能够支持更大的磁盘容量和更复杂的分区方案。GPT的最大分区大小可以达到9.4ZB（9.4×10^{21}字节）或8ZiB-512字节。

② GPT的存储位置和结构。在GPT硬盘中，分区表的位置信息存储在GPT头部，而不是像MBR那样直接保存在主引导记录中。为了兼容性，硬盘的第一个扇区仍然保留为传统的MBR，称为“保护性MBR”。这个保护性MBR中有一个类型为0xEE的分区，表示磁盘采用GUID分区表（GPT）。跟现代的MBR一样，GPT也使用逻辑块地址（LBA）取代了早期的CHS（柱面-磁头-扇区）寻址方式。传统MBR信息存储于LBA 0，GPT头存储于LBA 1，接下来才是分区表本身，硬盘上的第一个可用扇区是LBA 34。64位Windows操作系统使用16384字节（或32扇区）作为GPT。

为了减少分区表损坏的风险，GPT在硬盘最后保存了一份分区表的副本。GPT分区表数据结构如图13-1所示。

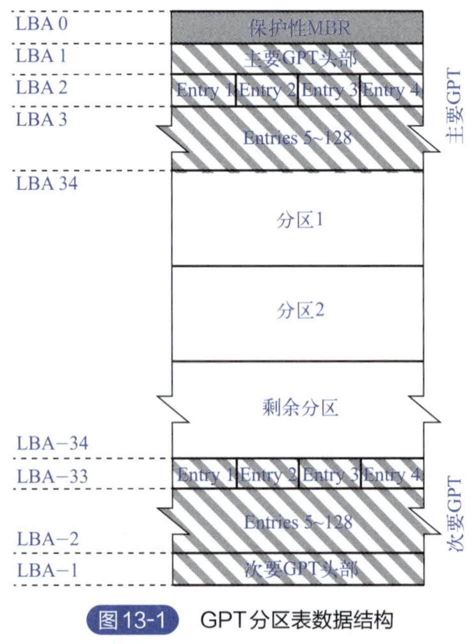

图13-1 GPT分区表数据结构

总的来说，GPT会修复MBR的许多限制：

- GPT只使用LBA，因此，CHS问题就不复存在。
- 磁盘指针的大小为64位，假设有512字节扇区，这意味着GPT可以处理的磁盘大小最高达512×2^{64}字节（即8ZiB）。
- GPT数据结构在磁盘上存储两次：开始和结束各一次。在因事故或坏扇区导致损坏的情况下，这种重复提高了成功恢复的概率。
- GPT将所有分区存储在单个分区表中（带有备份），因此扩展分区或逻辑分区没有存在的必要。GPT默认支持128个分区，当然也可以更改分区表的大小，如果分区软件支持这种更改的话。
- MBR提供1字节分区类型代码，而GPT使用一个16字节的全局唯一标识符（GUID）值来标识分区类型，这使分区类型更不容易冲突。

RSTUDIO
数据恢复

【任务实施】

掌握DiskGenius、R-Studio和WinHex三种数据恢复软件的功能，并能够用DiskGenius、R-Studio和WinHex软件恢复数据。

第一步：用DiskGenius软件恢复数据

（1）DiskGenius软件功能

DiskGenius除了是一款硬盘分区工具外，还提供基于磁盘扇区的文件读写、扇区编辑功能；支持删除、格式化后的数据恢复；支持IDE、SCSI、SATA等各种类型的硬盘，及各种U盘、USB移动硬盘、存储卡（闪存卡）；支持FAT12/FAT16/FAT32/NTFS/EXT3/EXT4/RAID文件系统。

（2）DiskGenius恢复数据的前提条件

DiskGenius能够恢复数据的前提条件是：DiskGenius能够识别出需要恢复数据的存储硬件（硬盘、移动硬盘、U盘、存储卡等）。DiskGenius识别存储器界面如图13-2所示。

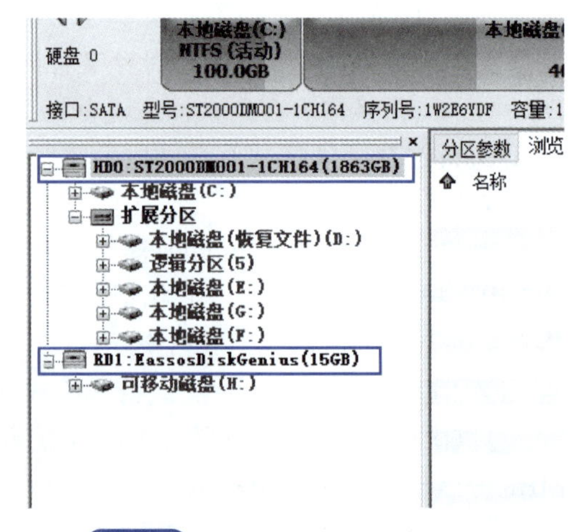

图13-2 DiskGenius识别存储器界面

图13-2中，DiskGenius识别出HD0和RD1两个存储硬件，HD0是本机的硬盘，容量2TB，上

面有C、D、E等6个分区（有一个分区没有被分配盘符）；RD1是个U盘，容量为15GB，只分配一个分区H。

如果一个存储设备，连接计算机后，主界面左侧的窗口中不显示磁盘盘符，即不能被DiskGenius识别，则可以断定这个存储设备有了硬件故障，仅仅依靠软件已经不能进行数据恢复，需要送到专业的数据恢复公司，做固件修复或开盘恢复。

【特别提示】 分区丢失并不是硬盘不能识别，通常情况下并不影响数据恢复。有时，用户的分区由于各种原因在DiskGenius中看不到了，这不一定是硬件问题，通常是文件系统的软件问题，仍然可以使用DiskGenius恢复丢失数据。

（3）磁盘被误删除或格式化后的文件恢复

如果知道了要恢复的数据位于哪个分区上，则可以直接在DiskGenius主界面上方的硬盘分区图中，选中分区，单击鼠标右键，然后在弹出的快捷菜单中，选择“已删除或格式化后的文件恢复”菜单项，如图13-3所示。

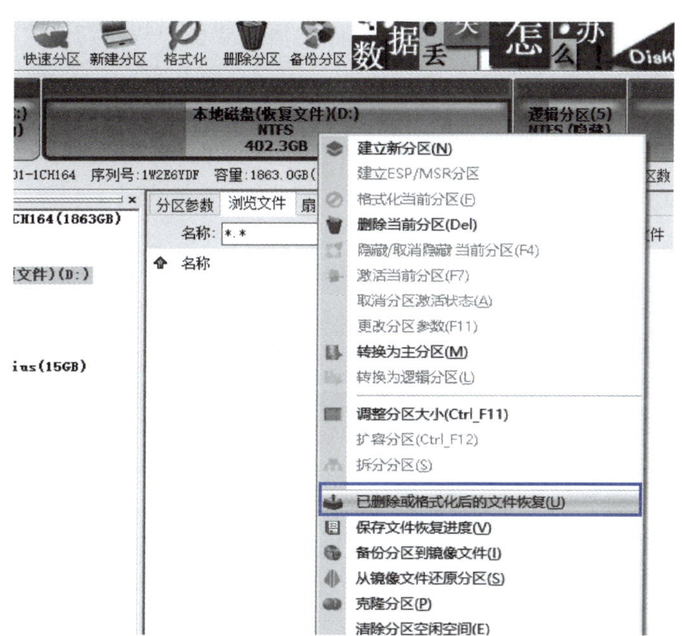

图13-3 “已删除或格式化后的文件恢复”菜单项

如果不能确定要恢复的数据在哪个分区中，比如原来的分区已经丢失了或者已经被新建的分区覆盖了，这就需要在DiskGenius左侧主界面中，选择要恢复数据的存储设备，然后单击右键，在弹出的快捷菜单中，选择“已删除或格式化后的文件恢复”菜单项。不管是要恢复分区中的数据，还是要恢复整个硬盘中的数据，单击“已删除或格式化后的文件恢复”快捷菜单项后，都会弹出恢复选项窗口，如图13-4所示。

图13-4中有“恢复已删除的文件”“完整恢复”“额外扫描已知文件类型”三个选项，这三个选项，其实是恢复数据时，扫描硬盘、分区等存储介

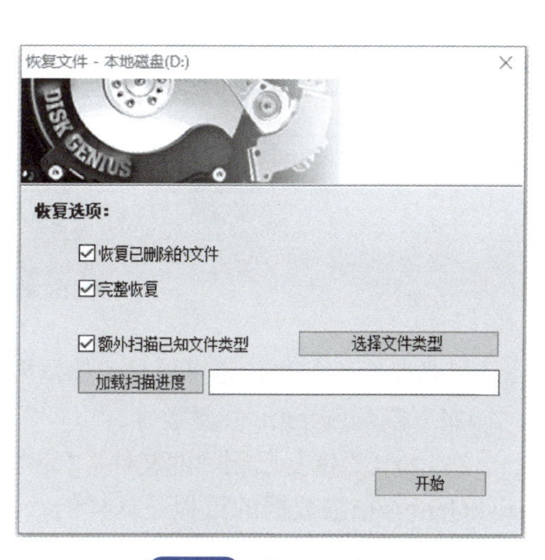

图13-4 恢复选项窗口

质的三种方式。默认情况下，这三个恢复选项都是勾选的（某些情况下，DiskGenius会自动屏蔽“恢复已删除的文件”选项的选择，即变灰色，不能勾选，因为有的时候，这种扫描方式没有意义），在大多数情况，建议采用默认选项。下面介绍这三个选项的功能。

① 恢复已删除的文件。该模式只扫描分区文件系统的目录信息部分，适用于简单的数据恢复情形。该选项恢复数据非常快，主要适用于刚刚被删除、还未写入新数据文件的情况，其他情况下数据恢复的效果不好。

② 完整恢复。该方式下，不仅要扫描分区文件系统的目录信息部分，还要分析分区文件系统的数据信息部分，尽可能多地查找可能的、有价值的数据信息，因此它的恢复效果非常好，只要数据没有被覆盖，成功恢复数据的希望非常大，适合于多数情况下的数据恢复。当然，这种扫描方式需要花费的时间比“恢复已删除的文件”扫描方式要多很多。

③ 额外扫描已知文件类型。该扫描方式，有些数据恢复软件称之为万能恢复，其实就是从头至尾扫描分区或硬盘，匹配文件类型的文件头信息。在硬盘及分区损坏程度比较大的情况下，往往能取得较好的恢复效果。这种扫描方式，一般是针对连续存储的存储介质（比如数码相机中的存储卡），恢复效果较好；对于普通的硬盘等存储介质，也很有意义。缺点是恢复出来的文件，没有文件名及目录结构等信息；由于要对整个数据存储空间进行扫描，速度会比较慢；该模式用于恢复大文件的效果要差些，因为大文件连续存储的概率要小一些。勾选“额外扫描已知文件类型”选项后，单击右侧的“选择文件类型”按钮，可以在弹出的窗口中指定需要恢复的文件类型，如图13-5所示。

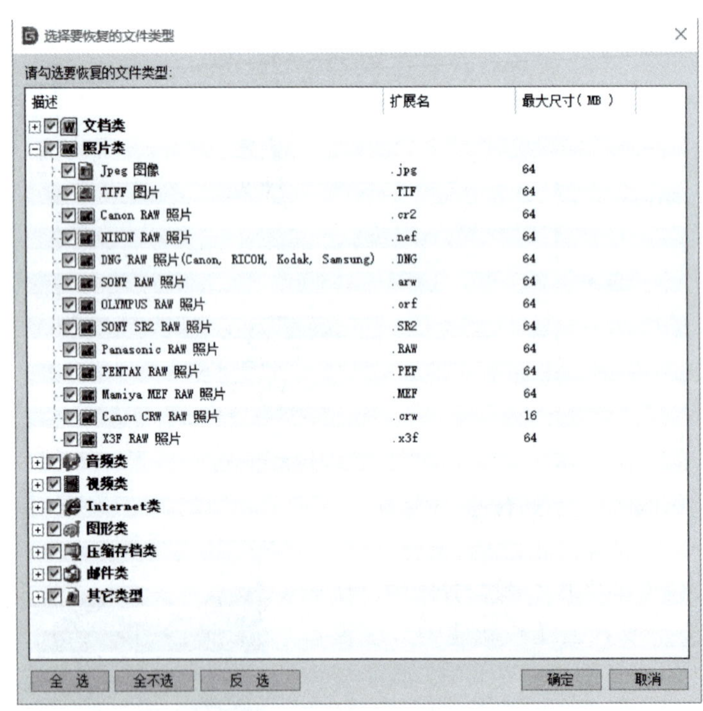

图13-5 指定需要恢复的文件类型

默认是全部勾选，也可以只勾选需要恢复的文件类型，这样可以加快数据恢复进度。

（4）DiskGenius恢复数据

实际上，“恢复已删除的文件”“完整恢复”“额外扫描已知文件类型”三个选项都被选择时，DiskGenius扫描数据的过程是这样的：用“恢复已删除的文件”模式，快速扫描一遍硬盘或分区；前一遍的扫描结束后，同时执行“完整恢复”“额外扫描已知文件类型”两种模式的扫描。

此外，DiskGenius恢复数据时，还有如下一些特色。

① DiskGenius的扫描结果是所见即所得的方式，即一边扫描，一边把扫描出来的文件、目录等信息显示出来，供用户参考。

② 用户可以随时暂停或停止扫描过程，然后查看当前的扫描结果，预览扫描的文件，以决定是否继续扫描。

③ 用户需要时，还可以暂停扫描，保存扫描进度及结果，这样再次恢复数据时，可以直接读取扫描进度及结果，最大限度地节约了扫描的时间。

设置好恢复选项，单击“开始”按钮后，DiskGenius软件就开始扫描硬盘或分区中的数据了，首先会弹出一个文件扫描窗口，如图13-6所示。

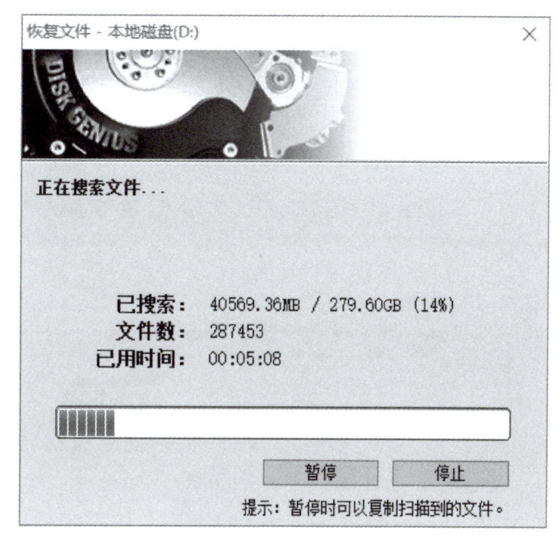

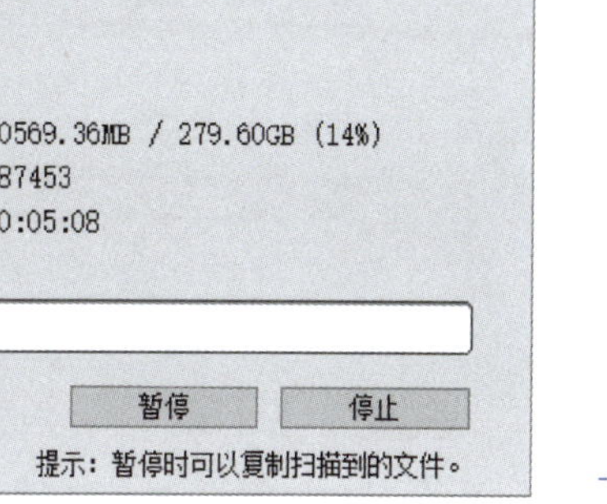

图13-6 文件扫描窗口

扫描窗口中，“已搜索”表示已经搜索的存储空间大小及其占全部搜索空间的百分比；“文件数”表示已经搜索到的文件数量；“已用时间”表示已经扫描的时间。下面的进度条，图形化地表示文件搜索的进度。

最下面的是“暂停”与“停止”两个按钮，可以随时暂停扫描，然后查看、预览已经扫描出的文件，如果需要恢复的文件已经全部找到并能正确预览，就可以停止扫描了；如果对当前的扫描结果不满意，可以继续扫描。扫描的文件可以选择保存路径，注意一定不要保存到原来的存储器中，以免覆盖原来的数据，造成无法恢复。

R-Studio使用方法

第二步：用R-Studio软件恢复数据

(1) R-Studio的功能

R-Studio是一款功能比较强大的数据恢复软件，它的功能有如下几点。

① 支持FAT系列、NTFS系列、UFS系列、Ext×等文件系统。

② 参数设置非常灵活，使恢复人员可以根据不同的具体情况进行相应的设置，以最大可能地恢复数据。

③ 支持远程恢复，可以通过网络恢复远程计算机中的数据。

④ 支持分区丢失、格式化、误删除等情况下的数据恢复。

⑤ 不仅只支持基本磁盘，还支持动态磁盘。

⑥ 支持RAID恢复，可以恢复跨区卷、RAID0、RAID1及RAID5的数据。

(2) R-Studio恢复磁盘的分区

R-Studio可以通过对整个磁盘的扫描，利用智能检索技术搜索到的数据来确定现存的和曾经存在过的分区以及它的文件系统格式。下面，以一个20GB容量的磁盘演示分区恢复的过程。

首先在磁盘上建立三个分区，之后向其中拷入数据。运行R-Studio后，程序可以自动识别到磁盘，读取其分区表并列举出现存的分区。R-Studio运行之后的界面如图13-7所示。

通过图13-7可以看到，该磁盘分为三个分区：第一个分区为FAT32文件系统，起始于31.5KB（63号扇区）的位置，大小为15.07GB；第二个分区为NTFS文件系统，起始于15.07GB的位置，大小为15.21GB；最后一个分区为FAT32文件系统，起始于30.28GB的位置，大小为6.98GB。双击列举出的一个逻辑磁盘，就可以遍历该文件系统并以目录树的形式显示其中的目录及文件。

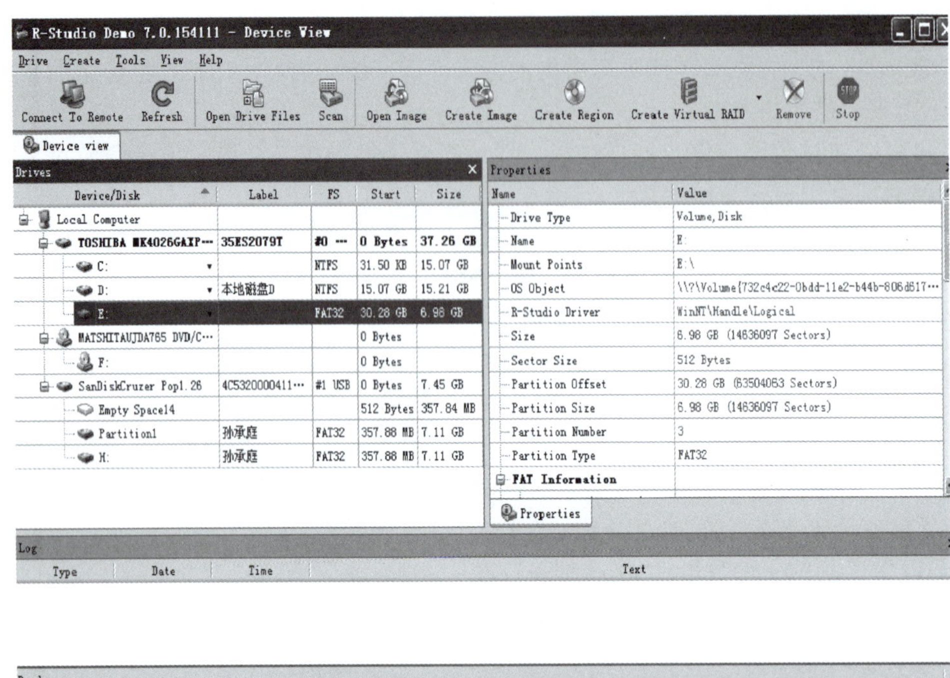

图13-7 R-Studio运行之后的界面

（3）R-Studio恢复数据

R-Studio数据恢复软件功能强大。在待恢复存储介质没有硬件故障的情况下，使用该数据恢复软件全盘扫描，虽然扫描时间较长，但不用太关心分区大小及格式、故障类型，该数据恢复软件会自动将分区结构、分区大小、分区类型、删除的数据文件、丢失的数据文件、无链接的单类型文件计算分析组合整理出来，只需要挑选需要的数据即可。

①运行R-Studio。运行R-Studio软件，界面如图13-8所示。

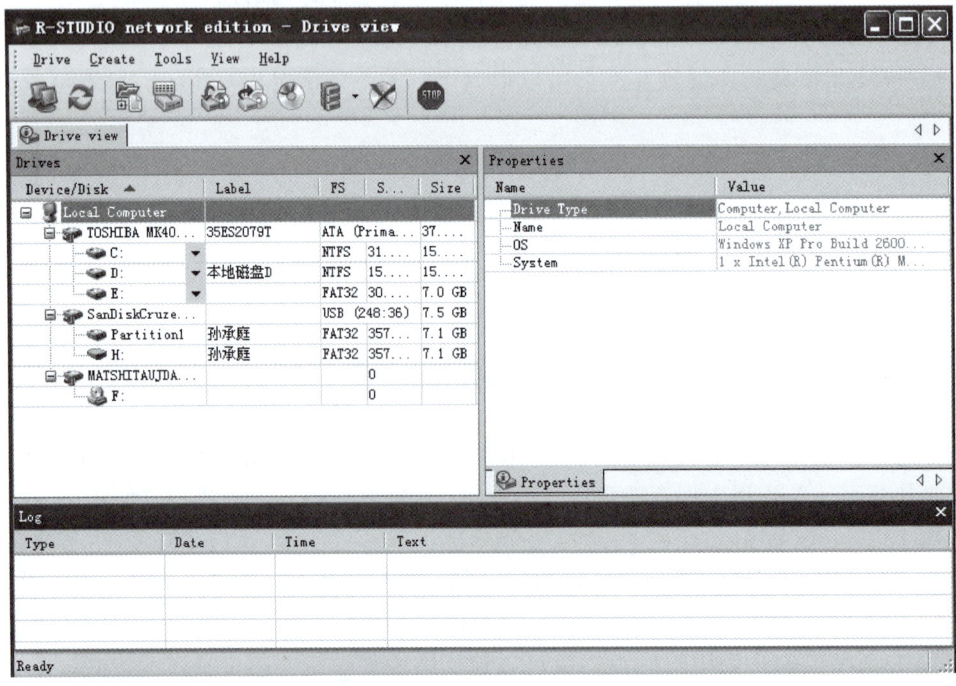

图13-8 运行R-Studio软件界面

② 选择要恢复的硬盘或分区。选择要恢复数据的分区或硬盘，单击鼠标右键，选择“Scan（扫描）”，此时会弹出如图13-9所示的扫描设置对话框。

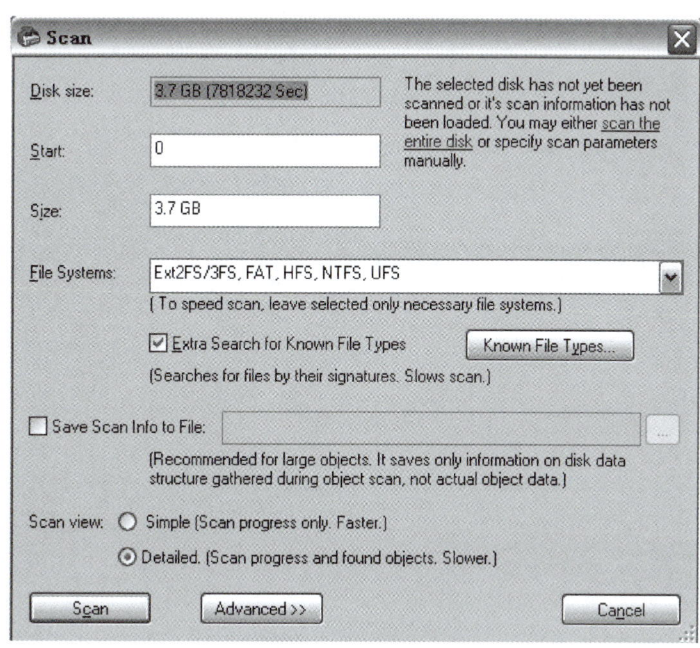

图13-9 扫描设置对话框

③ 扫描。单击“Scan”即开始扫描，硬盘分区扫描界面如图13-10所示。

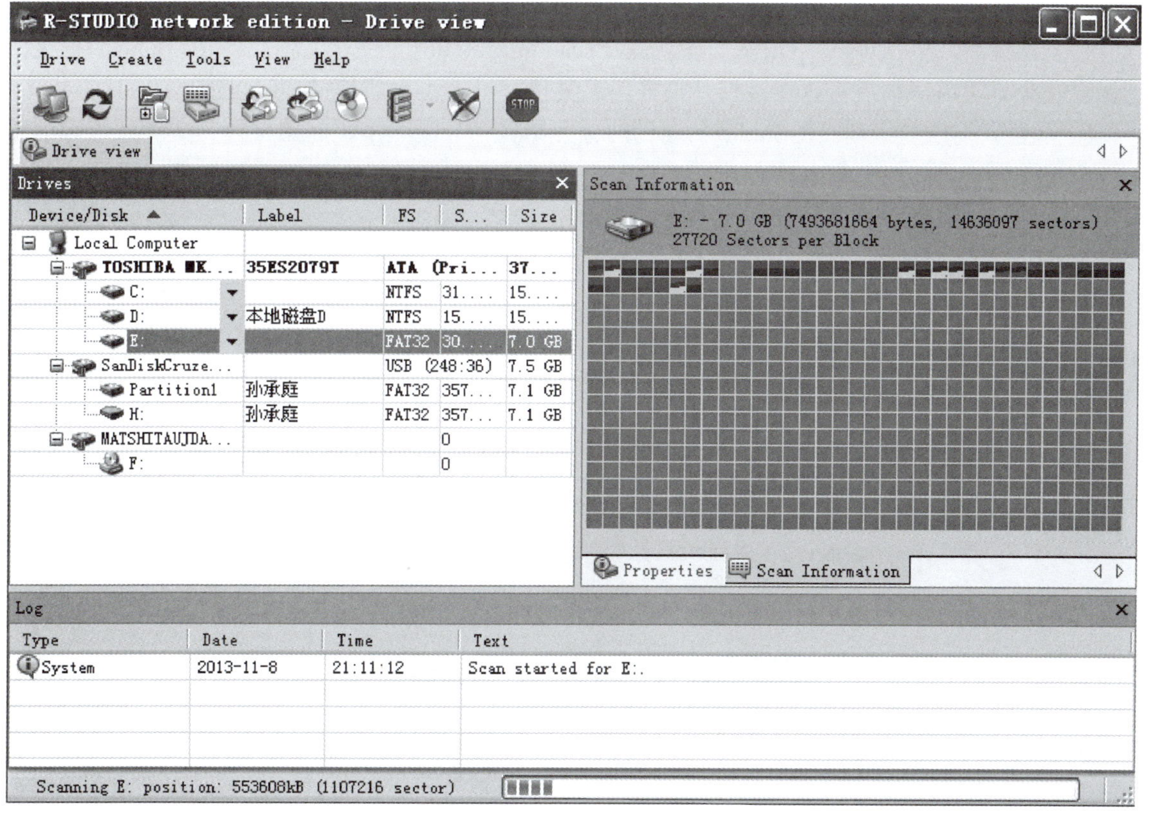

图13-10 硬盘分区扫描界面

R-Studio扫描速度很快，扫描完成后会给出提示框，单击“OK”即可，如图13-11所示。

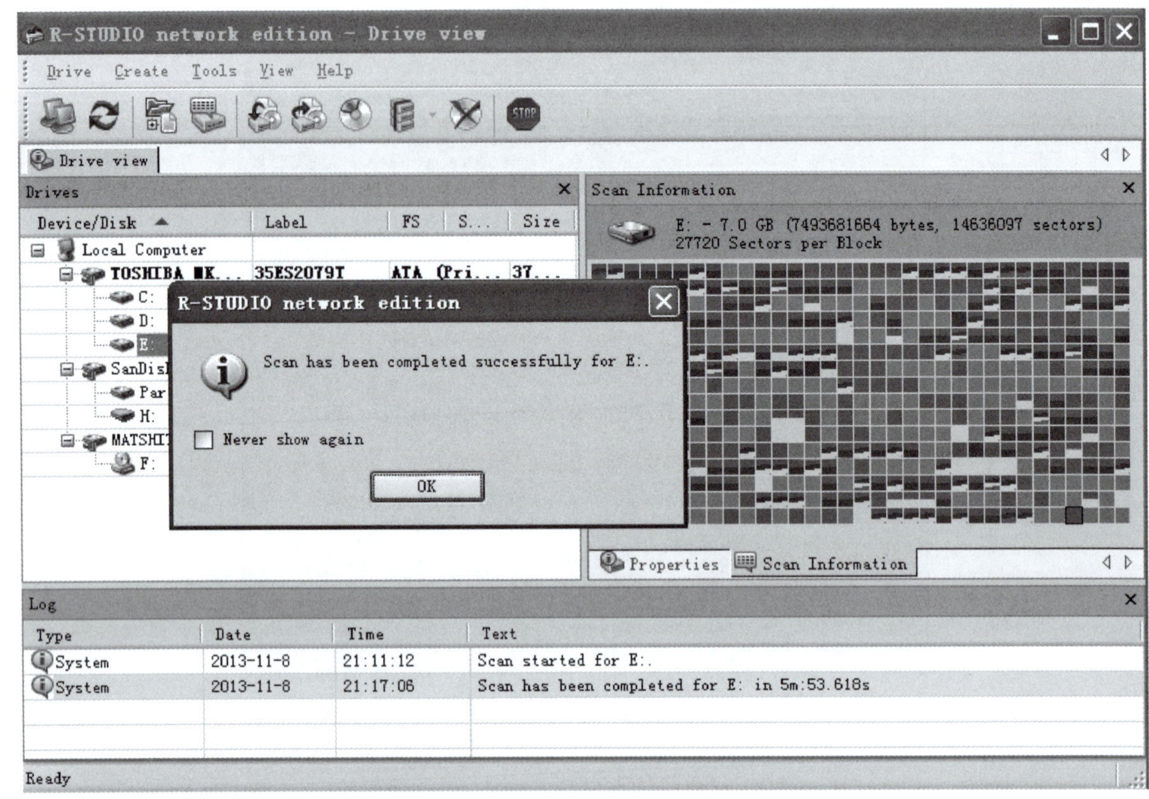

图13-11 R-Studio扫描完成后会给出提示框

扫描结束后，依次单击“Drive”→“Save scan information”保存文件。将R-Studio的扫描信息保存是个好习惯，以后可以直接打开扫描信息文件，不用再重新扫描，可以节省时间。

④ 颜色区别恢复级别。R-Studio扫描到的分区结构、分区大小、起始位置、文件系统等信息都分列出来。根据每个分区的完整度，R-Studio分开显示不同的推荐级别，用绿色、橙色、红色表示，绿色级别最高，推荐级别依次下降，如图13-12所示。

Drives

Device/Disk	Label	FS	Start	Size
Local Computer				
WD400JD-00PSA0...13.06H13	CAP96097593	SATA2 (1:1)		37.3 GB
C:		NTFS	31.5 KB	14.6 GB
D:	新加卷	NTFS	14.6 GB	22.6 GB
KingstonDataTravel...		USB (104:55)		3.7 GB
E:	叶落知秋	FAT32	4 KB	3.7 GB
Recognized1		FAT32	0	3.7 GB
Extra Found Files				
Recognized2		FAT32	3 KB	3.7 GB
Recognized3		FAT32	7.7 MB	1004...

图13-12 盘中不同颜色表示文件推荐级别不同

在展开的文件中，用红色“×”标出的文件夹及文件就是丢失的文件，凡是一个文件或文件夹的图标上打了“×”的，就说明这个文件或文件夹被删除过。如果打上问号，则证明这个文件被彻底删除而无法恢复了。标记问号和“×”号的文件如图13-13所示。

图13-13　标记问号和“×”号的文件

⑤ 恢复标记内容。在所有需要恢复的文件夹或文件的前部单击打上“√”，然后在有勾选标记的文件上右键单击鼠标，在菜单中选择“Recover Marked（恢复标记的内容）”，如图13-14所示。

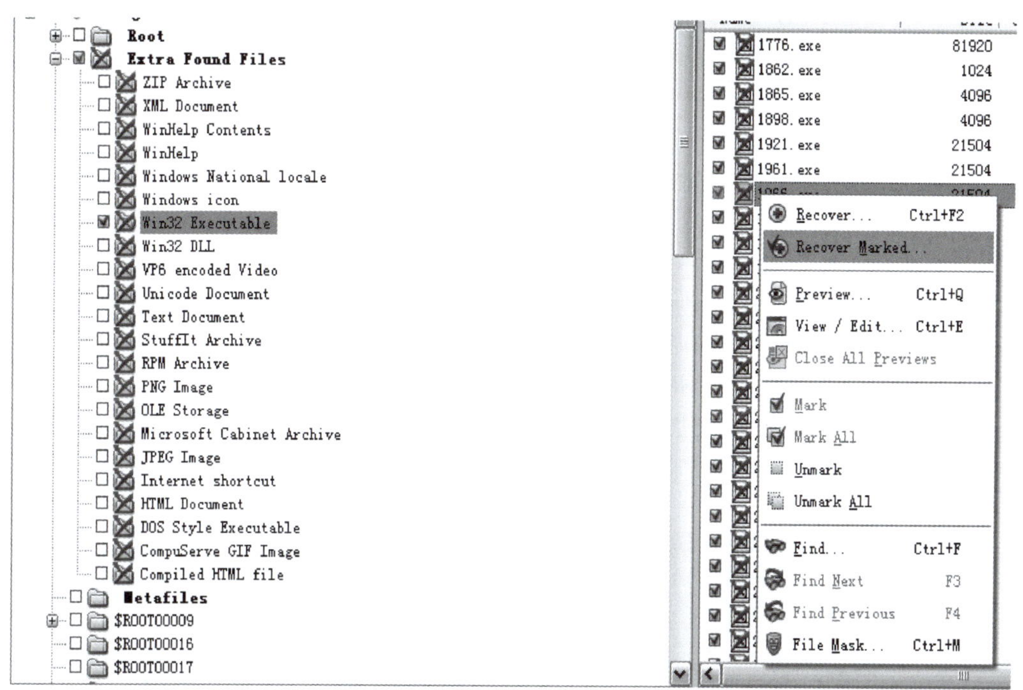

图13-14　恢复有勾选标记的文件

⑥ 选择文件的存放路径及恢复选项设置。在弹出的对话框中选择文件的存放路径，然后单击“OK”，软件就开始对选中数据进行恢复。恢复文件的选项设置界面如图13-15所示，恢复文件的设置一般按照默认设置即可，如果想移除文件所有扩展属性（隐藏、系统、存档、只读等），请不要勾选“恢复扩展属性”，并勾选“去掉隐藏属性”。

⑦ 查看归类文件。拖滚动条继续向下看，R-Studio命名的Extra Found Files文件夹里存放的是没有目录结构、按文件类型归类的文件，如图13-16所示。再下面是父目录链丢失，R-Studio重命名的目录$ROOT0000n。

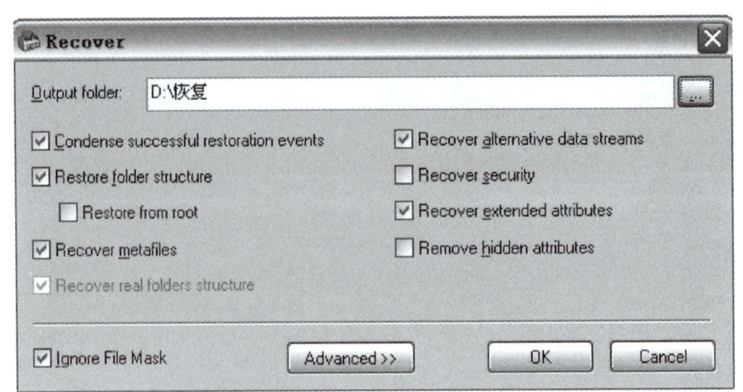

图13-15　恢复文件的选项设置界面

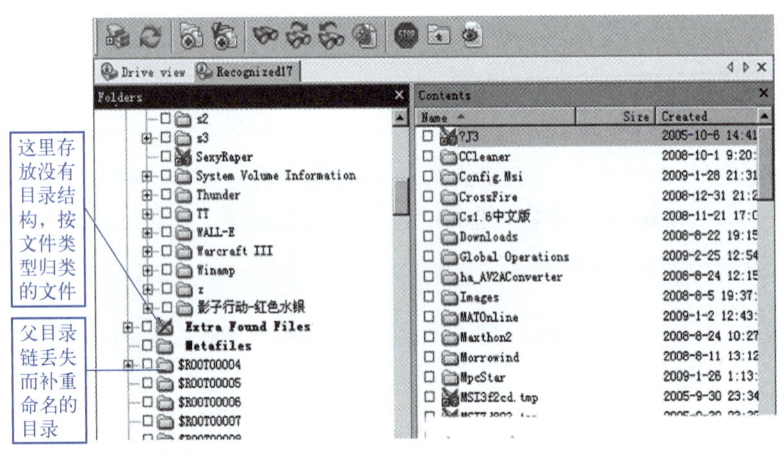

图13-16　归类文件

如果在正常目录结构里没有找到需要的数据，就要到Extra Found Files文件夹中寻找挑选需要的文件类型，R-Studio将这些孤立的文件根据类型存放在一起。

⑧ 查看父目录名丢失的文件及文件夹。继续查看挑选父目录名丢失的文件及文件夹。带红“×”的文件和目录表示以前删除的。在文件目录多、删除整理频繁的电脑上，特别是FAT32分区格式，这些红“×”文件夹项非常多，显得杂乱。这时就需要R-Studio过滤显示要恢复的目录。查看父目录名丢失的文件及文件夹，如图13-17所示。

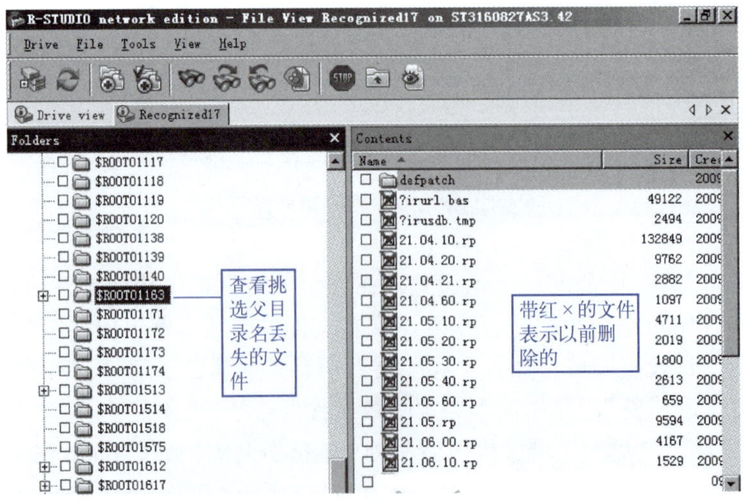

图13-17　查看父目录名丢失的文件及文件夹

⑨ R-Studio过滤设置。单击R-Studio过滤图标，去掉不需要显示的内容，如是否显示空文件夹、是否显示已删除的文件、是否显示正常存在的文件夹。恢复文件删除的数据时，去掉正常存在的文件夹，可以只保留显示删除过的文件夹。在这里是恢复重新分区的数据，一般去掉显示空文件夹、显示已删除的文件这两项。R-Studio过滤设置界面如图13-18所示。

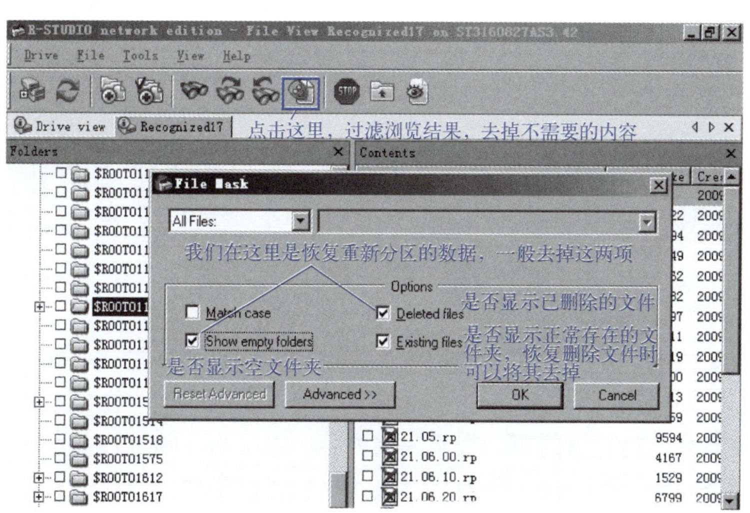

图13-18　R-Studio过滤设置界面

过滤掉删除的和异常的文件夹，目录清晰多了。挑选需要的数据并勾选。在R-Studio窗口底部状态栏里，显示挑选标记的文件信息，有文件、文件夹数量，还有标记总数据量。右边显示的是可恢复的所有文件信息，挑选完成，单击恢复图标，开始导出。选择设置导出数据存放的目的地，其他选项默认即可。恢复导出过程中，R-Studio将显示进度比、剩余文件量信息。

⑩ R-Studio目录重名设置。恢复时，遇到目录重名时R-Studio会提示，有覆盖、重新命名、跳过、中断恢复几个选项。勾选总是采用相同回答后，相同问题将不再提示。R-Studio目录重名设置界面如图13-19所示。

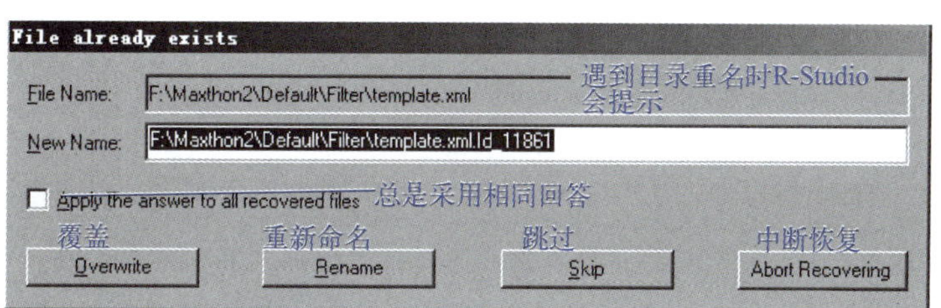

图13-19　R-Studio目录重名设置界面

【特别提示】

① 选择恢复文件保存位置时，注意不要选择待恢复数据的硬盘上的分区。

② 经过打包的压缩包的文件即使经过了覆盖，还是有机会恢复的。

第三步：用WinHex软件恢复数据

（1）WinHex软件功能

WinHex是Windows下使用最多的一款十六进制编辑软件。该软件功能非常强大，有完善的分区管理功能和文件管理功能，能自动分析分区链和文件簇链，能对硬盘进行不同方式、不同程度的备份，甚至克隆整个硬盘；它能够编辑任何一种文件类型的二进制内容（用十六进制显示），其磁盘编辑器可以编辑物理磁盘或逻辑磁盘的任意扇区，是手工恢复数据的首选工具软件。

（2）WinHex恢复指定类型文件

WinHex可以对已知类型的文件进行恢复，如“.jpg”文件、“.doc”文件。下面介绍恢复“.jpg”文件的过程。

① 首先，安装WinHex并运行软件，运行主界面如图13-20所示。

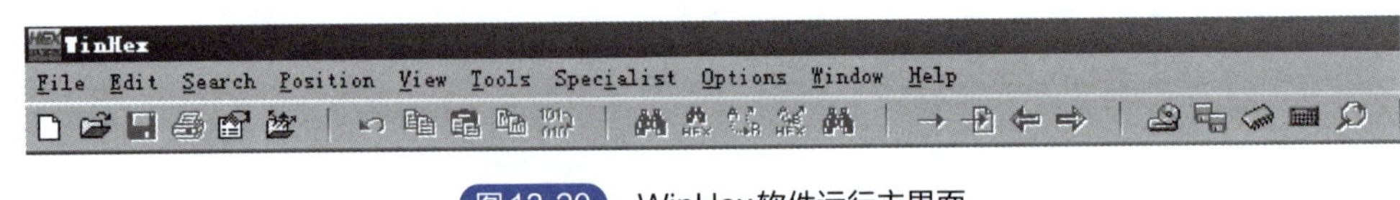

图13-20 WinHex软件运行主界面

② 单击图标，在弹出的对话框中双击打开需要恢复数据的硬盘或分区，如图13-21所示。

③ 打开之后会出现如图13-22所示的编辑界面。最上面的是菜单栏和工具栏；下面最大的窗口是工作区，现在看到的是硬盘的第一个扇区的内容，以十六进制进行显示，并在右边显示相应的ASCII码；右边是详细资源面板，分为五个部分：状态、容量、当前位置、窗口情况和剪贴板情况。这些情况对把握整个硬盘的情况非常有帮助。另外，在其上单击鼠标右键，可以将详细资源面板与窗口对换位置，或关闭资源面板（如果关闭了资源面板，可以通过“查看”→“显示”→“详细资源面板”来打开）。

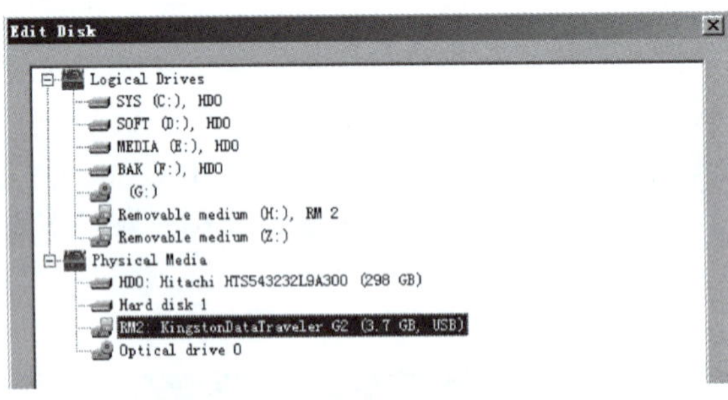

图13-21 打开需要恢复数据的硬盘或分区

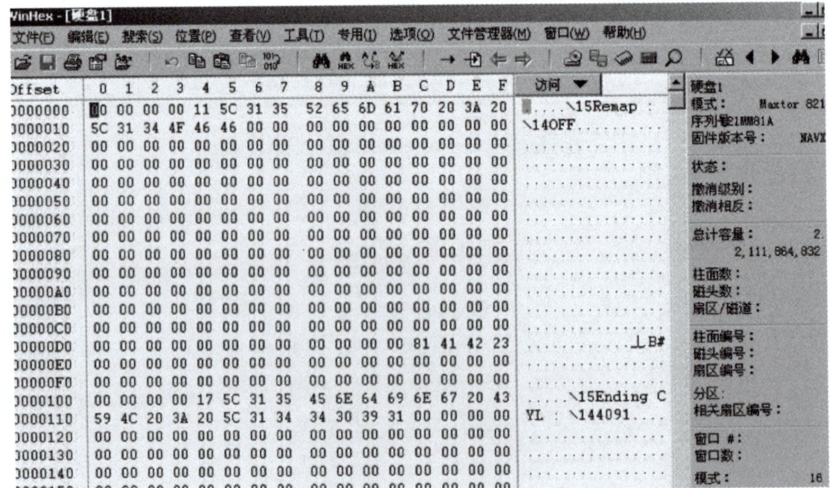

图13-22 硬盘的编辑界面

④ 向下拉滚动条，可以看到一个灰色的横杠，每到一个横杠为一个扇区，一个扇区共512个字节，每两个数字为一个字节，比如00。

⑤ 依次单击“Tools”→“Disk Tools”→“File Recovery By Type”，弹出如图13-23所示的对话框，单击“OK”按钮。

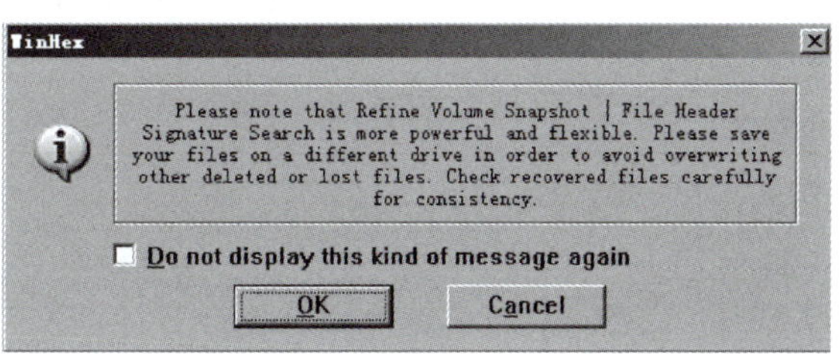

图13-23　弹出确认对话框

⑥ 之后又会弹出一个对话框，在此对话框的左侧选择要恢复的文件类型，在对话框的右侧“Default file size：”处输入文件的最大容量，在“Output folder：”处选择恢复出来的文件所要放置的位置，如图13-24所示。

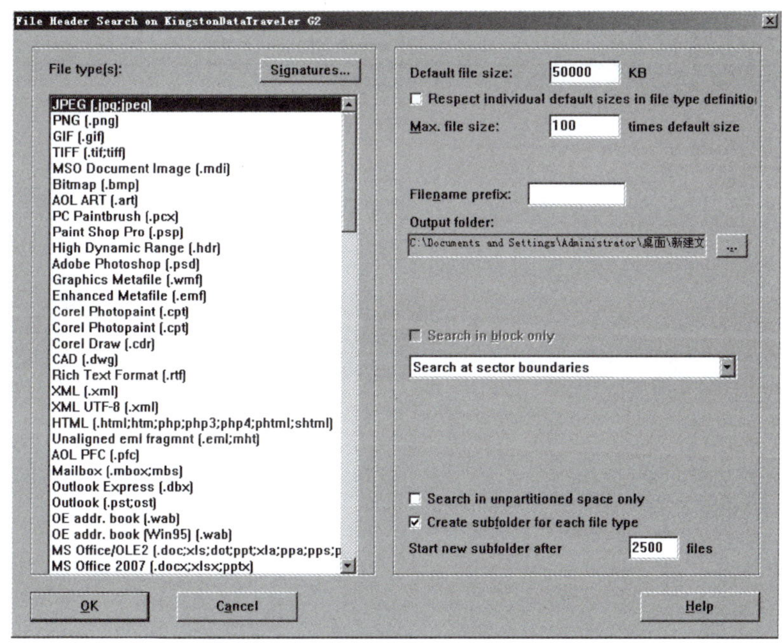

图13-24　设置待恢复数据容量和存放位置

⑦ 单击“OK”按钮，WinHex便开始对指定文件进行恢复，数据恢复进度界面如图13-25所示。

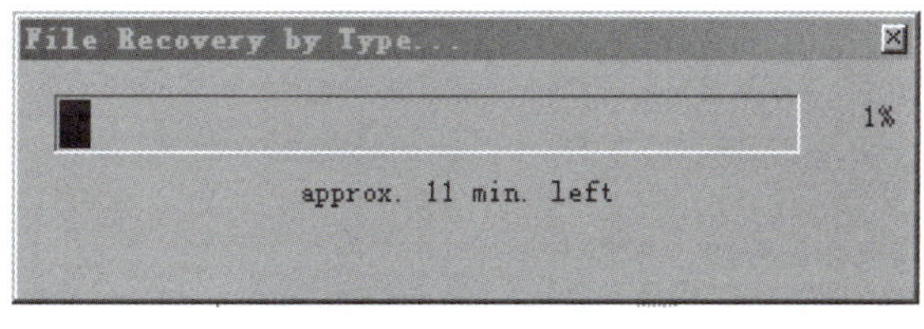

图13-25　数据恢复进度界面

当进度条达到100%时，指定类型的文件就全部被恢复出来了。

项目评价与反馈

表13-4为数据恢复评分表，请根据表中的评价项和评价标准，对完成情况进行评分。学生完成评分后教师再根据学生完成情况进行评分。其中：学生自评占40%，教师评分占60%。

表13-4　数据恢复评分表

班级：		姓名：		学号：	
评价项	评价标准	分值	学生自评	教师评分	得分
用DiskGenius恢复U盘误格式化的文件	U盘文件能正常打开	30			
用R-Studio恢复硬盘删除的Word文件	Word文件能正常打开	30			
用WinHex恢复删除的“.jpg”图片文件	恢复的图片能正常打开	30			
专业素养	完成质量与效率	10			
总分		100			

思考与练习

1. 画出GPT和MBR分区表，并比较二者的不同点。
2. MBR分区表与GPT恢复数据的过程有何异同？
3. 比较用DiskGenius、R-Studio、WinHex三种数据恢复软件恢复误删除文件的方法。
4. 数据恢复的方法有哪几种？
5. 恢复数据前应注意哪些问题？
6. 查阅网络资源，了解其他流行的数据恢复软件。

项目14 笔记本电脑维护

项目导入

笔记本电脑因其便携性、移动性和使用方便等特点逐渐成为用户首选。然而用户在使用中会遇到各种软硬件故障，因此要掌握笔记本电脑的结构、组成、基本的日常维护与保养方法，并掌握笔记本电脑的拆装技巧。

学习目标

知识目标：

① 了解笔记本电脑的主要组成部件、结构；

② 熟悉笔记本电脑的品牌、分类及日常部件维护技巧。

能力目标：

① 能进行笔记本电脑的日常维护与保养；

② 掌握部件拆装技巧，能够进行常见故障分析与维护。

素养目标：

① 通过资源学习，养成自主学习的习惯；

② 通过小组合作，提高团队协作意识及语言沟通能力；

③ 通过项目实施，形成吃苦奉献的良好品质；

④ 通过电脑维护的安全规范操作，树立精益求精的工匠精神。

任务 笔记本电脑拆装与维护

【任务描述】

本任务需要了解笔记本电脑的品牌、分类、结构组成与工作原理，掌握拆装步骤与日常维护方法。

【必备知识】

14.1.1 笔记本电脑的品牌

笔记本电脑（Notebook Computer）又被称为“便携式电脑”，是一种小型、可携带的个人电脑，通常重1～3kg，当前的发展趋势是体积越来越小，重量越来越轻，而功能却越发强大。为了缩小体积，笔记本电脑采用液晶显示器（也称液晶屏）。除了键盘以外，有些还装有触控板（Touchpad）或指点杆（Pointing Stick）作为定位设备（Pointing Device）。其最大的特点就是机身小巧，相比台式电脑携带方便。虽然笔记本的机身十分轻便，但完全不用怀疑其应用性，在日常操作和基本商务、娱乐操作中，笔记本电脑完全可以满足需求。目前，在全球市场上有多种品牌，排名前列的有联想、华硕、戴尔（Dell）、惠普（HP）、苹果（Apple）、宏碁（Acer）、索尼、东芝、三星等。笔记本电脑的标识如图14-1所示。

图14-1 笔记本电脑的标识

笔记本电脑选购

14.1.2 笔记本电脑的分类

目前，笔记本电脑按照整体配置和用途划分，可以分为三种：轻薄本、商务本和游戏本。

轻薄本：轻薄本的体积小、重量轻，携带起来非常方便。由于功耗低，可以带来更多的续航时间。主要客户群体是几乎不怎么游戏，有着大量学习、工作需求的用户。但随着笔记本性能的提升，轻薄本的使用场景也越来越多元化。

商务本：商务本主要面对的是机构和企业客户，所以商务本往往对外观、轻薄方面相对没那么重视，接口一般较为齐全，具备比轻薄本更好的拓展能力，安全配置也更好。一般也不太追求性能释放，而更注重“实用性”，也就是所谓的“商务属性”。

游戏本：游戏本专门针对游戏玩家设计，各种硬件配置规格都很高，通常拥有强大的处理器和显卡、更大的屏幕和更好的音效。游戏本完全不同于轻薄本的设计，性能强，散热佳。

14.1.3 笔记本电脑的组成

笔记本电脑与台式电脑组成基本相同，但又有一些区别，主要包括外壳、液晶屏、处理器、散热系统、主板、定位设备、硬盘、电池、显卡与声卡、无线网卡、键盘、外接电源适配器等。笔记本电脑内部组成如图14-2所示。

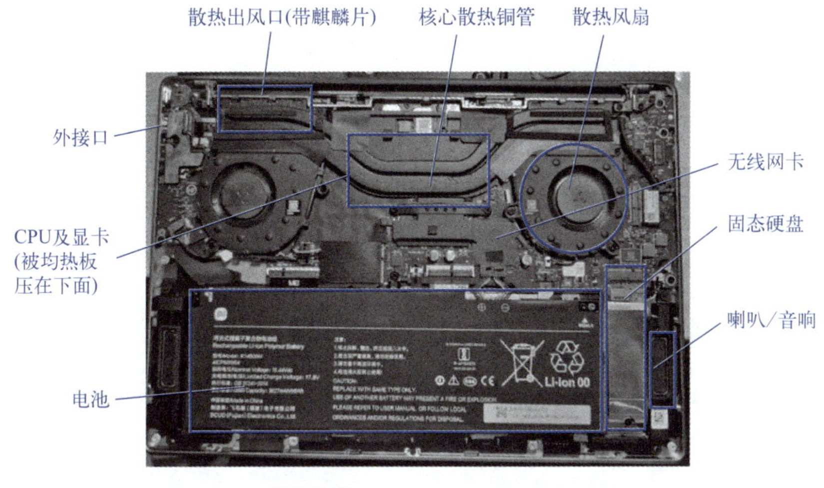

图14-2 笔记本电脑内部组成

(1)外壳

外壳除了美观外，相对于台式计算机更起到对于内部器件的保护作用。较为流行的外壳材料有：工程塑料、镁铝合金、碳纤维复合材料（碳纤维复合塑料）。其中碳纤维复合材料的外壳兼有工程塑料的低密度、高延展，又具备镁铝合金的刚度与屏蔽性，是较为优秀的外壳材料。一般硬件供应商所标示的外壳材料是指笔记本电脑的上表面材料，托手部分及底部一般习惯使用工程塑料。

笔记本电脑常见的外壳用料有：合金外壳有铝镁合金与钛合金，塑料外壳有碳纤维、聚碳酸酯和ABS工程塑料。

(2)液晶屏

笔记本的液晶屏可分为LCD（Liquid Crystal Display，液晶显示器）和LED（Light Emitting Diode，发光二极管）显示器两种。LCD和LED是两种不同的显示技术，LCD是由液态晶体组成的显示屏，最常用的是TFT（Thin Film Tube，薄膜晶体管）-LCD；而LED显示器（屏）则是由发光二极管组成的显示屏。LED显示器和LCD相比，LED在亮度、功耗、可视角度和刷新速率等方面，都更具优势。

液晶屏的尺寸有：10英寸、12.1英寸、13.3英寸、14.0英寸、14.1英寸、15.0英寸、15.3英寸、17英寸等。

液晶屏由成像系统和背光系统组成：

① 成像系统组成：屏幕保护膜、前偏光片、前玻璃片、彩色滤色膜、液晶、后偏光片、集成电路板。

② 背光系统组成：光导板（背光板、反光板、导光板）、灯管、高压板。

(3)处理器

处理器是台式电脑的核心设备，笔记本电脑也不例外。主要类型是Intel和AMD公司生产的CPU（以下简称处理器）。和台式电脑不同，笔记本的处理器除了速度等性能指标外还要兼顾能耗。处理器本身是能耗大户，笔记本电脑的整体散热系统的能耗不能忽视。

2024年，笔记本电脑的主流处理器是Intel酷睿13代处理器，此外AMD锐龙7000系处理器核显性能、续航能力比较强。主流CPU增加核心数目就是为了增加线程数，因为操作系统是通过线程来执行任务的，也就是说四核CPU一般拥有四个线程。但Intel引入超线程技术后，使核心数与线程数形成1∶2的关系。

(4)散热系统

散热系统一直是各大品牌厂商非常关注的。笔记本电脑的散热系统由导热设备和散热设备组成。其基本原理是由导热设备（现在一般使用热管）将热量集中到散热设备（现在一般使用散热鳍片加涡轮风扇，也有使用水冷系统的型号）散出，采用多出风口分散设计共同构成超强散热系统。笔记本的CPU和显卡在工作的时候，会释放大量的热，越是高性能的笔记本对散热系统要求就越高。某一联想笔记本的散热系统如图14-3所示。

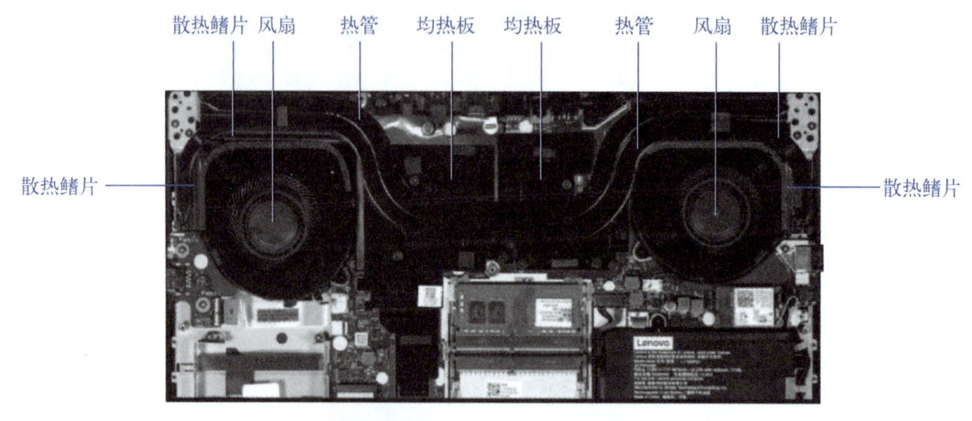

图14-3 联想笔记本的散热系统

（5）定位设备（Pointing Device）

笔记本电脑一般会在机身上搭载一套定位设备（相当于台式电脑的鼠标，也有搭载两套定位设备的）。早期一般使用轨迹球（Trackball）作为定位设备，现在较为流行的是触控板（Touchpad）与指点杆（Pointing Stick）。笔记本电脑定位设备如图14-4所示。

轨迹球

触控板

指点杆

图14-4 笔记本电脑定位设备

（6）硬盘

硬盘的性能对系统整体性能有至关重要的影响。笔记本电脑的硬盘分为两种：一种是传统的机械硬盘（HDD），另一种是现在流行的M.2固态硬盘（SSD）。机械硬盘价格便宜，不容易坏，但是读写速度远远不及固态硬盘，不推荐作为笔记本电脑的主硬盘，可以当作从硬盘，存储不常用的数据。固态硬盘充当系统盘，加载速度也会明显提升。

硬盘的尺寸分为1.8英寸和2.5英寸。现有的笔记本电脑用硬盘有四种厚度规格：17mm、12.5mm、9.5mm和7mm。接口有SATA、M.2和IDE接口。目前M.2固态硬盘是笔记本的标配。

（7）电池

与台式电脑不同，电池不仅是笔记本电脑最重要的组成部件之一，而且在很大程度上决定了它使用的方便性，笔记本电脑对电池的轻和薄要求越来越高。常以WH为单位来衡量电池电量的多少。

目前笔记本电池种类大致有三种。一种是较为少见的镍镉电池，这种电池具有记忆效应，即每次必须将电池彻底用完后再单独充电，充电也必须一次充满才能使用。如果每次充放电不充分，充电不满或放电不净都会导致电池容量减少。第二种是镍氢电池，这种电池基本上没有记忆效应，充放电比较随意，因此如果电池处于不足状态，就可以一边充电一边使用电脑，如果无交流供电，电池可以自动供电。以上两种电池的单独供电时间标称一般不会超过2个小时。第三种锂电池是目前的主流产品，特点是高电压、低重量、高能量，没有记忆效应，也可以随时充电。在其他条件完全相同的情况下，同样重量的锂离子电池比镍氢电池的供电时间延长5%，一般在2个小时以上。

目前，笔记本电池主要分为3芯、4芯、6芯、8芯、9芯、12芯等。芯数越大，续航时间越长，价格也越高，一般4芯电池可以续航2小时，6芯则为3小时。

（8）声卡和显卡

目前的笔记本电脑普遍使用16位的声卡，也有32位的。但它们音响效果的区别不是普通人耳朵能够听出来的，因此16位声卡的笔记本电脑完全可以适用于一般办公和娱乐。大部分的笔记本电脑还在主板上集成了声音处理芯片，并且配备小型内置音箱。但是，笔记本电脑的狭小内部空间通常不足以容纳顶级音质的声卡或高品质音箱。

显卡作为电脑主机里的一个重要组成部分，对于喜欢玩游戏和从事专业图形设计的人来说显得非常重要。显卡有两大主流品牌，分别是NVIDIA（英伟达）和AMD（超威半导体）。显卡主要作用就是在计算机中承担着图形输出功能，笔记本电脑的显卡分为独立显卡、集成显卡、核显。

① 独立显卡：是指以独立板卡形式存在，可在具备显卡接口的主板上自由插拔的显卡。独立显卡分为内置显卡和外置显卡。独立显卡具备单独的显存（主流2GB或4GB的），不占用系统内存，而且技术上领先于集成显卡，能够提供更好的显示效果和运行性能。独立显卡优点：显示成效和性能更好。缺点：系统功耗较大，发热量较大，需额外花费购买显卡的资金。

② 集成显卡（集显）：一般不带有显存，而是使用系统的一部分主内存作为显存，具体的数量一般是系统根据需要自动动态调整的。显然，如果使用集成显卡运行需要大量占用内存的空间，对整个系统的影响会比较明显，此外系统内存的频率通常比独立显卡的显存低很多，因此集成显卡的性能比独立显卡要逊色一些。集成显卡优点：功耗低、发热量小、性价比高。部分集成显卡的性能已经可以和低档的独立显卡相媲美，所以如无特殊需要，不用花费额外的资金购买显卡。

③ 核显：核显和集成显卡相比，现在性能都差不多，原来集成显卡做到北桥上，后来AMD和Intel全部把集成显卡整合到CPU里，也就是核显。

显卡选择：独立显卡性能一般优于集成显卡和核显，日常办公、影视娱乐、重视续航的一般选择集成显卡或核显；想玩 3A游戏、CAD制图、3D建模、动画设计、生产创作的一般选择独立显卡。

【知识贴士】笔记本的独立显卡主要采用英伟达研发的产品，有三个系列：MX系列（低端）、GTX系列（中端）和RTX系列（高端）。其中MX系列（代表MX450）属于入门级准游戏显卡，GTX（代表GTX1060）系列属于入门级游戏本的标配，RTX系列（代表RTX3060）属于高端游戏本的标配。

（9）内存

笔记本电脑内存条比台式机小。Mini内存用于日系小尺寸笔记本，GA（网格阵列）封装的内存颗粒用于DDR2、DDR3、DDR4和DDR5内存，选购时主要关注容量、频率、时序、颗粒、外观等方面，笔记本内存分类如表14-1所示。

表14-1　笔记本内存分类

分类	频率	针脚数
SD	100MHz、133MHz	144
DDR	266MHz、333MHz、400MHz、533MHz	200
DDR2	533MHz、667MHz、800MHz、1066MHz	200
DDR3	1066MHz、1333MHz、2666MHz	204
DDR4	2400MHz、2666MHz、3200MHz	288
DDR5	4800MHz、5200MHz、6400MHz	288

（10）键盘

各种笔记本电脑的键盘形状千差万别，标准化较差。一些外形尺寸完全一样的键盘，也有不少由于内部接口和连线不同而不能通用。但国内销售的笔记本电脑基本上都是85～88键的美式键盘，按键大小基本相同。

（11）外接电源适配器

笔记本电脑工作的动力之源是个高品质的开关电源，其工作原理与彩电等家电中的开关电源是一样的，它的作用是为笔记本电脑提供稳定的低压直流电（一般在12～19V之间）。作为电源系统的重要部分，它主要起到为笔记本提供外接电源的作用，输入电压范围为100～240V、频率50～60Hz、电流1.5A的交流电，经过转换，输出为直流。由于目前各笔记本厂家的外接电源适配器尚无统一标准，不同厂家不同产品的电源适配器一般不能通用，否则可能会造成机器损坏。

（12）扬声器

目前的笔记本一般会至少配备2个扬声单元（扬声器）来实现立体声效果，少部分产品会配备4组扬声单元，而音量和音质取决于音腔大小和品质，部分产品还会搭载低音炮单元或专业调教来提升音质。

（13）无线网卡

笔记本的无线网卡大多采用的也是M.2接口的，当然少部分轻薄本也有直接将无线网卡焊接封装在主板上的。无线网卡的性能也有优劣之分，传输速率有867Mbit/s、1.73Gb it/s和2.4Gb it/s几种。

（14）笔记本的接口

一台好的笔记本电脑，需要的不仅是最好的部件、高质量的性能，还要有多种接口，以为笔记本电脑提供良好的扩展性。主要接口有VGA图形接口、RJ45以太网接口、HDMI（高清晰多媒体接口）、USB接口、IEEE 1394接口、FIR（快速红外）传输端口、PCMCIA（Personal Computer Memory Card International Association，个人计算机存储卡国际联合会）接口、音频输入输出接口、RJ11电话线接口等。联想笔记本电脑接口如图14-5所示。

图14-5　联想笔记本电脑接口示意图

（15）屏幕

屏幕是人机对话的窗口，主要有5个参数：面板、色域、屏幕尺寸、屏幕分辨率、屏幕刷新率。用来玩游戏的，建议买大屏幕、高刷新率的。用来设计的，建议买大屏幕、高色域的。

主流的屏幕刷新率一般为60Hz、90Hz、120Hz、144Hz和165Hz。平时办公娱乐基本60Hz就能满足，玩游戏建议120Hz，大型3A游戏等建议144Hz就可以了，人眼能分辨的刷新率极限也就在200Hz，因此有些屏幕刷新率达到200Hz以上的其实完全可以不用考虑。

【知识贴士】笔记本电脑的新功能、新技术：面部识别、指纹识别、硬件加密和可信平台模块（TPM）等可以增强笔记本电脑的安全性的技术；APS（自动保护系统）硬盘防振技术（可检测机身突发变动，并可临时停止硬盘运行，以帮助保护用户的数据）；键盘防水；多点触控触摸板等。

【任务实施】

在熟悉笔记本电脑电路架构的基础上，掌握基本的拆装技巧，在此基础上能够进行常见故障分析与维护。

第一步：认识笔记本电脑的电路结构

笔记本电脑的维护需要了解整个电路结构。笔记本电脑的电路原理结构如图14-6所示。

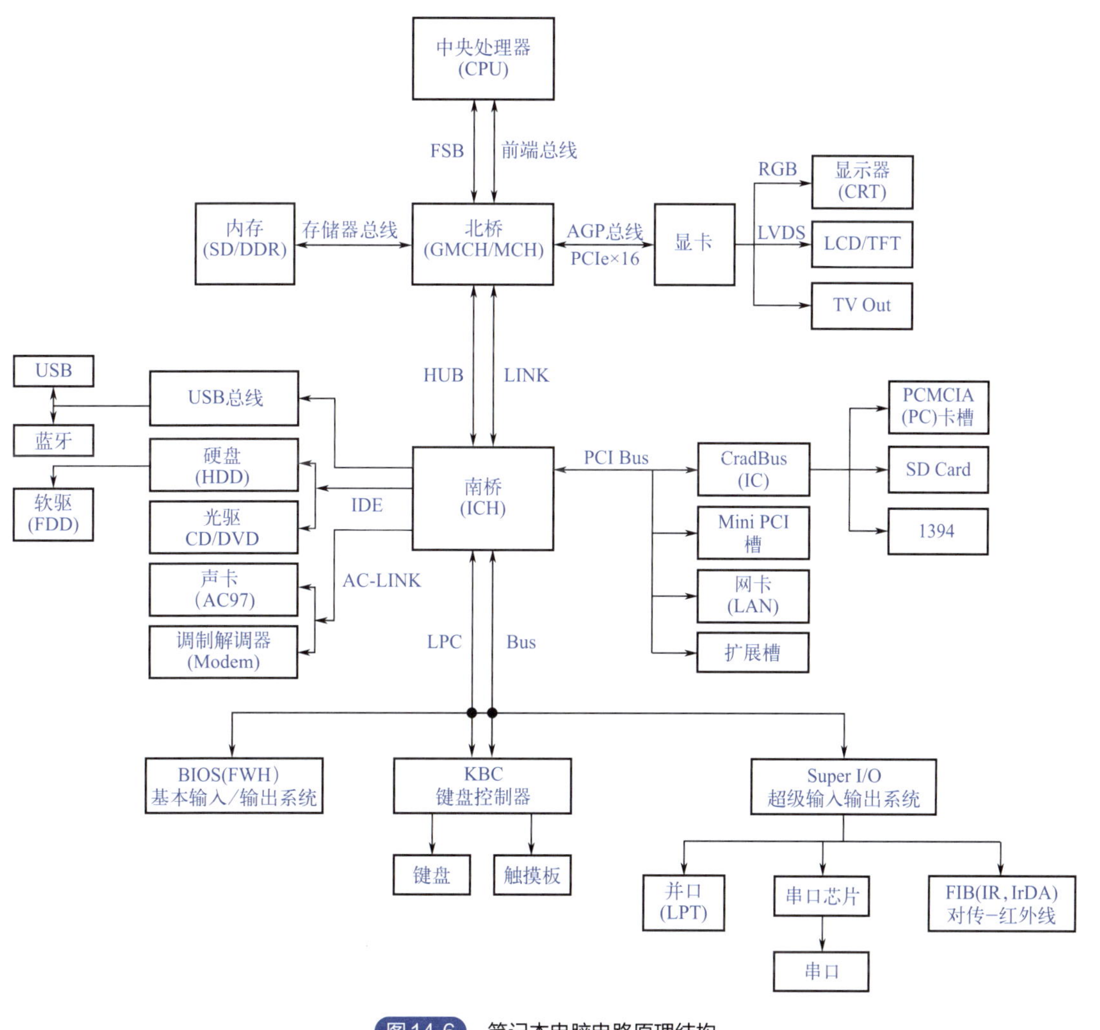

图14-6 笔记本电脑电路原理结构

下面就笔记本电脑电路原理结构图做简要介绍。

（1）GMCH

图形内存控制集线器（Graphics & Memory Controller Hub，GMCH），有的内部集成了显示功能的北桥芯片，如915GM。它主要处理高速设备，包括显卡、内存和CPU之间的通信。它相当于CPU的管家，将CPU的指令分发给相应的模块，或将各模块向CPU的请求在恰当时候通报CPU。它也像网络中使用的集线器，实现一点与多点的连接。

（2）ICH

输入/输出控制集线器（I/O Controller Hub，ICH），也叫I/O控制器，主要负责低速设备，它可以为系统提供强大的数据I/O支持。它提供的接口和相应的周边设备有：PCI总线、IDE设备（光驱和硬盘）、声卡、网卡、USB。以I/O控制器为核心分别连接了IDE（光驱和硬盘）、USB、网卡、声卡、PCI总线和扩展槽等器件的控制电路和接口电路。

（3）LPC接口及LPC总线上的设备

短引脚计数（Low Pin Count，LPC）总线用少量的信号线完成较低速的数据传输。ICH直接提供了接口来引出LPC总线，LPC总线上一般连接FWH（固件集线器）、Super I/O和KBC等设备。

（4）FWH

FWH（Firm Ware Hub，固件集线器）内固化着系统BIOS和显示BIOS。系统启动时，首先执行这段固化的程序，完成系统硬件资源的测试与配置，并使计算机从硬盘加载操作系统。不仅如此，它还在系统运行的全过程中担任着系统硬件层与操作系统的基本输入/输出接口。

（5）PCI接口和PCI总线上的设备

ICH提供了PCI接口，用以连接PCI总线（Bus）。PCI总线是广为使用的技术，很多板卡、设备支持PCI接口，在台式机主板上，总能发现白色的PCI扩展槽，用来插接显卡、声卡、网卡等。笔记本不提供PCI扩展槽以节约空间，它的PCI设备常常是直接制作在主板上的。

（6）LVDS接口和液晶显示器（LCD）控制

LVDS（Low Voltage Differential Signal，低电压差分信号）是专门用于LCD的控制信号。液晶显示器控制信号分两部分，即扫描点阵的信号和控制背光灯亮度的信号。

（7）声卡AC97

ICH支持AC97音频输入/输出标准，即所谓的软声卡。它将音频信息以一定格式的数字信号输出，将此信号用解码器（Coder）解码，还原出音频信息，再经过数/模转换器变为模拟信号，经过放大器放大，便可输出至耳机、音箱，发出声音。

（8）局域网连接器接口和局域网插口

RJ45插口用于接入局域网。这与无线网络连接是不同的，这是一种基于有线的连接。ICH提供了LAN接口及局域网连接器接口。真正管理网络的是网卡控制器，并集成在ICH内。

（9）Super I/O

超级输入/输出接口（Super Input/Output，简称Super I/O或SIO），它包括串口、并口、红外接口。这些接口全部通过模块组连接到LPC总线上。

【特别提示】另外还有笔记本电脑的充电电路，此部分电路实现的是对笔记本电脑上的锂电池的充放电管理，以防止电池过充产生危险；还有DC/DC（直流分配器），将电池的输出直流电压或者外接电源输入的电压转变成各种不同电平的直流电压并提供一定的带负载能力，给电路各部分提供电源。

第二步：笔记本电脑的拆装

笔记本电脑维护、部件升级前提是要掌握笔记本电脑拆装技巧。由于笔记本电脑的品牌不同，结构差异大，拆装技巧当然也不同，但还是有一定规律可循的。

（1）准备拆装工具

① 准备各种直径的十字螺丝刀，螺丝刀最好用带有磁性的。部分机型在拆卸时需要用内六角的螺丝刀，最好能购买成套的六角螺丝刀，这样使用比较方便。

② 准备两把镊子。一把尖的镊子，一把钝的镊子。

③ 准备斜口钳、尖嘴钳和钢丝钳等夹取工具。

④ 准备螺钉盒。用于盛放螺钉，防止螺钉丢失。最好有个磁铁吸住卸下的螺钉。

⑤ 准备多只大小不同的盒子，用于盛放拆卸后的部件。

⑥ 准备撬卡扣的硬塑料卡片。防止划伤外壳，影响美观。

（2）笔记本拆机注意事项

① 拆装人员应佩戴相应器具（如静电环等），做好静电防护，而且不要穿涤纶、麻类衣服，注意防止静电。

② 拆机之前要检查机器外壳有无划伤、缺少螺钉，机器是否能启动，硬盘内是否有重要资料，确认后方可拆机。

③ 拆机之前要断开供电电源（电源适配器、电池），并按下开关键3～5s，放掉电路中的余电。

④ 在工作台上铺一块防静电软垫，确保工作台表面的平整和整洁，防止刮伤笔记本的外壳。

⑤ 拧下的内部螺钉和外部螺钉最好分开放置，并记下螺钉的长短、位置。

⑥ 个别部位拆不开时要观察有无暗扣，商标或保修贴下是否有螺钉，不可用蛮力强拆。

⑦ 拆装部件时要仔细观察，明确拆装顺序和安装部位，拆下的配件依次放置好，以便装机时依次安装，必要时用笔记下顺序或标注。

⑧ 拆卸各类电线时不要直接拉拽，否则会造成不可逆的损坏。一般线缆接口固定方式有两种：一种是卡口上拉型，另一种为卡口外拉型。仔细观察辨认是何种类型，动作要轻。

⑨ 拆下的液晶屏要轻拿轻放，防止造成屏划伤或屏碎。另外，硬盘也要轻拿轻放。

华硕笔记本的拆机案例

【特别提示】注意标签处的螺钉，有些厂家有意用标签盖住螺钉，并注意螺钉的长短区别和安装部位。

（3）认识笔记本底部拆装标识

在拆机前，还需要了解笔记本底部的各种标识符，这样想拆下哪些部件就能一目了然了。

① 认识电池标识。电池的标识如图14-7所示。只要拨动电池标识边上的卡扣，就可以拆卸电池。

② 认识光驱的标识。光驱的标识如图14-8所示。固定光驱的螺钉拧下后才可以拆卸光驱。

图14-7 电池的标识

图14-8 光驱的标识

某些光驱是卡扣固定的，只要扳动卡扣就可以拆卸光驱。此类光驱多支持热插拔，商用笔记本多支持此技术。

③ 认识内存标识。通常内存插槽由两颗螺钉固定。内存的标识如图14-9所示。

④ 认识无线网卡标识。无线网卡的标识如图14-10所示。需要注意的是，不带内置无线网卡的笔记本是不会有此标识的。

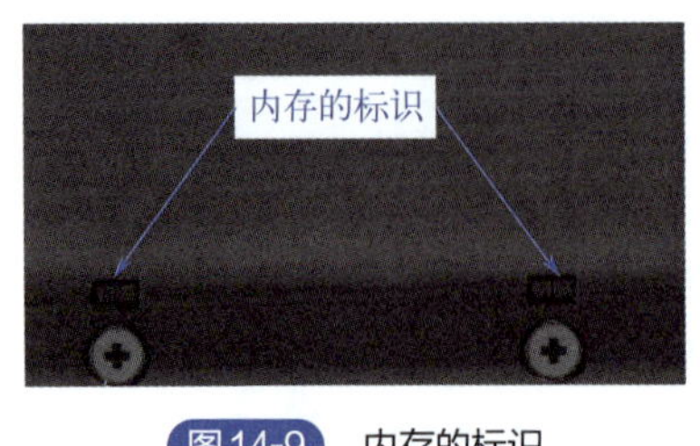

图14-9 内存的标识

图14-10 无线网卡的标识

⑤ 认识硬盘的标识。硬盘的标识如图14-11所示。

⑥ 认识键盘标识。键盘标识如图14-12所示。有的键盘有固定螺钉，必须拆下底部相应的螺钉才能拆下键盘。

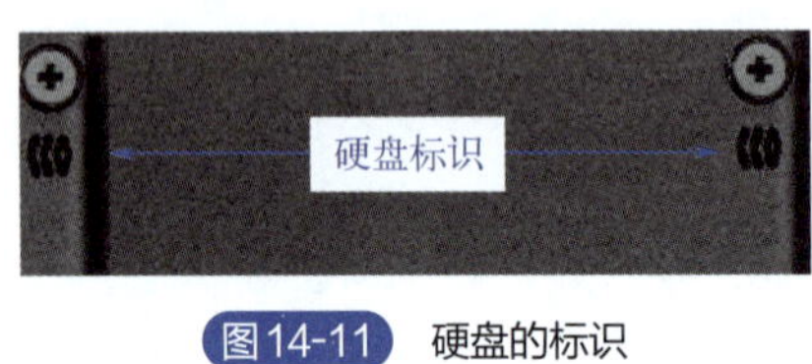

图14-11 硬盘的标识

图14-12 键盘标识

（4）笔记本电脑的拆卸步骤

笔记本电脑在使用中会出现故障，更换部件需要拆卸笔记本电脑，对部件进行升级也是如此。拆卸笔记本是有风险的，要掌握一定的顺序和技巧，必要时要学习网络资源和厂家说明书。

① 拆内存。内存相对来说是最容易取下来的。先在笔记本的底部找一找，拧下盖板上做标记的螺钉。如果没有也不要紧，把笔记本底部能打开的盖板全打开，一般可以找到内存和硬盘。

看到内存条后，将内存条两侧的卡扣平行向外侧拉开，内存条就自动弹出来了。笔记本内存如图14-13所示。装回时先将内存条以倾斜30°左右的方向斜插入插槽，一是要注意使“金手指”完全插入插槽中，二是要注意让“金手指”缺口对齐插槽上的突起。确定后用力按下内存条，如果听到一声脆响，表明内存条已经安装到位。

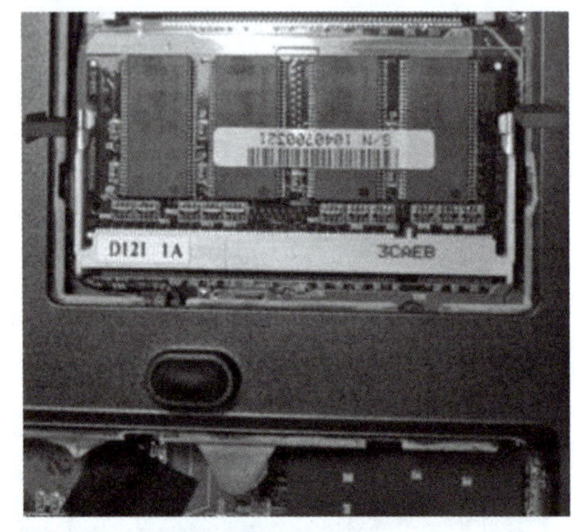

图14-13 笔记本内存

有个别时候会出现特殊情况，电脑背面只有一条内存插槽，另一条内存插槽需要打开键盘才能找到。这时，需要先在笔记本电脑的底面找到固定键盘的螺钉（通常在螺钉旁边都会有相应的标识）。拆下螺钉后，打开笔记本电脑的屏幕，在键盘区的边缘找到长方形的卡扣，一一打开，然后就能将键盘从笔记本电脑上移开了。移开键盘后，会在主板中间部位找到另一条内存插槽。也有个别品牌的内存安装的位置比较怪异，比如苹果笔记本的内存就藏在电池的后面。拆卸时需要首先拿下电池，然后根据旁边贴着的图示操作即可。

② 拆硬盘。硬盘通常也和内存一样，打开底部的盖板就可以看到，笔记本硬盘如图14-14所

示。有的厂商还会给硬盘包上一个金属保护外壳，取下周围的固定螺钉后一起拉出即可。现在很多笔记本都会在硬盘上加一个塑料拉手，值得称赞，如图14-15所示。大多数的电脑都将硬盘安装在了底面，并有明显标识指向硬盘位。找到硬盘位后，能够很容易拆下或更换硬盘。

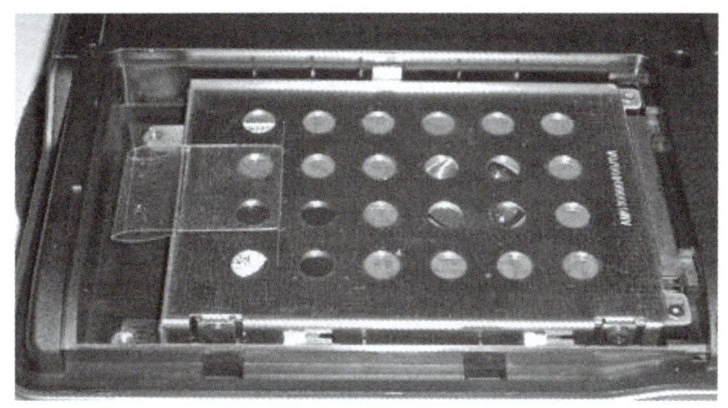

图14-14 笔记本硬盘

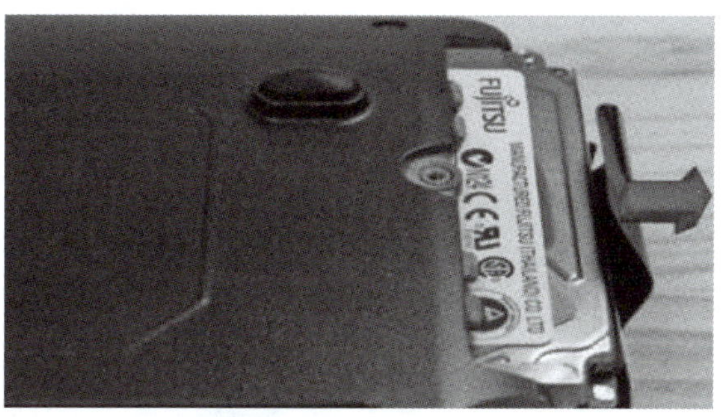

图14-15 硬盘上加一个塑料拉手

如果在底部没有找到硬盘，那么很可能硬盘设置在侧面。只有少数袖珍笔记本设计特殊，需要打开掌托才能更换硬盘，这就要麻烦得多。硬盘插回去的时候要注意方向，注意对齐针脚。

③ 拆光驱。光驱的取下也很简单，多数是在光驱尾部用一颗螺钉固定，取下螺钉后再用手指将光驱拉出。

另外有的笔记本电脑本身支持减重模块，设有一个专门的按钮，拨动一下就可抠出光驱。

目前，也有很多笔记本电脑没有光驱。

④ 拆无线网卡。无线网卡采用Mini PCI接口，插槽看上去和内存插槽有几分相似，无线网卡的拆卸、安装与内存条也很相似。只是无线网卡带有天线，天线通常设置在LCD旁边，再用引线与无线网卡连接起来。在取下无线网卡前先得取下天线，天线是非常细小的同轴电缆，用镊子或者手指拨出时需要小心一点，不要弄弯或者弄断引脚。无线网卡正面如图14-16所示。无线网卡反面如图14-17所示。

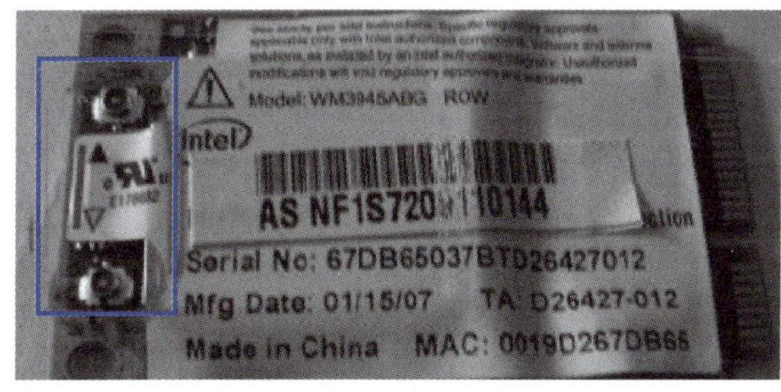

图14-16 无线网卡正面

图14-17 无线网卡反面

在将天线装回时要注意不要接反了。天线是一黑一白两根，在无线网卡接口处有“MAIN”标识的接白色天线，标有“AUX”的接黑色天线。有的笔记本虽然没用颜色区分，但是也会标明连接的方向，就更不容易出错了。

⑤ 拆键盘和键帽。在进行拆卸之前先要确定笔记本键盘的封装类型，现在常见的主要有三种：一种是内嵌式固定型，一种是卡扣式固定型，还有一种是螺钉固定型。

a. 内嵌式固定键盘。这种键盘的固定方式多见于Dell商务机和日系的笔记本中，从机身后面看不见固定螺钉，拆卸时要先把键盘上方的压条拆除。这种压条在机器背后通常有固定的螺钉。注意键盘下方的数据线，不要硬拉。

除了挡板（压条）有螺钉固定之外，还有的笔记本采用内嵌式键盘而挡板没有采用螺钉固定。从转轴处将挡板撬起，慢慢延伸至前面板，整体取下，如图14-18所示。

b. 卡扣式固定键盘。卡扣式固定键盘多见于台系笔记本电脑。拧下背部的固定螺钉，注意观察卡扣位置，用硬物（塑料片、硬的身份证等）将卡扣撬开。

c. 螺钉固定型键盘。螺钉固定型键盘的笔记本主要出现于欧美机型。如早期的ThinkPad和HP等。首先，把笔记本电脑翻过来，卸下背后印有键盘标记的螺钉，如图14-19所示。

图14-18 内嵌式固定键盘拆卸

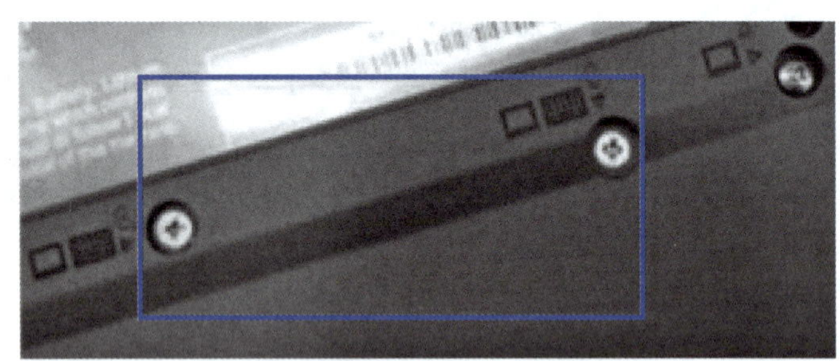

图14-19 键盘标记的螺钉

卸下印有键盘标志的螺钉之后，将键盘下方的部位向上翘起，注意不要用力过猛。待整个键盘的下部脱离机体之后，再向下抽出键盘，但要注意下面连着的数据线。拆开键盘后机身就露出了差不多一半，已经可以看到主板的许多元件，比如CPU或者北桥芯片。

再顺便谈一个小技巧，那就是如何取下键盘的键帽。键帽与键盘都是用卡榫连接，取时用中指轻压键帽上方，大拇指抵住键帽下边缘，垂直向上用力，键帽就会被取下。安装时对准位置，用力按下键帽即可。

⑥ 拆CPU及热散热管。CPU是笔记本电脑的大脑，不过出于散热的考虑，通常情况下它都不会“深藏不露”。很多笔记本电脑的CPU打开底部的盖板就可以看到。只有少数笔记本才需要取下键盘甚至把上盖拆开才能看到。判定CPU的大体位置不难，因为它总在出风口附近，嗡嗡作响的风扇处就是CPU的位置。CPU及热散热管如图14-20所示。

在与CPU打交道前，先取下热散热管旁边的散热风扇电源接口，再取下固定螺钉（一般只在CPU插座周围才有），拿开热散热管装置，CPU就露出来了。可以看到笔记本电脑所用的CPU核心直接裸露在外面，没有台式机CPU的保护盖，因此当心不要压坏CPU核心。

露出CPU后不可硬拨，笔记本的CPU用ZIF（零插拔力）插座锁定，没有拨杆，插槽上黑色的平口螺钉就是固定装置，在它的旁边还各有一个锁状标记，指明了目前固定螺钉的状态。这时用平口螺丝刀将固定螺钉旋转180°，CPU就很容易取下，如图14-21所示。

图14-20 CPU及热散热管

图14-21 用平口螺丝刀旋转180°

CPU安装时也有方向性，将CPU上的三角形标记对准插座上缺角处，这点和台式机类似。插好后再反向旋转固定螺钉180°，直到固定螺钉的指针指向了锁定标记，这样CPU才算装好。在装回热散热管的时候，记住接上风扇的电源接口。

⑦ 拆掌托。掌托也可称为机身上盖，掌托上可能会粘着更多的连线。这一步可以称为拆机的关键，因为在拆下掌托后，就能够完全看到主板。取下机身上盖通常有两种情况：一种是机身上盖浑然一体；一种是上盖分成了两部分，即键盘上方一部分，从掌托延伸出来的又是一部分。后一种情况在键盘拆卸部分就已经涉及，这里只说第一种情况。在这种情况下，拆卸的第一步是取下LCD旋转部分的铰链盖。铰链盖也是用卡榫连接，先松开LCD里面的边缘要容易些，再抠松机身外面的边缘，就可以取下来了。

然后取下底部所有的螺钉，要注意的是现在很多笔记本在底部贴了不少的标签，可能会遮住螺孔。再取下键盘下方的上盖固定螺钉（如果有的话）。取下这些螺钉后，上盖已经有了松动的迹象，再用手或硬卡片沿着机身边缘慢慢撬动，直到上盖脱离机身。注意这时不能用力拽上盖，因为有连线接在上盖上。

⑧ 拆LCD。观察LCD的边框，可看到几个突出的橡胶小圆点，下面就藏着边框的固定螺钉，将它们全部取下，然后沿着LCD的内边框（注意不要划伤LCD）将边框松开，面板就露了出来。如果再接着取下面板的固定螺钉，面板也可取下。

笔记本的LCD里通常还藏着与主板相连的电源线、显示信号线以及无线网卡天线，还可能看到摄像头的数据线（现在流行给笔记本内置一个摄像头），要注意不要把这些连接线扯坏。

安装时要遵循记录，按照与拆开相反的顺序依次进行。

【特别提示】从实践来看，拆卸笔记本电脑并不容易造成部件的损坏。但是拆完后笔记本黑屏或者不能还原，在新手操作中确实是存在的。因此刚拆笔记本时一定要小心，不能确定的地方千万不要用蛮力。再就是拆卸一定要遵循循序渐进的原则，一次不要拆得太多，在熟悉后再逐渐向笔记本电脑内部扩展。这样遇到的麻烦会少得多。

第三步：笔记本电脑的维护与保养

（1）笔记本电脑的日常维护

笔记本电脑的维护非常重要，日常维护应掌握以下几点。

① 保护电路，远离有水、火、强电场、潮气的环境。

② 保护硬盘，防止振动，不要强断电关机。

③ 保护显示屏，防止挤压屏幕，不要随意擦拭屏幕，要用眼镜布或者屏幕专用清洁布擦拭。

④ 保护各种接口，不要开机后接设备，除USB设备，其他设备最好在开机前接好再用，防止烧口。

⑤ 保护键盘，不要在键盘上压东西，不要用力敲打。

⑥ 保护CPU，笔记本不能放在松软处，要保持四边和下面的通风良好，保证良好的散热。

（2）笔记本电脑液晶显示屏的维护与保养

液晶显示屏约占整机价格的1/3，且平时在使用中最容易损坏。日常维护应注意如下几点。

① 保持干燥的工作环境。液晶显示器（屏）对空气湿度的要求比较苛刻，所以必须保证它能够在一个相对干燥的环境中工作。特别是不能将潮气带入显示器的内部，这对于一些工作于环境比较潮湿的用户来说，尤为关键。最好准备一块干净的软布，随时保持显示屏的干燥。如果水分已经进入液晶显示器里面的话，就需要将显示器放置到干燥的地方，让水分慢慢地蒸发掉，千万不要贸然地打开电源，否则显示器的液晶电极会被腐蚀掉，从而铸成大错。

② 使用间歇期注意保持休眠状态。较长时间离开时，可通过键盘上的功能键暂时仅将液晶显示屏电源关闭。有的机型是合上显示屏，这除了省电外，还可延长屏幕寿命。

③ 合理安排使用时间和调整显示亮度。LCD与CRT相比，其使用寿命要短许多。它的显示照明来自装置在其中的背光灯管，使用超过一定时间，背光灯的亮度就会逐渐地下降。因此屏的亮度不可过高，这样会使灯管过度疲劳，必然会加速灯管的老化。调整屏幕亮度可以有效地延长屏幕寿命，过亮或过暗的亮度都会对屏幕造成损害。

④ 充分保证液晶显示屏的健康。液晶显示屏非常脆弱，在剧烈的移动或者振动的过程中就有可能损坏显示屏。不要用力盖上液晶显示屏的屏幕上盖或是放置任何异物在键盘及显示屏之间，避免上盖玻璃因重压而导致内部组件损坏；千万不要用手指甲及尖锐的物品（硬物）碰触屏幕表面，以免刮伤。

⑤ 定时定量清洁显示屏。由于灰尘等不洁物质，液晶显示屏上经常会出现一些难看的污迹，所以要定时清洁显示屏。拿蘸有少许玻璃清洁剂的软布小心地把污迹擦去（购买液晶显示屏专用擦拭布更好）。擦拭时力度要轻，否则显示屏会短路损坏，擦的过程中始终顺着一个方向。清洁显示屏还要定时定量，频繁擦洗也是不对的，那样同样会对显示屏造成一些不良影响。切忌用手指擦除，以免刮伤、留下指纹。

（3）电池的维护与保养

① 新电池的使用。当购买了一块新电池或一台新笔记本电脑时，会发现电池电量很少，或许根本启动不了电脑。这是因为电池经过长时间的存放，已经自然放完电了，这并不影响电池的容量。

一般的做法是为电池连续充放电3次，才能够让电池充分地预热，真正发挥潜在的性能。这里说的充放电指的是用户对电池进行充满/放净的操作，记住，一定要充满，放干净，然后再充满，再放干净，这样重复3次。电池不要随意取出，要保证电池经常处于满电状态和激活状态。此后就可以对电池进行正常的使用了。

② 电池的充、放电。开始给电池充电之后，最好等它完全充好电之后再使用。由于笔记本电脑使用的锂电池存在一定的惰性效应，长时间不使用会使锂离子失去活性，需要重新激活。因此，如果长时间（3个星期或更长）不使用电脑或发现电池充放电时间变短，应使电池完全放电后再充电，一般每个月至少充放电1次。具体做法就是用电池供电，一直使用到电池容量为0%（这时系统会自动进入休眠或待机状态，根据BIOS中设置不同），然后接上交流充电器一直充满到100%为止。

③ 电池的节电与卸载。尽可能用电源适配器，这样当真正需要用到电池时，手边随时都会有一块充满的电池。尽可能调低屏幕亮度，液晶显示屏越亮，所消耗的电能越多。在同时使用交流电及电池运行笔记本电脑时（即开机状态下），切勿取出电池，否则有可能使电池损坏，正确方法是关机后再取出电池。

电池驱动时最好选择“休眠”，“休眠”状态会关闭硬盘、CPU、内存的所有电源，没有耗电；关闭未使用的功能可以有效地节省电池寿命，如蓝牙、Wi-Fi等。

（4）键盘的维护与保养

清洁时千万要小心，一定要先关闭电源，然后用小毛刷或气吹球来清洁缝隙的灰尘；或使用掌上型吸尘器来清除键盘上的灰尘和碎屑。接下来再用软布擦拭键帽，可在软布上蘸上少许清洁剂，在关机的情况下轻轻擦拭键盘表面。

（5）硬盘的维护保养

硬盘特别娇贵，在硬盘运转的过程中，尽量不要过快地移动笔记本电脑，当然更不要突然撞击笔记本电脑。

① 尽量在平稳的状况下使用，避免剧烈晃动计算机。

② 开关机过程是硬盘最脆弱的时候。此时硬盘轴承转速尚未稳定，若产生振动，则容易造成坏道。故建议关机后等待约10s后再移动笔记本电脑。

③ 平均每月执行一次磁盘查错及碎片整理，以提高磁盘存取效率。

④ 注意不要接触带磁性的物品，切忌将磁盘、CD、信用卡等带有磁性的东西放在笔记本电脑上，因为它们极易消去电脑硬盘上的信息。

（6）光驱的维护与保养

① 使用光盘清洁片，定期清洁激光读取头。

② 笔记本电脑光驱的激光头多和托盘制作在一起，为避免CD托盘变形，在取放光盘时，一定要双手并用，一只手托住托盘，另一只手将光盘片固定或取出。

③ 注意及时取出光盘。如果笔记本电脑发生跌落或磕碰，会导致盘片与激光头产生碰撞，这样极易损坏盘中的数据或驱动器。

（7）触控板的维护与保养

一般的触控板都分为多层，第一层是透明的保护层，第二层为触感层。需要注意的是第一层，这层保护层主要功能是加强触控板的耐磨性。

由于触控板的表面经常受到手指的按压和摩擦，所以这层保护层的作用至关重要。千万注意不要不小心让硬东西将这层保护层划破，保护层只要破了一点，其余的部分很快就会脱落，到时候整个保护层掉光了，触控板的耐磨性就非常脆弱了，很容易由长时间的摩擦导致其失灵。

当然，保持触控板的清洁也是必要的。不可以让触控板碰到水之类的流质物体，使用触控板时请务必保持双手清洁，以免发生光标乱跑现象。不小心弄脏表面时，可将干布蘸湿一角轻轻擦拭触控板表面即可（在关机的状态下），请勿使用粗糙布等物品擦拭表面。触控板是感应式精密电子组件，请勿使用尖锐物品在触控板上书写，亦不可重压使用，以免造成损坏。

【特别提示】定期使用外部存储方式（比如光盘刻录、磁带存储、外置硬盘或网络共享）进行外部备份，以确保在关键时刻可以保住重要数据。

（8）笔记本常见故障分析与维修案例

笔记本出现故障后，如果自己不能解决时，不要盲目拆机，否则有可能扩大故障。应该先对故障现象进行分析，找出故障原因后再进行针对性处理。下面给出了笔记本电脑比较常见的软、硬故障案例，并给出了故障分析及处理方法。

【案例1】笔记本开机不通电，无指示灯显示

① 拆除系统电池和外接电源，按下开机按钮后，释放静电若干秒。

② 单独接上标配外接适配器电源，开机测试。

③ 如果按步骤②的方法能正常开机，则拔除外接电源，安装系统电池，开机测试。

④ 故障件确认：使用最小化测试方法，即维持开机最少部件（主板和CPU），如果测试能正常开机，则可以通过逐个增加相关部件，找出发生故障的部件或者安装问题；如果仍然不能开机，则可能的故障部件为主板、电源板或CPU，应更换相应部件后再进行测试。

【案例2】笔记本开机指示灯显示正常，但显示屏无显示

① 外接一个显示设备，并且确认切换到外接显示状态。

② 如果外接显示设备能够正常显示，则通常可以认为CPU和内存等部件正常，故障部件可能为液晶屏、屏线、显卡（某些机型含独立显卡）和主板等。

③ 如果外接显示设备也无法正常显示，则故障部件可能为显卡、主板、CPU和内存等。

④ 进行最小化测试，注意内存、CPU和主板之间的兼容性问题。

【案例3】液晶屏有画面，但显示暗

① 背光板无法将主板提供的直流电源进行转换，无法为液晶屏灯管提供高压交流电压。

② 主板和背光板电源、控制线路不通或短路。

③ 主板没有向背光板提供所需电源或控制信号。

④ 休眠开关按键不良，一直处于闭合状态。

⑤ 液晶屏模组内部的灯管无法显示。

⑥ 其他软件类的一些不确定因素等。

【案例4】开机或运行中系统自动重启

① 系统文件异常，或中病毒。

② 主板、CPU等相关硬件存在问题。

③ 受到使用环境的温度、湿度等因素干扰。

④ 系统可能设置了定时任务。

【案例5】USB/1394接口设备无法正常识别、读写

① 在其他机型上使用USB/1394相关设备，如果也无法正常使用，则USB/1394设备本身存在问题。

② 检查主板上其他同类型端口是否存在相同的问题，如果都有故障，则可能为主板问题。

③ 检查是否存在设备接口损坏、接触不良、连线不导通、屏蔽不良等设备接口问题。

④ 使用其他型号USB/1394设备测试，如果使用正常，则可能是兼容性问题。

⑤ 检查USB/1394设备的驱动程序是否正确安装。

【案例6】液晶屏“花屏”

① 如果开机时的Logo（标识）画面液晶屏显示“花屏”，则可以连接外接显示设备，若能够正常显示，则可能是液晶屏、屏线、显卡和主板等部件存在故障；若无法正常显示，则故障部件可能为主板、显卡、内存等。

② 如果在系统运行过程中不定时出现“白屏、绿屏”相关故障，则通常是显卡驱动兼容性问题所导致。

【案例7】网络无法连接

① 网络图标打“红叉”，显示网络不通，可能是主板、网线、相关服务器和其他软件存在问题。

② 显示网络已连接，但是无法上网，可能是主板、网线、相关服务器和其他软件设置存在问题。

③ 有些网页能够连接，而有些网页连接不上，经常断线，可能是网络的MTU（Maximum Transmission Unit，最大传输单元）值不对。

【案例8】触摸板无法使用或者使用不灵活

① 触控板无法实现鼠标类相关功能，可能为快捷键关闭或触控板驱动设置有误、主板或触控板硬件存在故障、接口接触不良或其他软件的设置存在问题。

② 使用过程中鼠标箭头不灵活，可能是机型与鼠标不匹配、使用者个体差异，或者触控板驱动等软件问题。

项目评价与反馈

表14-2为笔记本电脑拆装与维护评分表，请根据表中的评价项和评价标准，对完成情况进行评分。学生完成评分后教师再根据学生完成情况进行评分。其中：学生自评占40%，教师评分占60%。

表14-2　笔记本电脑拆装与维护评分表

班级：	姓名：		学号：		
评价项	评价标准	分值	学生自评	教师评分	得分
拆装任一品牌笔记本电脑	产品官网查阅产品说明书或维修保养手册	25			
认识部件构成与接口	依据国内外权威的计算机专业网站、有关专业教材、文献	25			
常见故障维护	依据计算机系统组装与维护课程配套网站资源和有关专业教材	40			
专业素养	各项完成的质量与效率	10			
总分		100			

思考与练习

1. 拔掉笔记本电脑内存，笔记本电脑会报警吗？请在自己的笔记本电脑上试试。
2. 笔记本电脑电池很长时间没用，如何激活电池？
3. 笔记本电脑外接交流电源适配器一般供电电压、功率是多少？
4. 根据开机屏幕提示，观察自己笔记本电脑进入BIOS的方法。

项目15 计算机网络搭建

项目导入

随着计算机网络技术与互联设备的发展，各种网络设备及互联网接入技术日新月异，要了解计算机网络的种类，熟悉计算机网络连接的常用技术，并能根据工作需要迅速搭建无线网络。

学习目标

知识目标：

① 了解计算机网络的分类；

② 能熟知品牌网络互联设备及主要技术参数；

③ 掌握无线网络技术及常用网络命令。

能力目标：

① 能够根据需求选择网络设备；

② 能够搭建家庭或办公区域无线网络。

素养目标：

① 通过资源学习，养成自主学习的习惯；

② 通过无线网络搭建过程，养成重视网络安全的意识；

③ 通过项目实施，形成吃苦奉献的良好品质；

④ 通过小组合作，提高团队协作意识及语言沟通能力。

任务15.1 了解计算机网络技术

【任务描述】

本任务是熟悉计算机网络的分类，掌握计算机HFC（混合光纤同轴电缆）、光纤宽带接入和无线网络接入技术。

【必备知识】

15.1.1 计算机网络的种类

随着计算机网络信息化技术的高速发展，人们的日常生活越来越离不开网络。计算机网络有多种分类方法，可以根据传输介质、网络覆盖的地理范围的不同进行分类。

（1）根据传输介质

一般可以分为有线网、无线网和光纤网。

有线网是指采用同轴电缆和双绞线来连接的计算机网络。双绞线是目前最常用的传输介质，它价格便宜、安装方便、传输速率高，但容易受到干扰，传输距离比同轴电缆要短。

无线网是指使用电磁波作为载体来传输数据的计算机网络，其联网方式灵活方便，是针对移动终端的一种主流联网方式。

光纤网是指采用光导纤维作为传输介质的计算机网络。光导纤维的传输距离长、传输率高、抗干扰性能强，不会受到电子监听设备的监听，适合高性能安全性网络。现在很多小区都已实现光纤入户。

（2）根据网络覆盖的地理范围

计算机网络依据网络覆盖的地理范围进行分类，一般可分为广域网、城域网和局域网（Local Area Network，LAN）。

局域网就是在局部地区范围内的网络，它所覆盖的地区范围较小。局域网在计算机数量配置上没有太多的限制，少的可以只有两台，多的可达几百台。一般来说在企业局域网中，工作站的数量在几十到两百台次左右。网络所涉及的地理距离一般来说可以是几米至数千米以内。局域网有家庭网络、办公网络、校园网络等。

认识常用网络设备

城域网（Metropolitan Area Network，MAN）是介于局域网和广域网之间的一种高速网络，覆盖范围为几十千米，是在一个城市内组建的网络，提供全市的信息服务。

广域网（Wide Area Network，WAN）也称为远程网，所覆盖的范围从几十到几千千米。因为距离较远，信息衰减比较严重，所以这种网络一般是要租用专线。

15.1.2 认识互联网接入技术

“上网”就是接入互联网。一般由互联网服务提供商（ISP）提供服务。不同场合接入互联网的方式及采用的技术不同，包括HFC接入技术、光纤宽带接入技术、无线网络接入技术。

（1）HFC接入技术

HFC（Hybrid Fiber/Coax，混合光纤同轴电缆）接入技术是一种经济实用的综合数字服务宽带网接入技术。HFC通常由光纤干线、同轴电缆支线和用户配线网络三部分组成。HFC使用的接入设备是Cable Modem（线缆调制解调器），当用户设备需要使用Internet时，用户端的Cable Modem与ISP端的Cable Modem建立连接，进而与接入服务器建立连接，ISP自动为用户分配一个IP地址，之后用户方可通过ISP的线路访问Internet。HFC接入原理如图15-1所示。

（2）光纤宽带接入技术

光纤宽带接入技术将光纤铺设到了用户家庭中，在用户家中才将光信号转换为电信号。由于光纤优异的性能，用户在网速和网络可靠性方面可以有更好的体验。根据光纤到用户的距离，光纤宽带接入可分为光纤到小区、光纤到路边、光纤到大楼、光纤到户、光纤到桌面等。我国城市已基本实现光纤到户，用户可在家中通过光猫连接光纤，使用双绞线连接个人设备，实现

图15-1 HFC接入原理

Internet的接入。

（3）无线网络接入技术

无线网络接入是有线网络接入技术的延伸。使用无线射频（Radio Frequency，RF）技术收发数据，减少线缆连接。装有无线网卡的计算机通过无线方式接入互联网。

无线网络的接入方式主要包括以下几种：

① 宽带接入。这是最常见的无线网络接入方式，通过宽带路由器和设备连接，实现高速稳定的网络连接。这种接入方式适合家庭、办公室等场景，能够支持多种设备同时上网。

② 移动网络接入。通过移动网络进行无线接入，使用智能手机、平板电脑等设备上的移动数据网络进行上网。这种接入方式灵活方便，适用于移动场景。

③ 无线网络热点接入。这是一种通过个人或公共无线网络热点分享网络的方式，用户可以通过连接这些热点来访问互联网。这种方式适用于没有固定网络接入点或者需要临时上网的场景。

【任务实施】

台式机通过安装无线网卡，连接路由器，实现无线上网。无线网卡包括USB无线网卡和PCIe无线网卡。

① 安装USB无线网卡：台式机通常无内置无线模块，需额外安装硬件。使用USB无线网卡后，台式机可以顺利接入无线网络，无需担心线缆的限制。

② 安装PCIe无线网卡：该种类型的网卡性能更稳定，支持高速率。专业游戏玩家常常选择PCIe无线网卡，以便在玩游戏或进行高清视频播放时获得更流畅的体验。

安装完成后比较二者的上网速度有何异同。

任务15.2 常用网络设备及网络命令使用

【任务描述】

本任务是知晓日常广泛应用的几种网络设备，如Modem、路由器、交换机的用途、分类及主要参数，能够学会使用常用网络命令，并自己动手设置家庭无线网络。

【必备知识】

15.2.1 调制解调器

与互联网相连的方式有多种，如利用电话线、有线电视缆线、光纤等。调制解调器是计算机或手机连接网络必不可少的设备。其中利用电话线、有线电视缆线、光纤等连接Internet都需要调制解调器。

（1）Modem工作原理与分类

调制解调器的英文名是Modem（Modulator调制器，Demodulator解调器），俗称“猫”，它是不同计算机之间实现互相通信（如接入互联网）的必备装置。通过“调制”与“解调”的信号转换过程，实现两台计算机之间的远程通信。Modem又分为“光猫”与“普通猫”。普通的调制解调器（“普通猫”）如图15-2所示。

图15-2　普通的调制解调器

目前我国正在开展宽带提速，各主要运营商也已经推出了光纤宽带，一些地区的用户都已经使用光纤宽带。但是在安装光纤宽带的时候还要购买一个“光猫”，之前使用的“普通猫”就逐渐被市场所淘汰，而“光猫”则被市场广泛采用。

光调制解调器又称“光猫”。“光猫”是光纤通信系统的关键器件，实现光通信必须进行光的调制解调，主要是为了信号转换，即把光信号转换成数字信号。它采用大规模集成芯片，电路简单，功耗低，可靠性高，具有完整的告警状态指示和完善的网管功能。企业或家庭安装光纤宽带的时候就要用“光猫”来转换信号，让计算机等设备能识别这些信号。然后由路由器连接“光猫”的网口，将宽带网络信号传输给家庭中的所有无线上网设备。“光猫”有四种接口，分别是光纤口、网线口、电话口、电源插口等。“光猫”实物如图15-3所示。

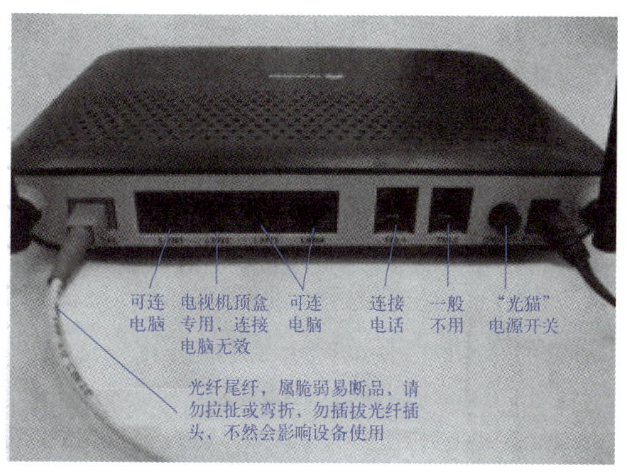

图15-3　“光猫”实物

网络设备通信原理

（2）网络信号的传输

在家庭或企业联网的过程中，形成完整的信号传输体系需要以下三步。

① 信号由光纤传输；

②“光猫”接收后，将运营商的宽带光纤中的光信号，转换成数字信号；

③ 然后路由器通过网线连接“光猫”的网口，将宽带网络信号传输给家中所有无线上网设备。

家庭网络连接示意图如图15-4所示。

图15-4　家庭网络连接示意图

15.2.2　交换机

交换机（Switch）是一种用于电信号转发的网络设备，它可以为接入交换机的任意两个网络节点提供独享的电信号通路。最常见的交换机是以太网交换机，其他常见的还有电话语音交换机、光纤交换机等。

图15-5　交换机外观

交换机工作在数据链路层，拥有一条很高带宽的背部总线和内部交换矩阵。交换机基于MAC（Media Access Control，媒体访问控制）地址识别，MAC地址也叫作物理地址或硬件地址，它是网络设备（如网卡、路由器等）在网络中的唯一标识符，通常用于局域网中。交换机能完成封装转发数据帧，可以通过在数据帧的始发者和目标接收者之间建立临时的交换路径，使数据帧直接由源地址到达目的地址。交换机外观如图15-5所示。

15.2.3　路由器

路由器（Router）是连接因特网中各局域网、广域网的设备，它会根据信道的情况自动选择和设定路由，以最佳路径，按前后顺序发送信号。路由器是互联网的主要节点设备，是互联网的枢纽，已成为实现各种骨干网内部连接、骨干网间互联和骨干网与互联网互联互通业务的核心设备。路由器分无线路由器、本地路由器和远程路由器，本地路由器是用来连接网络传输介质的，如光纤、同轴电缆、双绞线；远程路由器用来连接远程传输介质，并要求有相应的设备，如电话线要配调制解调器，无线要通过无线接收机、发射机；现在家庭上网广泛使用的是无线路由器，如图15-6所示。

图15-6　无线路由器

路由器的性能主要体现在品质、接口数量、传输速率、频率和功能等方面。路由器是整个网络与外界的通信出口，也是联系内部子网的桥梁。

在网络组建过程中，路由器的选择极为重要。主流的路由器品牌有斐讯、艾泰、腾达、飞鱼星、D-Link、TP-LINK、华硕、华为、小米、360、思科、H3C、联想、优酷、乐视、中兴等。

还没有路由器的时候，上网都需要登录账号密码，且只能支持一台设备上网。有了路由器之后，这个登录账户密码的操作就省去了，因为路由器会自动拨号。路由器再通过Wi-Fi、网线连接其他设备，就可以实现多台设备上网了。有路由器的网络连接示意图如图15-7所示。

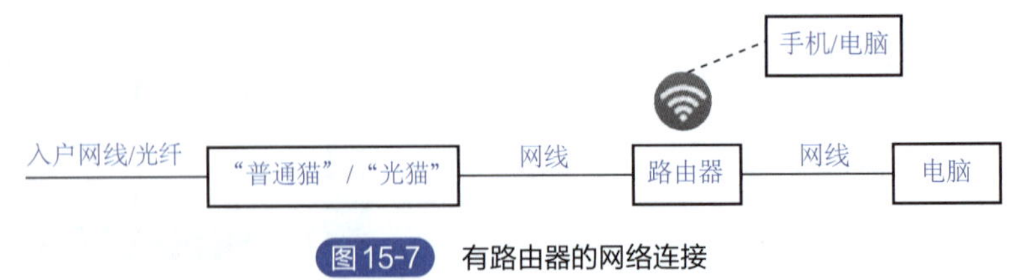

图15-7　有路由器的网络连接

【特别提示】 路由和交换之间的主要区别就是交换发生在OSI（开放系统互连）参考模型的第二层（数据链路层），而路由发生在第三层，即网络层。这一区别决定了路由和交换在移动信息的过程中需使用不同的控制信息，所以两者实现各自功能的方式是不同的。

15.2.4　无线网络设备

无线局域网（WLAN）由无线网卡和无线接入点（AP）构成。简单地说，WLAN就是指不需要网线就可以发送和接收数据的局域网，只要通过安装无线AP，在终端安装无线网卡，就可以实现无线连接。从无线局域网的定义可以看出，要组建一个无线局域网，需要的硬件设备就是无线网卡和无线AP，有时还需要无线天线。

（1）无线网卡

无线网卡的作用和以太网中的网卡的作用基本相同，它作为无线局域网的接口，能够实现无线局域网各客户机间的连接与通信。要组建一个无线局域网，除了需要配置电脑外，还需要选购无线网卡。对于台式电脑，可以选择PCI或USB接口的无线网卡。对于笔记本电脑，则可以选择内置的Mini PCI接口，以及外置的PCMCIA和USB接口的无线网卡。

（2）无线AP

AP是Access Point（接入点）的简称，无线AP就是无线局域网的接入点、无线网关，它的作用类似于有线网络中的集线器。

（3）无线天线

当无线网络中各网络设备相距较远时，随着信号的减弱，传输速率会明显下降以致无法实现无线网络的正常通信，此时就要借助于无线天线对所接收或发送的信号进行增强。

15.2.5 常用网络命令

日常网络连接会用到各种各样的网络设备和配置，这时候，命令行工具就显得尤为重要。无论是排查网络连接问题，还是配置网络接口，命令行工具都提供了快速、高效的方法来解决问题，熟练掌握这些命令能显著提高工作效率和问题解决能力。

（1）ping命令

ping命令是诊断网络故障的初步工具，是网络工程师最常用的工具之一，用于测试网络设备之间的连通性。一般用ping命令来测试网络连通性的格式是ping+空格+IP地址；如果想查看自己是否安装了TCP/IP协议可以输入ping 127.0.0.1进行测试；也可以通过ping网站地址来检查网络是否畅通或者通过ping局域网内计算机的IP看是否能连接局域网其他电脑。ping命令的功能和用途：

① 检查本地主机与目标主机之间的连通性。

② 测试网络延迟（即数据包从发送到接收到应答的时间）。

“目标地址”可以是一个IP地址或一个域名。ping IP地址和百度域名如图15-8所示。

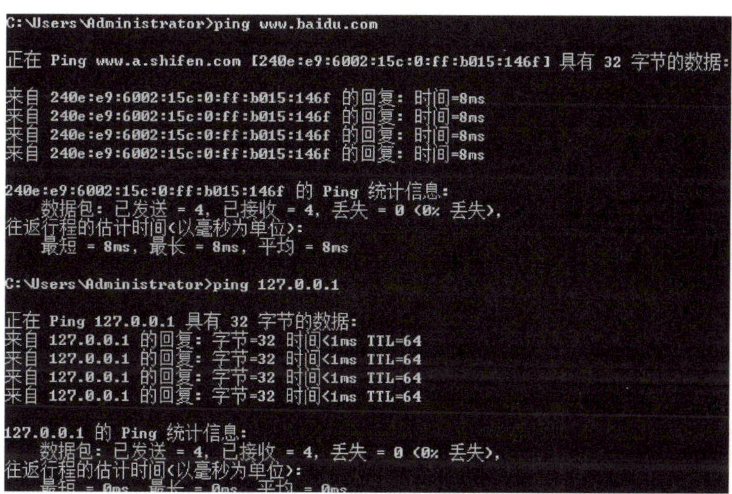

图15-8 ping IP地址和百度域名

（2）tracert/traceroute

tracert（Windows）和traceroute（Linux）是用于诊断网络路径的命令行工具。

它们通过逐跳发送ICMP（互联网控制报文协议）回显请求［或UDP（用户数据报协议）数据包］，来确定从源设备到目标设备所经过的每一个网络节点（路由器）。这些命令可以帮助网络工程师识别网络路径中的瓶颈或中断点，从而更有效地解决网络问题。这两个命令都会显示从源设备到目标设备的每一跳的IP地址和响应时间。如果某一跳无法到达，通常会显示请求超时（Request Timed Out）消息。

【示例1】诊断网络路径中的延迟。

假设访问某个网站时速度很慢，可以使用tracert或traceroute命令来查看数据包经过的路径，并确定在哪一跳出现了延迟：

```
tracert/traceroute  www.example.com
```

【示例2】识别网络中断点。

如果无法访问某个网站，可以使用tracert或traceroute命令来检查网络路径中是否存在中断点：

```
tracert/traceroute www.google.com
```

如果某一跳显示超时或无法到达，说明数据包在该点被阻断，可以联系相关网络管理员或服务提供商来解决该问题。

（3）ipconfig

ipconfig是网络配置和管理中非常重要的命令行工具。它允许网络工程师查看和配置网络接口的详细信息，包括IP地址、子网掩码、网关以及DNS（域名服务器）等。

示例：查看IP地址和网络信息。

在Windows中，可以使用以下命令查看本地网络接口的详细信息：

```
ipconfig /all
```

这个命令将显示每个网络接口的详细配置信息，包括IP地址、子网掩码、默认网关、DHCP（动态主机配置协议）服务器和DNS。

（4）arp

arp命令用于显示和修改本地ARP（地址解析协议）缓存表。ARP将IP地址解析为MAC地址，使网络通信得以进行。网络工程师使用arp命令来查看和管理本地设备的ARP缓存，以诊断和解决网络通信问题。

示例：查看本地ARP缓存表。

使用以下命令查看本地ARP缓存表：

```
arp-a
```

这个命令将显示当前所有已解析的IP地址和对应的MAC地址。

（5）其他命令

还有一些其他常用命令可自己学习，了解其功能和用途，如：

① netstat：查看网络连接和监听端口，监控网络状态和活动。

② nbtstat：管理NetBIOS名称表，解决NetBIOS名称解析问题。

③ route：管理路由表，确保数据包在网络中能够正确传输。

④ telnet：远程登录和管理网络设备，确保安全性和有效性。

【任务实施】

学会用路由器、电脑、手机等设置和搭建家庭无线网络。

第一步：家庭无线网络设置

① 将网线插入家庭无线路由器LAN1~LAN4插口中的一个，然后输入http：//192.168.1.1或192.168.0.1（根据无线路由器设备不同），出现“我的e家”界面，如图15-9所示。

图15-9 “我的e家”界面

② 根据说明书，输入账号“useradmin”，密码“nyum3”。

③ 单击“网络”，进行无线设置：勾选“开启无线网络”，输入网络密钥“v7ksb7tg”（看路由器后面标签），无线配置界面如图15-10所示。

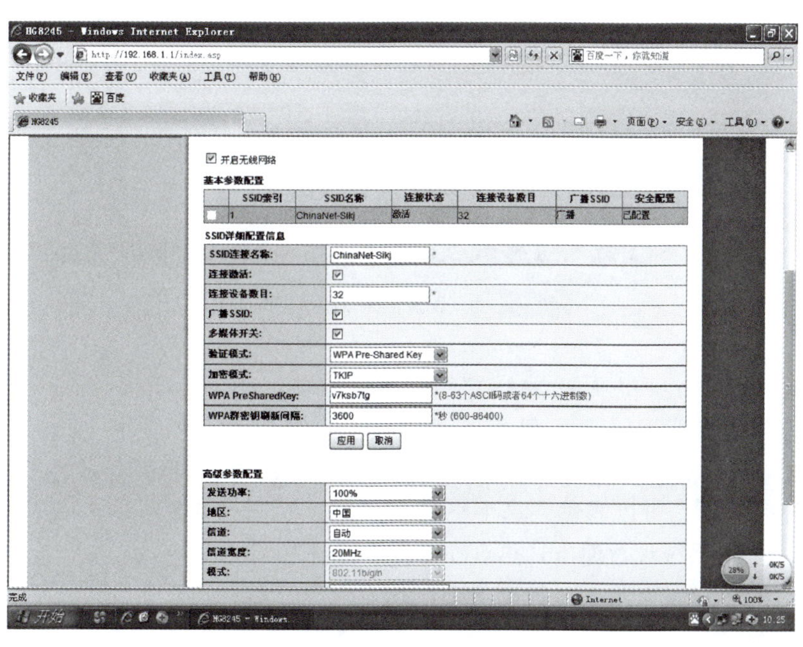

图15-10 无线配置界面

④ 然后进行DHCP配置，DHCP配置界面如图15-11所示。

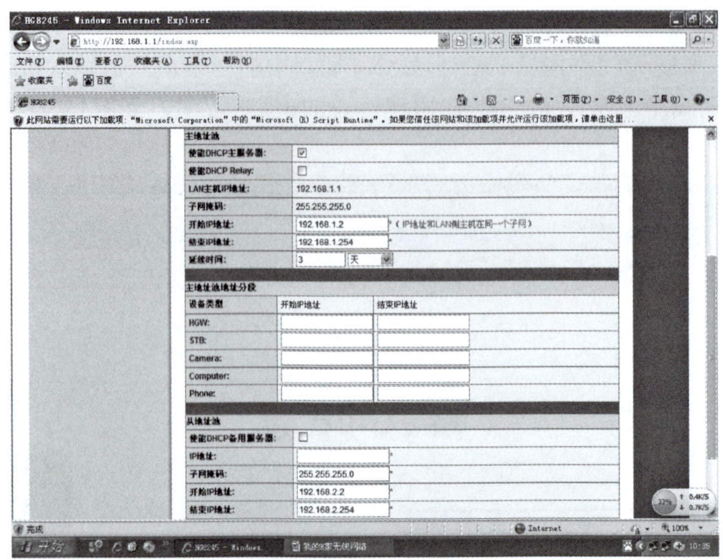

图15-11 DHCP配置界面

⑤ 最后进行LAN主机配置：配置IP地址和子网掩码，如图15-12所示。

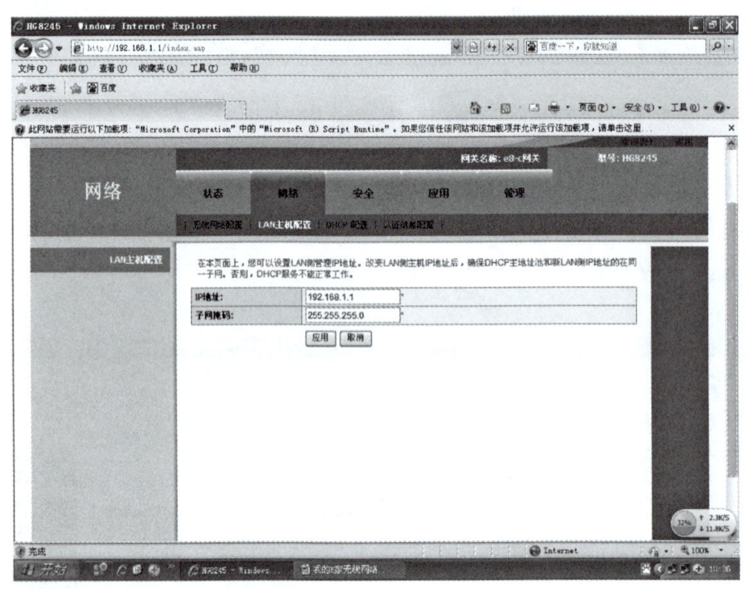

图15-12 配置IP地址和子网掩码

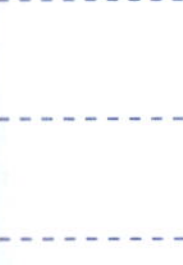

第二步：特殊环境下的无线网络搭建

（1）手机开启热点实现网络共享

如果家中或办公地点的Wi-Fi网络突然失效或无法连接，而临时又有重要工作需要通过网络来完成，在这种情况下，可以通过共享手机热点，建立临时网络连接，实现笔记本电脑连接网络。下面介绍Android系统设置便携式热点的操作步骤：

① 打开手机的“设置”菜单，找到“个人热点”或“移动热点”选项，单击进入后，开启热点开关。

② 设置热点名称和密码。在开启热点功能后，需要为热点设置一个名称和密码。热点名称是其他设备在搜索网络时看到的名称，建议设置一个易于识别的名称。密码则是连接热点时需要输入的密码，为了保障网络安全，建议设置一个复杂且不易被猜测的密码。

③ 连接其他设备。设置好热点名称和密码后，就可以开始连接计算机或其他设备了。在笔记本计算机或其他设备上打开Wi-Fi功能，搜索附近的可用网络，找到刚刚设置的热点名称，点击连接并输入密码。等待几秒钟后，设备就可以成功连接到手机的热点了。

（2）"蓝牙"组建网络

蓝牙是一种支持设备短距离通信的无线电技术，智能手机、平板电脑和笔记本电脑等都内置蓝牙功能。在没有Wi-Fi信号也没有移动网络信号的情况下，可以利用蓝牙设备进行文件传输（以Android系统为例）。

将Android手机连接到配对的蓝牙设备是一种常见的操作，可以通过以下步骤完成：

① 打开手机的设置菜单：在Android手机上，通常可以在应用程序列表中找到"设置"图标，点击进入设置菜单。

② 进入蓝牙设置：在设置菜单中，找到并点击"蓝牙"选项，进入蓝牙设置界面。

③ 打开蓝牙功能：在蓝牙设置界面中，找到并点击"打开蓝牙"按钮，启用手机的蓝牙功能。

④ 扫描可用设备：手机蓝牙功能开启后，会自动开始扫描附近的可用蓝牙设备。等待片刻，手机会列出附近可用的蓝牙设备列表。

⑤ 选择配对设备：在蓝牙设备列表中，找到要连接的配对设备，并点击设备名称。手机会尝试与该设备建立连接。

⑥ 配对确认：在连接过程中，配对设备可能会要求输入配对码或确认连接。根据设备提示，输入配对码或确认连接。

⑦ 连接成功：如果一切顺利，手机会成功连接到配对的蓝牙设备。连接成功后，手机会显示连接状态，并可以开始使用与该设备相关的功能。

请注意，由于蓝牙的有限范围和信号强度，连接速度可能会受到一定影响。

项目评价与反馈

表15-1为计算机网络搭建的评分表，请根据表中的评价项和评价标准，对完成情况进行评分。学生完成评分后教师再根据学生完成情况进行评分。其中：学生自评占40%，教师评分占60%。

表15-1　计算机网络搭建评分表

班级：		姓名：		学号：	
评价项	评价标准	项目占比	学生自评	教师评分	得分
路由器搭建家庭无线网络	通过设备选型、网络稳定性、性价比进行综合评判	40			
蓝牙组网	操作的熟练程度	25			
手机热点共享组网	操作的熟练程度	25			
专业素养	各项的完成质量	10			
总分		100			

思考与练习

1. 简述Wi-Fi的技术优势。
2. 如何搭建家庭无线网络？一般需要哪些网络设备？
3. 网络连通性诊断中最为常用的网络命令有哪几个？
4. 家庭搭建无线网络需要哪些硬件设备？

附录　计算机维护常用专业英语

1. POST——Power On Self Test　上电自检
2. CPU——Central Processing Unit　中央处理单元
3. MMX——MultiMedia eXtended　多媒体扩展
4. CMOS——Complementary Metal-Oxide Semiconductor　互补金属氧化物半导体
5. IDE——Integrated Drive Electronics　电子集成驱动器
6. USB——Universal Serial Bus　通用串行总线
7. RAM——Random Access Memory　随机存储器
8. GPU——Graphics Processing Unit　图形处理单元
9. AGP——Accelerate Graphical Port　加速图形接口
10. tAC——Access Time from CLK　时钟触发后的访问
11. tCK——Clock Cycle Time　时钟周期
12. SPD——Serial Presence Detect　串行存在探测
13. GMCH——Graphics&Memory Controller Hub　图形内存控制集线器
14. ICH——I/O Controller Hub　输入/输出控制集线器
15. AHA——Accelerated Hub Architecture　加速中心架构
16. DMI——Direct Media Interface　直接媒体接口
17. FWH——Firm Ware Hub　固件集线器
18. FSB——Front Side Bus　前端总线
19. PCI——Peripheral Component Interconnection　外设部件互连
20. DMA——Direct Memory Access　直接内存访问
21. L1、L2 Cache——CPU　内部集成的一级和二级高速数据缓冲存储器
22. EMI——Electro Magnetic Interference　电磁干扰
23. ESD——Electro-Static Discharge　静电放电
24. PCMCIA——Personal Computer Memory Card International Association　个人计算机存储卡国际联合会
25. SM-Bus——System Manager Bus　系统管理总线
26. IRQ——Interrupt Request　中断请求
27. STR——Suspend To RAM　休眠到内存
28. STD——Suspend To Disk　休眠到磁盘
29. OVP——Over Voltage Protect　过电压保护
30. UVP——Under Voltage Protect　低电压保护
31. ECC——Error Checking and Correcting　错误检查和纠正
32. RAMDAC——RAM Digital-to-Analog Convener　随机存储器数模转换器
33. CCD——Charge-Coupled Device　电荷耦合器件
34. EPROM——Erasable Programmable ROM　可擦写可编程ROM
35. PROM——Programmable ROM　可编程ROM
36. EEPROM——Electrically Erasable Programmable ROM　电可擦写可编程ROM
37. DRAM——Dynamic Random Access Memory　动态随机存储器
38. SRAM——Static Random Access Memory　静态随机存储器
39. SDRAM——Synchronous DRAM　同步动态随机存储器
40. DDR——Double Data Rate　双倍数据速率
41. CAS——Column Address Strobe　列地址控制器
42. RAS——Row Address Strobe　行地址控制器
43. CL——CAS Latency　CAS潜伏期

44. tRP——Row Precharge Time　行预充电时间
45. HT——Hyper-Threading　超线程
46. BIOS——Basic Input/Output System　基本输入/输出系统
47. ATA——Advanced Technology Attachment　高级技术附加装置
48. eSATA——External Serial ATA　外部串行 ATA
49. RAID——Redundant Array of Independent Disks　独立磁盘冗余阵列
50. TFT——Thin Film Transistor　薄膜晶体管
51. DVD——Digital Versatile Disc　数字通用光盘
52. CRT——Cathode Ray Tube　阴极射线管
53. LCD——Liquid Crystal Display　液晶显示器
54. Deflection Coils　偏转线圈
55. Shadow Mask　荫罩
56. Electron Gun　电子枪
57. Resolution　分辨率
58. Dot Pitch　点距
59. Band Width　带宽
60. TN——Twisted Nematic　扭曲向列型
61. DVI——Digital Visual Interface　数字视频接口
62. SWEDAC——Swedish National Board For Measurement And Testing　瑞典国家测量与测试委员会
63. S.M.A.R.T——Self Monitoring Analysis And Reporting Technology　自监测、分析、报告技术
64. CD——Compact Disc　激光唱片/光盘
65. CD-R——CD Recordable　可记录光盘
66. ADSL——Asymmetric Digital Subscriber Line　非对称数字用户线路
67. MBR——Master Boot Record　主引导记录
68. DPT——Disk Partition Table　磁盘分区表
69. AHCI——Advanced Host Controller Interface　高级主控接口（硬盘一种管理模式）
70. PGA——Pin Grid Array　针栅阵列
71. BGA——Ball Grid Array　球栅阵列
72. mBGA——Micro Ball Grid Array　微型球栅阵列
73. PLCC——Plastic Leaded Chip Carrier　塑料有引线芯片载体
74. PCB——Printed Circuit Board　印制电路板
75. SOP——Small Outline Package　小外形封装
76. TSOP——Thin Small Outline Package　薄型小外形封装
77. SOJ——Small Out line J-Lead　小外形J形引脚（封装）
78. FBGA——Fine-Pitch Ball Grid Array　细间距球栅阵列（封装）
79. CSP——Chip Scale Package　芯片尺寸封装
80. S. E. C. C——Single Edge Contact Cartridge　单边接触卡盒
81. PLGA——Plastic Land Grid Array　塑料焊盘栅格阵列（封装）
82. FTP——File Transfer Protocol　文件传输协议
83. BS——Base Station　基站
84. AP——Access Point　接入点
85. WLAN——Wireless Local Area Network　无线局域网
86. HFC——Hybrid Fiber/Coax　混合光纤同轴电缆
87. GPT——GUID Partition Table　全局唯一标识符分区表
88. Modem——Modulator&Demodulator　调制解调器
89. MAC——Media Access Control　媒体访问控制

参考文献

[1] 孙承庭. 计算机组装维护与维修（修订本）[M]. 北京：清华大学出版社，2017.
[2] 曹然彬. 计算机维护与维修 [M]. 北京：清华大学出版社，2012.
[3] 黄建设. 计算机组装与维护项目化教程 [M]. 北京：北京工业大学出版社，2010.
[4] 张思卿，侯德亭. 计算机组装与维护项目化教程 [M]. 北京：化学工业出版社，2012.
[5] 钱峰. 计算机组装与维护 [M]. 北京：北京理工大学出版社，2010.
[6] 王磊. 计算机组装与维护与维修 [M]. 北京：电子工业出版社，2022.
[7] 孙承庭. 计算机组装与维护项目化教程 [M]. 2版. 北京：化学工业出版社，2019.